Bandstraßen im Baubetrieb

Bandstraße der Bayerischen Braunkohlen-Industrie A. G. in Wackersdorf

Bandstraßen im Baubetrieb

Ein Leitfaden für die Praxis

Von

Dr.-Ing. Heinrich Eckert
München

Mit 57 Abbildungen

Springer-Verlag
Berlin / Göttingen / Heidelberg
1957

ISBN-13: 978-3-642-92700-3   e-ISBN-13: 978-3-642-92699-0
DOI: 10.1007/978-3-642-92699-0

Vorwort

Zweck dieses Leitfadens für die Verwendung von Bandstraßen im Baubetrieb ist es einmal, die Bauwirtschaft mit diesem hervorragenden Massenbeförderungsmittel, das sich im Abraumbetrieb der Braunkohlenindustrie schon seit vielen Jahren unter den schwierigsten Verhältnissen bewährt hat, nach jeder Richtung vertraut zu machen, und zum anderen, ihr ein Hilfsmittel an die Hand zu geben, das ihr die Möglichkeit bietet, bei den dafür in Betracht kommenden Bauvorhaben ohne Zeitverlust mit der Kostenermittlung auch für diesen Teil der Arbeiten zu beginnen.

Es scheint leider ein unausrottbarer Mißstand zu sein, daß bei der Vergebung von Bauarbeiten den Bewerbern selbst bei großen Bauobjekten meist ein viel zu kurzer Termin für die Ausarbeitung ihrer Angebote eingeräumt wird, so daß beispielsweise bei beabsichtigter Verwendung von Bandstraßen als Massenbeförderungsmittel die Zeit für die Beschaffung zuverlässiger Unterlagen im allgemeinen kaum ausreichen würde.

Dieses Hindernis beseitigen zu helfen ist, wie schon angedeutet, mit eine Hauptaufgabe des vorliegenden Buches, und sie wird um so besser erfüllt werden können, je mehr sowohl die Bauunternehmungen als auch die Herstellerfirmen von Hauptbestandteilen der Bandstraßen sich auf eine solche Arbeitsweise einstellen.

Wenn eine große, für die Verwendung von Bandstraßen geeignete Bauarbeit ausgeschrieben wird, so ist damit zu rechnen, daß sich stets eine beträchtliche Anzahl von Bewerbern dafür interessieren wird. Nach der bisherigen Lage der Dinge werden dann die verschiedenen Herstellerfirmen eine ganze Reihe von Anfragen erhalten, die in den meisten Fällen zu ihrer Erledigung noch einer mehr oder weniger umfangreichen Korrespondenz zur endgültigen Klärung bedürfen, und es geht dadurch unnötig kostbare Zeit und Arbeit verloren. Andererseits kann aber auch der Bauunternehmer erst mit der Kostenberechnung für diesen Teil der Arbeiten anfangen, wenn alle diese Fragen hinreichend geklärt sind und er von den Herstellerfirmen die nötigen Unterlagen erhalten hat.

Wesentlich einfacher liegen die Verhältnisse für beide Teile, wenn sie sich der Unterlagen dieses Leitfadens als Hilfsmittel bedienen.

Der *Unternehmer* kann sich in aller Ruhe überlegen, welche Bandbreiten und Antriebe sich am besten für die betreffenden Arbeiten eignen, und dann ohne weiteren Zeitverlust mit einer *vorläufigen Kostenermittlung unter Zugrundelegung der Gewichte und Richtpreise des Leitfadens* beginnen. Gleichzeitig fragt er bei den von ihm in Aussicht genommenen Herstellerfirmen an, welche Berichtigungen an den einschlägigen Angaben über Gewichte und Richtpreise vorgenommen werden müssen, damit diese den zu dieser Zeit geltenden Verhältnissen entsprechen. Ist der Aufbau der Kostenberechnung in der auf S. 197 des Leitfadens vorgeschlagenen Art erfolgt, so kann die *Anpassung des vorläufigen Ergebnisses* an die jeweiligen Verhältnisse nach Eingang der Herstellerantworten in kürzester Zeit und auf denkbar einfache Weise *in Form prozentualer Berichtigungen* erfolgen.

Für die *Herstellerfirmen* hat dies den Vorteil, daß sie nicht eine Reihe von ausführlichen Einzelangeboten ausarbeiten müssen, sondern ihre den angegebenen Typen leistungsmäßig entsprechenden Fabrikate lediglich mit prozentualer Gewichts- und Preisberichtigung anzubieten brauchen, was eine erhebliche Einsparung an Zeit und Arbeit bedeutet.

Beide Teile haben also gleichermaßen einen Vorteil, wenn sie sich auf die Benutzung dieses Leitfadens als Hilfsmittel für die Kostenberechnung bei Verwendung von Bandstraßen einstellen.

Die Anregung zur Schaffung von Unterlagen für die Verwendung von Bandstraßen auch im Baubetrieb erfolgte gelegentlich einer Besichtigung der Wackersdorfer Bandanlagen im Juli 1954, und die Verwirklichung wurde in erheblichem Maße dadurch gefördert, daß mir das Vorstandmitglied der Bayer. Braunkohlen-Industrie Aktiengesellschaft in Schwandorf/Obpf., Herr Bergwerksdirektor Dr.-Ing. WOLFHART SCHARF, in großzügiger Weise jederzeit die Genehmigung erteilte, zu diesem Zweck die Verhältnisse bei den umfangreichen Wackersdorfer Bandstraßen eingehend an Ort und Stelle zu studieren und mir alle wünschenswerten Aufschlüsse von den dafür zuständigen Herren geben zu lassen.

Es ist mir deshalb ein Bedürfnis auch an dieser Stelle Herrn Direktor Dr.-Ing. W. SCHARF sowie den sämtlichen Herren der BBI für ihre stets liebenswürdige und tatkräftige Förderung meiner Studien in Wackersdorf herzlich zu danken.

Das Gleiche gilt für alle Firmen, welche die Herausgabe dieses Leitfadens durch bereitwillige Überlassung von Unterlagen ermöglicht haben, sowie den Springer-Verlag in Berlin, der es sich angelegen sein ließ, ihn in der bei ihm gewöhnten mustergültigen Ausstattung herauszubringen.

Ihnen allen sei an dieser Stelle herzlich gedankt.

München, Januar 1957

H. Eckert

Inhaltsverzeichnis

Einleitung

Bandstraßen sind in Deutschland wohl seit geraumer Zeit schon im Untertage- und Übertagebau der Bergwerksbetriebe zur Anwendung gelangt, dagegen verhältnismäßig selten im Baubetrieb. Es besteht aber kein Zweifel, daß die Förderung mittels Bandstraßen vor allem dann von Vorteil ist, wenn große Mengen von Fördergut über beträchtliche Steigungen oder Gefälle oder bei schwierigem Untergrund zu transportieren sind.

Dies war beispielsweise bei den Wackersdorfer Kohlenvorkommen der Bayerischen Braunkohlen-Industrie A.G. in Schwandorf/Opf. (BBI) der Fall und führte dazu, daß dort bereits seit fast zwei Jahrzehnten bewegliche Bandstraßen im Abraum mit gutem Erfolg verwendet wurden.

Unter der tatkräftigen Leitung des Herrn Bergwerksdirektors Dr.-Ing. WOLFHART SCHARF in seiner Eigenschaft als Vorstandsmitglied der BBI und zugleich als Vorsitzender des Ausschusses für Fördermittel des Deutschen Braunkohlenindustrievereins wurden die Wackersdorfer Bandanlagen in vorbildlicher Weise weiterentwickelt und auf diesem Gebiet großzügig und uneigennützig so wertvolle Arbeit geleistet, daß man ohne Überheblichkeit sagen kann, es wurde hier geradezu eine praktische Forschungsarbeit mit übernommen, welche in ihrer Auswirkung die Untersuchungen des Instituts für Fördertechnik an der Technischen Hochschule in Hannover da in hervorragender Weise ergänzt, wo eben nur die Praxis befriedigende Ergebnisse zu erzielen vermag.

Herr Dr.-Ing. W. SCHARF hat darüber in dankenswerter Weise in zwei Aufsätzen berichtet, welche in der Zeitschrift „Braunkohle, Wärme und Energie", Jahrgang 1953, Heft 5/6 und Jahrgang 1954, Heft 13/14 erschienen sind und faßt seine Betriebserfahrungen, soweit dieselben hier schon von Wichtigkeit sind, zusammen wie folgt:

Wichtig für ein gutes Funktionieren jeder Bandanlage ist, daß die Spitzenbelastung der Bänder nicht unterschätzt wird, weil sonst die Motoren wegen Überbelastung abschalten und durch stärkere Motoren ersetzt werden müssen. Anfängliche Schwierigkeiten, welche insonderheit mit dem Auswandern der Bänder und der Art der Übergabe zusammenhingen, konnten in verhältnismäßig kurzer Zeit behoben werden, so daß in der Folgezeit die Bandstraße nach einer Umlegung trotz Erhöhung der Bandgeschwindigkeit von 2,5 m/s auf 4 m/s einwandfrei lief.

Nachteile der Bandstraße. Einer der größten Nachteile der Bandstraße ist, daß bei einer Störung die gesamte Anlage stilliegt, was große Leistungsausfälle zur Folge hat. Eine zuverlässige Betriebsüberwachung und eine ausreichende Ersatzteilhaltung sind deshalb von größter Bedeutung. Nicht minder wichtig ist eine gute Einarbeitung des Bedienungspersonals, denn es war genauestens festzustellen, ob an einer Bandstraße ein alter erfahrener Bandwärter stand

oder ein neuer Mann, der erst angelernt wurde. In dieser Beziehung besteht aber
begründete Hoffnung, daß nach einiger Zeit die Störungen und Schwierigkeiten
zunehmend geringer werden.

Vorteile der Bandstraße. Besondere Vorteile der Bandstraße sind u. a. die
Möglichkeit, sie relativ schnell ohne besondere Rücksicht auf die Beschaffenheit
des Untergrunds zu verlegen und mit ihr Verkehrswege, Bahnen und Wasserläufe durch Unter- bzw. Überführungen ohne größere Bauten zu kreuzen.

Die hergestellten Brücken z. B. bestehen nur aus einem verhältnismäßig
leichten Holzgerüst mit kräftigen Überlagshölzern oder Eisenträgern, welche
nach Beendigung der Arbeiten abgetragen und an der nächsten Kreuzung wieder
eingesetzt werden können.

Ein anderer großer Vorteil der Bandstraße, abgesehen von ihrer Eigenschaft,
Steigungen und Gefälle leicht überwinden zu können und ohne besondere Vorkehrungen selbst auf schlammigem Untergrund, wie moorigen Wiesen, einwandfrei zu laufen, was die Planierungs- und sonstigen Erdarbeiten wesentlich erleichtert, ist das Verhalten der Bandstraße auf der Kippe.

Dieser Vorteil trat besonders in Erscheinung in einem Fall, wo die Bandstraße auf einem Absetzergleis lag und als mit einer Dampflokomotive das
Band gerückt werden sollte, schon nach wenigem Hin- und Herfahren Loko-
motive und Gleisrückmaschine derart schwankten, daß nur durch das Aufkippen
von Asche und Einziehen zusätzlicher Schwellen der Rückvorgang überhaupt
durchgeführt werden konnte. Ein laufender Verkehr von Zügen, wie ihn sonst
ein normaler Kippbetrieb mit 900 mm Spurweite erfordert hätte, wäre in diesem
Fall und bei diesen Untergrundverhältnissen einfach nicht möglich gewesen.

Die nach dem Baukastenprinzip konstruierten Bandstraßen haben sich bei
den häufig notwendig werdenden Verlegungen durch ihre leichte Verlegbarkeit
bei schlechtem Untergrund ausgezeichnet bewährt und sie empfehlen sich deshalb in ganz besonderem Maße für die Verwendung im Baubetrieb mit seinen
unvorhersehbaren und stets wechselnden Verhältnissen.

Die vorbildlichen Anlagen der BBI werden laufend von allen möglichen
Interessenten des In- und Auslandes besichtigt und nicht zuletzt eine solche
Besichtigung gab den Ausschlag, daß beim Abtrag der Überlagerung eines Eisen-
bahntunnels bei Köln als Transportmittel für die erheblichen Erdmassen Bandstraßen eingesetzt wurden, was man wohl als Zeichen dafür ansehen darf, daß
dieses Transportmittel auf dem Wege ist, auch für den Baubetrieb in Deutschland erhöhte Bedeutung zu gewinnen.

Rückschläge empfindlicher Art, welche dabei auftraten, sind jedenfalls nicht
auf die Bandstraße als solche zurückzuführen, sondern auf besondere Umstände,
deren Erörterung nicht hierher gehört. Sie sind es aber, die es als wünschenswert
erscheinen ließen, der Bauindustrie und sonstigen Interessenten für Bandstraßen
ähnlicher Art und Größe einen Leitfaden an die Hand zu geben, aus welchem sie
all das entnehmen können, was man wissen muß, wenn man nicht erst eigene
Erfahrungen auf diesem Gebiet mit unverhältnismäßig hohem Lehrgeld erkaufen
will.

Erster Teil

Auswahl der Geräte

Hier werden jeweils zuerst die allgemeinen Gesichtspunkte aufgezeigt, die erfahrungsgemäß bei der Auswahl der betreffenden Bestandteile einer Bandanlage beachtet werden müssen und dann erst spezielle Angaben darüber gemacht.

Die Hauptbestandteile jeder Bandstraße sind die Förderbänder und die Tragkonstruktionen, und sie sollen deshalb an erster Stelle untersucht werden und dann im Anschluß daran erst die sonst noch nötigen oder wünschenswerten Betriebseinrichtungen.

I. Förderbänder

A. Das Band

Das Förderband spielt für das gute Funktionieren einer Bandstraße eine außerordentlich wichtige Rolle und auf seine richtige Auswahl ist deshalb der allergrößte Wert zu legen.

Diese Aufgabe ist bei der Verwendung von Bandstraßen im Baubetrieb durchaus nicht einfach zu lösen, weil hier nicht die Möglichkeiten der Verwendung für ganz bestimmte Fälle untersucht, sondern allgemein gültige Grundlagen aufgezeigt werden sollen, welche bei der Einführung der Bandstraßen als wertvolle Ergänzung der im Baubetrieb bisher fast ausschließlich als Transportmittel verwendeten Rollbahnen und Lastfahrzeuge zu beachten sind. Fehlgriffe bei der Beschaffung des Förderbands führen zu einem vorzeitigen Verschleiß desselben, verursachen dadurch häufige Betriebsstörungen und stellen damit die ganze Wirtschaftlichkeit einer solchen Bandanlage in Frage.

Es empfiehlt sich deshalb, auf jeden Fall den Rat und die Vorschläge von anerkannten Spezialfirmen oder erfahrenen Fachleuten einzuholen und zu berücksichtigen, denn *hier gilt in ganz besonderem Maß, daß nur das Beste gerade gut genug ist.* Es wurde bereits in der Einleitung darauf hingewiesen, daß einer der Nachteile bei der Verwendung von Bandstraßen der ist, daß bei einer Störung gleich die gesamte Anlage zum Stehen kommt und es wäre schon aus diesem Grund nicht zu verantworten, wenn man sich entschließen wollte, wegen eines vermeintlichen Preisvorteils oder auch aus falscher Sparsamkeit ein Band zu wählen, das dann doch schon nach kurzer Zeit durch ein wirklich geeignetes ersetzt werden muß.

Um eine möglichst vielseitige Verwendung zu gewährleisten, wird es sich bei dem im Baubetrieb sehr wechselnden Fördergut empfehlen, auf jeden Fall nur Förderbänder mit einer Gummidecke von ziemlicher Härte, sowie großer Elastizität und Abriebfestigkeit zu wählen.

Auszüge aus DIN 22102 u. 22101, soweit sie hier von Interesse sind. Diese Auszüge werden mit Genehmigung des Deutschen Normenausschusses wiedergegeben. Maßgebend war die neueste Ausgabe des Normenblattes im Normformat A 4, das bei der Beuth-Vertrieb GmbH, Berlin W 15, und Köln erhältlich ist.

1*

1. **Beschaffenheit.** Nach DIN 22102 gekennzeichnete Gummifördergurte müssen dieser Norm entsprechen.

Auf Wunsch des Bestellers erhalten alle Gurte zur genauen Ausrichtung eine zu den Bandkanten parallel laufende Mittelkennlinie.

Eine Abweichung von höchstens 5 mm von der mathematischen Bandmitte ist zulässig.

Die Gurte müssen in ihrer ganzen Länge gerade verpreßt sein. Sie dürfen in ungespanntem Zustand auf einer Länge von 20 m höchstens 2% ihrer Breite von der Geraden abweichen.

Bei Bandstraßen im Baubetriebe kommen in der Hauptsache als Gurtbreiten 650, 800 und 1000 mm in Frage. Die zulässigen Abweichungen betragen für Gurte bis 650 mm $\pm$ 6 mm und für Gurte über 650 mm bis 1200 mm Breite $\pm$ 8 mm.

Tragseite bzw. Laufseite der Gummideckplatten sollen die nachstehenden Mindestmaße haben:

Hauptverwendungszweck	Deckplatten Kennzeichen	Deckplattendicke für	
		Tragseite mm Mindestmaß	Laufseite mm Mindestmaß
Förderband für Baustoffe	3/2	3	2
Förderband für Schlacke und Steine	4/2	4	2
Förderband für Bagger und Absetzer	5/2	5	2
Förderband für Abraum	6/2	6	2

Die Gewebeeinlagen bestehen aus Baumwolle, Zellwolle, Kunstseide oder sonstigen Kunststoffen oder auch Draht.

Überlappungen der Gewebestöße, die zu einer örtlichen Verdickung des Gurtes führen, sind nicht zulässig.

Die Breite der Gummikanten einschließlich eines eventuellen Gewebeschutzes muß betragen

bei Gurten bis 12 mm Dicke . . . . 50—80% und

bei Gurten über 12 mm Dicke . . . . 40—50%

der Gurtdicke, sofern ein Spezialkantenschutz nicht breitere Gummikanten erfordert.

Kennzeichnung. Alle Gurte sind auf Wunsch des Bestellers durch Auf- oder Einvulkanisieren auf einer Gurtkante der Oberseite und der gegenüberliegenden Kante der Unterseite 80 mm von der Gurtkante bis zur Buchstaben- bzw. Zahlenunterkante entfernt, jeweils um 5 m versetzt, in Abständen von 10 m, erstmalig höchstens 2,5 m vom Gurtstoß entfernt, zu kennzeichnen.

In der Kennzeichnung sind folgende Angaben enthalten

1. Hersteller-Kurzzeichen

2. Gurtkennummer

3. Markenbezeichnung der Gewebeeinlagen (falls imprägniert mit Zusatz „i")

4. Jahresangabe, dargestellt durch die letzte Zahl des Jahres in halber Buchstabenhöhe, z. B. 1, 2, 3 für 1951, 1952, 1953.

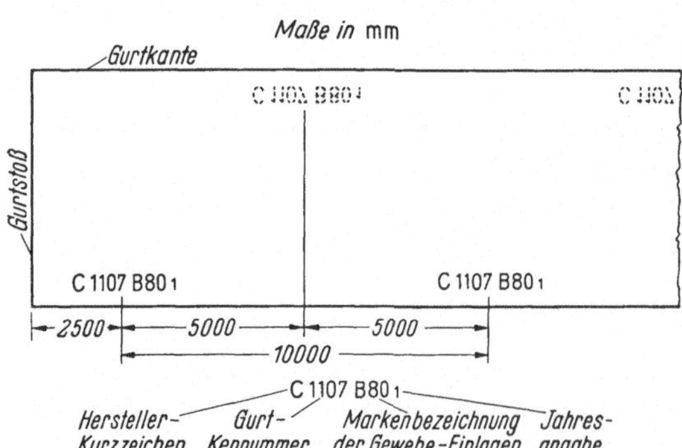

Am Gurtende ist auf der Außenseite in Ölfarbe oder ähnlicher Markierung die einvulkanisierte Gurtkennzeichnung, ergänzt durch das Deckplatten-Kennzeichen und die Zahl der Gewebeeinlagen gemäß folgendem Beispiel zu wiederholen:

C 1107 2/2 B 80/4

2. Bestellung. Bei Bestellungen sind folgende Angaben zu machen:

1. Gestreckte Länge in m (stumpf gemessen). Überschreitungen der bestellten Längen bis 3% sind zulässig und müssen vom Besteller abgenommen werden. Wenn die bestellte Länge genau eingehalten werden muß, ist dies mit dem Lieferanten besonders zu vereinbaren, wobei eine fabrikatorisch unabdingbare Überlänge entsprechend zu berücksichtigen ist.

2. Art der Verbindung (mechanische Verbinder oder endlos vulkanisiert)

3. Breite in mm

4. Deckplattendicken

5. Markenbezeichnung und Imprägnierung der Gewebeeinlagen

6. Zahl der Gewebeeinlagen

7. Art des Kantenschutzes.

Wenn keine normalen Betriebsverhältnisse vorliegen, sind außerdem noch weitere Angaben, wie beispielsweise über Fördergut, Förderlänge, Bandgeschwindigkeit usw., erforderlich.

3. Güteprüfung. Ob eine Abnahmeprüfung vorzunehmen ist, ob diese beim Besteller oder beim Lieferanten und in Gegenwart beiderseitiger Vertreter vorgenommen werden soll, und wer die Kosten der Güteprüfung zu tragen hat, ist jeweils zu vereinbaren.

Die Güteprüfung darf nicht früher als 5 Tage nach der Fertigstellung des Gurtes vorgenommen werden.

Einzelheiten darüber sind aus DIN 22102 Blatt 1 Ziffer 3 und Blatt 2 zu ersehen.

Hinsichtlich der Markenbezeichnung der Gewebeeinlagen ist zu vermerken, daß

Baumwolleinlagen mit dem Buchstaben B,
Zellwolleinlagen mit dem Buchstaben Z,
Kunstseideeinlagen mit dem Buchstaben K und
Kunstseide-Perloneinlagen mit den Buchstaben KP

bezeichnet werden.

Die dahinterstehenden Zahlen, z. B. 60, 80, 110, 140 usw. geben die Zerreißfestigkeit pro 1 cm Gewebebreite in der Längsrichtung an. Die Bezeichnung B 80 würde also bedeuten, daß die Einlage aus normalem Baumwollgewebe mit 80 kg Zerreißfestigkeit in der Längsrichtung für 1 cm Breite jeder Gewebeeinlage besteht, d. h., ein Förderband 5 B 80 hätte folgende Zerreißfestigkeiten:

$$\text{bei} \quad 650 \text{ mm Bandbreite } 5 \times 80 \times 65 = 26\,000 \text{ kg,}$$
$$\text{bei} \quad 800 \text{ mm Bandbreite } 5 \times 80 \times 80 = 32\,000 \text{ kg und}$$
$$\text{bei} \; 1000 \text{ mm Bandbreite } 5 \times 80 \times 100 = 40\,000 \text{ kg.}$$

Gemäß DIN 22101, S. 3, ist die Sicherheitszahl S bis zu 5 Einlagen mit 11 einzusetzen, so daß ein solches Förderband 5 B 80 nachstehende Gurtzüge aufzunehmen vermöchte:

$$\text{bei} \quad 650 \text{ mm Bandbreite } 2363 \text{ kg,}$$
$$\text{bei} \quad 800 \text{ mm Bandbreite } 2909 \text{ kg und}$$
$$\text{bei} \; 1000 \text{ mm Bandbreite } 3636 \text{ kg.}$$

Bei Kunstseide- und Zellwolleinlagen ist zu beachten, daß die Zugfestigkeit im Naßzustand nur halb so groß ist, wie diejenige im Trockenzustand.

Gewebeeinlagen sind bei den Gummiförderbändern mit einer plastischen Gummimasse durchtränkt und ein- oder beiderseitig mit einer dünnen Gummischicht belegt, welche den Zweck hat, sie gegen schädliche Einwirkungen des Förderguts sowie gegen Feuchtigkeit zu schützen und die ständigen Biegungsbeanspruchungen der Gewebeeinlagen beim Lauf über die Muldentragrollen, Abwurf-, Antriebs- und Umkehrtrommeln aufzufangen, weil diese fortwährende Walkwirkung zerstörende Reibungs- und Ermüdungserscheinungen hervorrufen würde.

Trag- und Laufseite der Förderbänder erhalten Deckplatten, deren Stärke auf der Tragseite 2 bis 6 mm und auf der Laufseite 1 bis 2 mm beträgt.

Diese Deckplatten sowohl, als auch die Gummiseitenkanten mit oder ohne Kantenschutz, bedürfen bei den K- und Z-Bändern im Hinblick auf die oben erwähnte Wirkung eintretender Feuchtigkeit einer besonders sorgfältigen Überwachung, die Gewähr dafür bietet, daß solche Schäden raschestens ausgebessert werden.

Hervorragend dazu geeignet ist das *Tip Top-Kalt-Vulkanisierungsmaterial* der Firma Stahlgruber, München 8, Rosenheimer Straße 17, durch welches in kürzester Zeit Schäden aller Art in einfacher Weise behoben werden können.

Ist beispielsweise ein Loch in der Gummidecke entstanden, so wird dasselbe durch einfaches Auf- oder Einsetzen eines Flicken behoben. Durch Aufrauhen wird zunächst die Reparaturstelle gereinigt. Dadurch wird Schwefel frei. Nun wird Vulkanisierflüssigkeit aufgetragen und mit den Beschleunigern und dem freien Schwefel des Förderbandes und der Verbindungsschicht des Tip Top-Reparaturmaterials erfolgt alsdann eine echte, unlösbare Vulkanisation. Das Tip Top-Vulkanisierungsmaterial verläuft dabei zum Rande hauchdünn und kann auch von den engst eingestellten Abstreifern nicht beschädigt oder abgerissen werden.

Bei Längsrissen in der Gummidecke kann dieselbe durch Aufvulkanisieren von Streifenmaterial verschlossen werden.

Die Reparatur von beschädigten Kanten geschieht durch Aufbau einer vulkanisierenden Kautschukfolie und Abdecken mit einem Kantenband. Bei Durchschlägen wird neues, doppelseitig gummiertes Gewebe in Rautenform eingesetzt und aufgebaut. Den Verschluß bildet ein aufvulkanisierter Flicken auf der Gummidecke. Das ganze Gefüge — Gewebe mit schwefelhaltiger Verbindungsschicht und Einstriche mit Vulkanisierflüssigkeit — wird durch Vulkanisation unlösbar verbunden.

1. Bandauswahl

a) Normale Förderbänder. Für den Baubetrieb kommen fast nur Förderbänder mit Baumwoll- oder Kunstseideeinlagen in Frage, so daß nähere Angaben auf solche beschränkt werden können.

Für die Ermittlung der Beschaffungskosten können in Anbetracht der großen Verschiedenheit der Bänder nur Richtpreise angegeben werden, die jedoch zunächst vollkommen ausreichen, um sich ein Bild über die voraussichtliche Höhe der zu investierenden Mittel zu machen. Zu diesen Richtpreisen kommen dann wechselnde, sog. Materialzuschläge, deren Höhe im Falle des eintretenden Bedarfs von den für die Lieferung in Aussicht genommenen Firmen zu erfragen ist. Ausgangspunkt für die Angaben der Tabelle 1 sind folgende Werte:

Bandbreite		650 mm		800 mm		1000 mm	
Gegenstand	Dicke	Gewicht	Richtpreis	Gewicht	Richtpreis	Gewicht	Richtpreis
	mm	kg/m	DM/m	kg/m	DM/m	kg/m	DM/m
1 Gewebeeinlage B 60.	1,6	1,072	10,05	1,32	12,40	1,65	15,50
1 Gewebeeinlage B 80. . . .	1,8	1,25	12,70	1,54	15,60	1,92	19,50
1 Gewebeeinlage B 110 . . .	2,0	—	—	—	—	2,16	26,20
1 Gewebeeinlage KP 140 . .	2,1	1,41	18,20	1,74	22,40	2,17	28,—
1 Gewebeeinlage KP 225 . .	2,2	1,43	22,10	1,76	27,20	2,20	34,—
1 mm Gummideckschicht . .	1,0	0,715	3,15	0,88	3,85	1,10	4,80
Zuschlag für Steilförderbänder		0,60	14,—	0,66	18,—	0,66	18,—

Unter Zugrundelegung derselben wurden in Tab. 1 die für die Verwendung im Baubetrieb in erster Linie in Frage kommenden Förderbänder zusammengefaßt.

Als Beispiel für Förderbänder mit Kunstseideeinlagen wurden die Bänder KP 140 und KP 225 aus der Produktion der Continental-Gummiwerke AG, Hannover, gewählt, wobei aber ausdrücklich darauf hingewiesen wird, daß es sich bei den eingesetzten Preisen nicht um die Originalpreise für diese Bänder handelt, sondern um Vergleichswerte gegenüber Bändern mit B-Einlagen auf gleicher Basis. Im Baubetrieb laufen die Bänder fast ausschließlich im Freien und sind deshalb ständig Witterungseinflüssen aller Art ausgesetzt. Dieser Tatsache muß unbedingt Rechnung getragen werden und die Gewährsleistung eines ungestörten Betriebs auch bei starker Luftbewegung erfordert auf Grund praktischer Erfahrung unter allen Umständen ein gewisses Mindestgewicht der Bänder.

Es empfiehlt sich deshalb, bei der Auswahl der Bänder als Mindestgrößen folgende Bänder ins Auge zu fassen:

bei   650 mm Bandbreite 4/1,5 B 60/5
     oder bei schwerem Betrieb 4/1,5 KP 140/4,
bei   800 mm Bandbreite 4/1,5 B 60/5
     oder bei schwerem Betrieb 4/1,5 KP 140/4,
bei 1000 mm Bandbreite 4/1,5 B 60/5
     oder bei schwerem Betrieb 4/1,5 KP 225/4.

Auf die Zerreißfestigkeit dieser Bänder bezogen ergeben sich dann die nachstehenden Werte:

Bandbreite		650 mm		800 mm		1000 mm	
Bandkonfektion		4/1,5 B 60/5	4/1,5 KP 140/4	4/1,5 B 60/5	4/1,5 KP 140/4	4/1,5 B 60/5	4/1,5 KP 225/4
Gewicht	kg/m	9,29	9,57	11,45	11,80	14,30	14,85
Richtpreis	DM/m	67,60	90,15	83,20	110,80	103,90	162,40
Zerreißfestigkeit	kg	19500	36400	24000	44800	30000	90000
$\dfrac{\text{Richtpreis}}{\text{Zerreißfestigkeit}}$	DM/kg	0,0035	0,0025	0,0035	0,0025	0,0035	0,0018

Aus dieser Zusammenstellung ist klar zu erkennen, daß die Bänder mit Kunstseideeinlagen trotz ihrer höheren Preise auf die Zerreißfestigkeit bezogen weitaus günstiger liegen.

Wenn man dazuhin die stark wechselnden Verhältnisse im Baubetrieb einerseits und die Notwendigkeit, mit möglichst leichteren Antrieben und trotzdem tunlichst großen Förderlängen zu arbeiten anderseits ins Auge faßt, so ist es auf weite Sicht gesehen ernsthaft zu erwägen, ob man nicht trotz der höheren Kosten bei Beschaffung von Bandstraßen als Anlagegerät im Baubetrieb KP-Bändern oder solchen ähnlicher Güte anderen Fabrikats den Vorzug geben will.

Neben diesen Einlagen seien dann noch erwähnt für Höchstbeanspruchungen die Förderbänder mit Stahlcord-Einlagen, über welche Näheres aus der Abhandlung von Herrn Dr.-Ing. WILHELM MÜLLER, Essen, in der Zeitschrift „Braunkohle, Wärme und Energie", Jahrgang 1953, Heft 21/22, S. 469—472, zu entnehmen ist.

Tabelle 1.

Bandbreite mm			650					800	
Verwendungszweck	Deckplattenstärke mm	Markenbezeichnung	Zerreißfestigkeit kg	Banddicke mm	Bandgewicht kg/m	Richtpreis DM/m		Markenbezeichnung	Zerreißfestigkeit kg
Verschleißbänder	6/2	4 B 60	15600	14,4	10,01	65,40		4 B 60	19200
		5 B 60	19500	16,0	11,08	75,45		5 B 60	24000
		4 B 80	20800	15,2	10,71	76,00		4 B 80	25600
		5 B 80	26000	17,0	11,96	88,70		5 B 80	32000
		4 KP 140	36400	16,4	11,36	98,—		4 KP 140	44800
		5 KP 140	45500	18,5	12,77	116,20		5 KP 140	56000
		3 KP 225	43875	14,6	10,01	91,50		3 KP 225	54000
								4 KP 225	72000
abrasives Material, wie Steine, Schlacken usw.	4/1,5	4 B 60	15600	11,9	8,22	57,55		4 B 60	19200
		5 B 60	19500	13,5	9,29	67,60		5 B 60	24000
		4 B 80	20800	12,7	8,92	68,15		4 B 80	25600
		5 B 80	26000	14,5	10,18	80,85		5 B 80	32000
		4 KP 140	36400	13,9	9,57	90,15		4 KP 140	44800
		5 KP 140	45500	16,0	10,98	108,35		5 KP 140	56000
		3 KP 225	43875	12,1	8,22	83,65		3 KP 225	54000
								4 KP 225	72000
Geröll, Kies, Beton usw.	3/1,5	4 B 60	15600	10,9	7,50	54,40		4 B 60	19200
		5 B 60	19500	12,5	8,57	64,45		5 B 60	24000
		4 B 80	20800	11,7	8,20	65,—		4 B 80	25600
		5 B 80	26000	13,5	9,46	77,70		5 B 80	32000
		4 KP 140	36400	12,9	8,85	87,—		4 KP 140	44800
		5 KP 140	45500	15,0	10,26	105,20		5 KP 140	56000
		3 KP 225	43875	11,1	7,50	80,50		3 KP 225	54000
								4 KP 225	72000
Lehm, Sand usw.	2/1	4 B 60	15600	9,4	6,43	49,65		4 B 60	19200
		5 B 60	19500	11,0	7,50	59,70		5 B 60	24000
		4 B 80	20800	10,2	7,13	60,25		4 B 80	25600
		5 B 80	26000	12,0	8,39	72,95		5 B 80	32000
		4 KP 140	36400	11,4	7,78	82,25		4 KP 140	44800
		5 KP 140	45500	13,5	9,19	100,45		5 KP 140	56000
		3 KP 225	43875	9,6	6,43	75,75		3 KP 225	54000
								4 KP 225	72000

Gummiförderbänder

| 800 | | | Markenbezeichnung | Zerreißfestigkeit | 1000 | | |
| Banddicke | Bandgewicht | Richtpreis | | | Banddicke | Bandgewicht | Richtpreis |
mm	kg/m	DM/m		kg	mm	kg/m	DM/m
14,4	12,32	80,40	5 B 60	30000	16,0	17,05	115,90
16,0	13,65	92,80	5 B 80	40000	17,0	18,40	135,90
15,2	13,20	93,10	4 B 110	44000	16,0	17,44	143,20
17,0	14,74	108 80	5 B 110	55000	18,0	19,60	169,40
16,4	14,00	120,40	4 KP 140	56000	16,4	17,48	150,40
18,5	15,74	142,80	5 KP 140	70000	18,5	19,65	178,40
14,6	12,32	112,40	4 KP 225	90000	16,8	17,60	174,40
16,8	14,08	139,60	5 KP 225	112500	19,0	19,80	208,40
11,9	10,12	70,80	5 B 60	30000	13,5	14,30	103,90
13,5	11,45	83,20	5 B 80	40000	14,5	15,65	123,90
12,7	11,00	83,60	4 B 110	44000	13,5	14,69	131,20
14,5	12,54	99,30	5 B 110	55000	15,5	16,85	157,40
13,9	11,80	110,80	4 KP 140	56000	13,9	14,73	138,40
16,0	13,54	133,20	5 KP 140	70000	16,0	16,90	166,40
12,1	10,12	102,80	4 KP 225	90000	14,3	14,85	162,40
14,3	11,88	130,—	5 KP 225	112500	16,5	17,05	196,40
10,9	9,24	66,95	5 B 60	30000	12,5	13,20	99,10
12,5	10,57	79,35	5 B 80	40000	13,5	14,55	119,10
11,7	10,12	79,75	4 B 110	44000	12,5	13,59	126,40
13,5	11,66	95,35	5 B 110	55000	14,5	15,75	152,60
12,9	10,92	106,95	4 KP 140	56000	12,9	13,63	133,60
15,0	12,66	129,35	5 KP 140	70000	15,0	15,80	161,60
11,1	9,24	98,95	4 KP 225	90000	13,3	13,75	157,60
13,3	11,00	126,15	5 KP 225	112500	15,5	15,95	191,60
9,4	7,92	61,15	5 B 60	30000	11,0	11,55	91,90
11,0	9,25	73,55	5 B 80	40000	12,0	12,90	111,90
10,2	8,80	73,95	4 B 110	44000	11,0	11,94	119,20
12,0	10,34	89,55	5 B 110	55000	12,0	14,10	145,40
11,4	9,60	101,15	4 KP 140	56000	11,4	11,98	126,40
13,5	11,34	123,55	5 KP 140	70000	13,5	14,15	154,40
9,6	7,92	93,15	4 KP 225	90000	11,8	12,10	150,40
11,8	9,68	120,35	5 KP 225	112500	14,0	14,30	184,40

Auszugsweise sei daraus nur folgendes kurz erwähnt:

„Der Zugstrang des Stahlcordbandes besteht aus einer Anzahl von parallel in einer Ebene nebeneinander liegenden Stahlseilen, deren Zerreißfestigkeit der notwendigen Zugkraft angepaßt werden kann. Ober- und unterhalb dieser Lage von Drahtseilen sind 2 oder mehrere Lagen eines Spezial-Baumwollgewebes angeordnet, um die bei der Beladung auftretenden Kräfte quer zur Bandrichtung aufzunehmen. Die Festigkeit dieses Gewebes liegt deshalb in der Schußrichtung, wogegen die Kettfäden verhältnismäßig schwach ausgebildet sind. Wie es bei der Herstellung eines normalen Baumwollbandes darauf ankommt, die einzelnen Gewebeeinlagen während des Preßvorganges gleichmäßig vorzurecken, damit sie später auch alle gleichmäßig an der Übertragung der Zugkraft beteiligt werden, so muß bei der Fertigung des Stahlcordbandes besondere Sorgfalt darauf verwendet werden, daß die einzelnen Seile mit gleicher Vorspannung genau parallel in den Gummikörper eingebettet werden."

Das Stahlcordband wird in verschiedenen Ausführungen hergestellt. Die Zerreißfestigkeiten desselben im Vergleich zu den Bändern mit Baumwolleinlagen und Kunstseide-Perloneinlagen sind aus der Tab. 2 zu ersehen.

Tabelle 2. *Zerreißfestigkeiten*

| Bandbreite mm | Art der Einlagen | | | | | |
| | Baumwolle | | Kunstseide | | Stahlcord | |
	Bezeichnung	Zerreißfestigkeit kg	Bezeichnung	Zerreißfestigkeit kg	Bezeichnung	Zerreißfestigkeit kg
650	4 B 60	15600	4 KP 140	36400	D 65	49000
	5 B 60	19500	5 KP 140	45500		
	4 B 80	20800	3 KP 225	43875		
	5 B 80	26000	4 KP 225	58800		
800	4 B 60	19200	4 KP 140	44800	D 65	60000
	5 B 60	24000	5 KP 140	56000	D 95	90500
					D 135	125000
	4 B 80	25600	3 KP 225	54000		
	5 B 80	32000	4 KP 225	72000		
1000	5 B 60	30000	4 KP 140	56000	D 95	117000
			5 KP 140	70000	D 135	156000
	5 B 80	40000			D 200	220000
			3 KP 225	67500	D 275	292000
	4 B 110	44000	4 KP 225	90000		
	5 B 110	55000	5 KP 225	112500		

Die Arbeit mit Stahlcordbändern erfordert ein sehr zuverlässiges Bandpersonal, insbesondere für die Herstellung der Endlosverbindungen und Reparatur von Durchschlägen und kommt infolgedessen für die meist intermittierenden Einsätze von Bandstraßen im Baubetrieb wegen der damit verbundenen Schwierigkeiten hinsichtlich des Bandpersonals nur höchst selten in Frage.

Ein solcher Fall ist nach einer Mitteilung in Heft 2 vom Februar 1956 der Zeitschrift „Fördern und Heben" eingetreten beim Bau des Stauwerks Grande

Dixence am Fuße des Matterhorns, das nach seiner Fertigstellung mit einer Staumauerhöhe von 281 m das höchste der Erde sein wird. Das Betonvolumen beträgt 5 800 000 cbm und als Baumaterial dient u. a. Moränenschutt, der durch einen Tunnel von $4 \times 3,4$ m l.W. zu der Aufbereitungsanlage transportiert wird. Der Transport erfolgt auf einer 1600 m langen Bandstraße mit Stahlcord-Transportbändern, auf denen bei einer Muldung von 30° und einer Bandgeschwindigkeit von 2,5 m/s stündlich etwa 400 cbm Schutt mit einem Gewicht von 1000 t die Aufbereitung erreichen.

Ein reibungsloser Transport des Förderguts ist im allgemeinen nur möglich, wenn sich die steigende oder auch fallende Förderung für die jeweilige Bodenart innerhalb der in Tab. 3 angegebenen Grenzen bewegt.

Tabelle 3. *Zulässige Steigungen*

Fließverhalten des Förderguts		
gering	mittel	stark
20—22°	16—18°	12—14°
36—40%	28—32%	21—25%

Werden diese Zahlen überschritten, so sind besondere Vorkehrungen nötig, welche von zweierlei Art sein können, und zwar Anwendung von Steilförderbändern oder Arbeit mit Deckelband.

b) Steilförderbänder. Von der Continental-Gummiwerke AG, Hannover, wurde ein Steilförderband entwickelt, das je nach der Art des Förderguts und der Fördermenge eine steigende oder auch fallende Förderung bis zu 45° = 100% = 1 : 1 zuläßt.

Diese Bandkonstruktion weist pfeilförmig angeordnete, kräftige Gummistege auf der oberen Deckplatte auf, die ein Rutschen der geförderten Materialien verhindern und das Fördergut zur Bandmitte führen. Die Deckplatte und die Stege sind außerordentlich abriebfest und widerstandsfähig gegen Beschädigungen. Die Anwendung solcher Steilförderbänder ist auf jede Länge und auf allen normalen Bandstraßen möglich, weil die Bandprofilierung einen glatten und stoßfreien Ablauf über die Flachrollen des Untertrums gewährleistet. Die dabei auftretende leichte Vibration trägt dazu bei, am Untertrum etwa noch haftende Fördergutreste vollends zu entfernen.

Die *Steigungswinkel* betragen

für erdfeuchten Sand	bis 45° = 100% = 1 : 1
für groben Kies ohne Sand	bis 35° = 70% = ~1 : 1,5
für Zement	bis 30° = 57% = ~1 : 2
für Ziegelsteine von Hand aufgelegt	bis 40° = 84% = ~1 : 1,25

In der Praxis zeigte es sich, daß der erreichbare Steigungswinkel abhängig ist von der Art der Körnung, der Feuchtigkeit und der Form des Fördergutes. Muldung, Bandgeschwindigkeit und Aufgabeart des Förderguts beeinflussen die Höhe des Steigungswinkels ebenfalls.

Die *Zuschläge für solche Förderbänder* betragen

bei 650 mm Bandbreite	14,00 DM/m und
bei 800 und 1000 mm Bandbreite	18,00 DM/m.

Die Preisgleichheit der Bänder von 800 und 1000 mm Breite rührt daher, daß die Profilierung auch bei den 1000 mm-Bändern nur auf die gleiche Breite wie bei den 800 mm-Bändern durchgeführt wird, d.h. also, bei 1000 mm-Bändern nicht ganz bis zur Verladegrenze reicht.

Wichtig ist bei allen Schrägförderungen der *Übergang von der Waagerechten in die Schräge* und umgekehrt.

Nachdem die Muldenform des Bandes unter allen Umständen auch an der Knickstelle beibehalten werden muß, muß der Halbmesser des Übergangsbogens so groß sein, daß die Dehnung im Gurt von der Mitte zur Gurtkante 0,8% nicht übersteigt.

Nach DIN 22101, S. 3, sind folgende *Mindesthalbmesser* vorzusehen:

für Gurtbreiten von 0,65 und 0,80 m . . . . . . $r = 8,6$ m und
für Gurtbreiten von 1,0 und 1,2 m . . . . . . $r = 13,0$ m.

Dies bedeutet, daß bei diesen Gurtbreiten folgende Übergangslängen in Betracht gezogen werden müssen:

Tabelle 4. *Übergangslängen*

Winkel	Für Bandbreiten von	
	650 u. 800 mm	1000 mm
$30° = 57{,}7\%$	rd. 4,50 m	rd. 6,80 m
$35° = 70\%$	5,25 m	7,95 m
$40° = 88{,}9\%$	6,00 m	9,10 m
$45° = 100\%$	6,75 m	10,25 m

Eine andere Art sind die **V-förmig geführten Steilförderbänder**, bei denen die Tragrollen eines Zweirollensatzes unter 45° Einstellwinkel stehen. Auch sie sind für 650, 800 und 1000 mm Bandbreite lieferbar.

Sie kämen in erster Linie dort in Betracht, wo es sich darum handelt, das Fördergut auf kürzestem Weg von einem Arbeitsplanum auf ein höher gelegenes zu schaffen. Dies könnte beispielsweise der Fall sein bei der Ausbaggerung eines tiefen Kanaleinschnitts, in dem das Material unten gewonnen und zur Weiterverwendung auf den oberen Kanalrand gehoben werden muß.

Die Leistungsfähigkeit solcher Bänder ist füllquerschnittsmäßig nicht geringer als die der Normalbänder von gleicher Breite und auch der für die Berechnung des Antriebs maßgebende Maximalfüllquerschnitt fällt nicht aus diesem Rahmen, so daß gegen die Zwischenschaltung eines derartigen Spezialbandes zur kürzesten Überwindung von Höhendifferenzen keinerlei Bedenken bestehen.

c) Arbeit mit Deckelband. Zur Vermeidung des Zurückrollens des Förderguts auf dem Steilförderband wird das Tragband mit einem Einstellwinkel von 30° mit einem über diesem geschwindigkeitsgleich laufenden Deckelband versehen. Auf diese Weise wird der Förderstrom gleichsam in einem Schlauch geführt. Die Geschwindigkeitsgleichheit zwischen Tragband und Deckelband ist unbedingt notwendig und muß entsprechend gesichert sein.

Die Verlagerung des eigentlichen Förderbandes sowohl, als auch des Deckelbandes erfolgt zweckmäßig in einer auch den Voraussetzungen für den Übergang aus der Waagrechten in die Steilstrecke gerecht werdenden fahrbaren oder auch stationären Brücke zwischen Gitterträgern, auf welcher das Deckelband dicht über dem eigentlichen Förderband liegt und entweder

nur im Obertrum über normale Tiefmuldenrollensätze geführt wird, während das Untertrum frei durchhängt und sich selbsttätig auf das Fördergut auflegt, oder

bei gleicher Führung des Obertrums zur Vergrößerung der Haftreibung des Förderguts zunächst an der Aufgabestelle, dann aber auch an weiteren Punkten durch an vorgespannten einarmigen Hebeln befindliche luftbereifte Laufräder belastet wird.

Die damit zu erzielenden Steigungswinkel entsprechen ungefähr jenen der Steilförderbänder.

Der Eintrommelantrieb des Deckelbandes liegt über und kurz hinter der Materialaufgabe des Tragbandes und die Umkehrtrommel über der Abwurftrommel des letzteren.

Der *Versand der Bänder* erfolgt gewöhnlich auf Trommeln mit seitlichen Bordscheiben, welche bei normaler Bandstärke etwa 500 m Band aufzunehmen vermögen. Die Bandrolle muß bei der Entladung mit größter Sorgfalt behandelt werden und es ist vor allem darauf zu achten, daß sie nicht gekippt oder geworfen wird.

2. Bandpflege

Für den Transport der Bänder von einer Arbeitsstelle zur anderen werden die Bänder zweckmäßig ebenfalls wieder auf Bandtrommeln aufgerollt, deren Größe so bemessen wird, daß darauf jeweils die Bandlänge für 100 m Bandstraße untergebracht werden kann.

Bei *längerer Lagerung der Bänder* auf den Rollen sollen diese allmonatlich soweit gedreht werden, daß im Monat Januar die Zahl 1, im Monat Februar die Zahl 2, im Monat März die Zahl 3 usw. bis im Monat Dezember die Zahl 12 im Scheitel der Rolle steht, damit sich der innere Druck nicht immer nach der gleichen Richtung auswirkt (s. Abb. 52).

Die *Lagerräume* sollen gut lüftbar, staubfrei und trocken sein und die Temperatur in denselben soll möglichst gleichmäßig im Sommer wie im Winter zwischen $+10°$ und $+15°$ C liegen.

Liegen aufmontierte Bänder auf der Baustelle aus irgendwelchen Gründen längere Zeit still, so ist dringend zu empfehlen, solche Bänder mindestens allwöchentlich einmal kurz laufen zu lassen und dann so zum Stehen zu bringen, daß jeweils der Teil des Bandes auf die Flachrollen zu liegen kommt, der zuvor auf den Muldenrollen lag und umgekehrt. Diese Maßnahme hat den Zweck, die Bänder möglichst gleichmäßig den Einwirkungen der Sonne und den sonstigen Witterungseinflüssen auszusetzen.

Daß die Bänder vor der Auflegung auf eine Bandtrommel tadellos gereinigt, durchrepariert und vor allem trocken sein sollen, ist eine Selbstverständlichkeit.

Vor normalen Förderpausen sollen die Bänder stets entladen und gut gereinigt werden, damit etwa aufgetretene Beschädigungen erkannt und nach Möglichkeit noch während der Förderpause repariert, zum mindesten aber so weit behelfsmäßig gesichert werden können, daß dadurch etwa entstehende Stockungen im Betrieb vermieden werden.

Nach einem Stillstand des Bandes unter Vollast muß auf jeden Fall sehr vorsichtig und langsam angefahren werden.

Bei *Wiederingangsetzung von Förderbändern nach Stillegungen von längerer Dauer im Winter* ist unbedingt darauf zu achten, daß dieselben *unter keinen Umständen in gefrorenem Zustand anlaufen* dürfen. Das Band muß in einem solchen Fall mit der Hand von jeder einzelnen Tragrolle abgehoben werden, um festzustellen, ob sich diese in allen Teilen frei drehen kann.

Es empfiehlt sich nach dieser Feststellung, die Bänder zunächst einige Zeit *unbelastet* anlaufen zu lassen.

Um das *Anfrieren von Fördergut* am Band oder an den Flachrollen zu vermeiden, wurden bei den Bandanlagen der BBI die Bänder gelaugt, d. h. es wurden bei der Umkehrtrommel große Bottiche mit etwa 2 cbm Wasser aufgestellt, denen 200 l Viehsalz zugesetzt wurden, und diese Lösung mittels Schapfen an langem Stiel oder Eimern auf das Band geschüttet, bevor das Fördergut aufgegeben wurde, also zwischen Umkehrtrommel und Aufgabetrichter. Mit diesem Verfahren wurden bei Temperaturen bis zu 20° unter dem Nullpunkt recht befriedigende Ergebnisse erzielt.

Als eine *zweckmäßige Maßnahme zur Erzielung einer guten Bandführung* sei auch noch die Möglichkeit erwähnt, die seitlichen Muldentragrollen in der Förderrichtung $4\,^1/_2°$ bis 5° auf Sturz zu stellen. Dies bedingt zwar einen etwas höheren Kraftbedarf, bewirkt aber, daß das Band nach der Mitte zu getrieben wird und dadurch wesentlich ruhiger läuft, so daß die Gefahr des Schieflaufens des Bandes erheblich vermindert ist. Für die im Baubetrieb zu erwartenden Verhältnisse, wo jedenfalls häufig mit Bandpersonal gerechnet werden muß, das immer erst wieder der Anlernung bedarf, bedeutet diese Möglichkeit eine erhebliche Erleichterung.

Sie ist es aber nur so lange, als die Reibungsverhältnisse auf den beiden seitlichen Muldentragrollen gleichbleiben. Wird hingegen durch *Regen oder Wind* die Oberseite des Untertrums nur auf einer Seite naß, so verringert sich auf dieser Seite beim Lauf über die Muldentragrollen der Reibungskoeffizient und das Band wird auf dieser Seite weggedrückt: es läuft so lange schief, bis bei länger anhaltendem Regen das Band auf die ganze Breite gleichmäßig naß ist. Diesen Vorgang zu beschleunigen, kann man sich eines etwas höher gestellten Behälters mit etwa 300 l Wasser bedienen, der mit einem unten gelochten Rohr (Brauserohr) verbunden ist, das die gleiche Länge wie die Flachrollen hat und vor der Spitze des Pflugabstreifers oberhalb der Flachrolle über das Untertrum des Bandes läuft. Auf diesem Rohr befindet sich ein möglichst genau passendes Überschieberohr von der halben Länge der Flachrolle, welches mittels eines verlängerten Handgriffes so auf dem Brauserohr verschoben werden kann, daß das Untertrum des Bandes auf beiden Seiten gleich weit vom Rande weg naß wird. Kommt also das Untertrum beim Bandwärter einseitig naß an, so braucht derselbe nur den Abschlußhahn des Behälters zu öffnen und das Überschieberohr so einzurichten, daß das Band von beiden Seiten gleichweit naß wird. Der Pflugabstreifer sorgt dann schon dafür, daß das auf solche Weise aufgegebene Wasser gleichmäßig verteilt und dadurch die Gefahr des Schieflaufens des Bandes nach dem Lauf über die Umkehrtrommel beseitigt wird.

Wird dem einseitigen Naßwerden nicht die gebührende Beachtung geschenkt, so kann es vorkommen, daß ein sonst vollkommen geradlaufendes Band bei einsetzendem Regen und Wind auf die ganze Länge so weit hinausgetragen wird, daß die eine Außenkante des Bandes schließlich auf der Mittelrolle läuft und das Untertrum des Bandes durch das herabfallende Fördergut gewissermaßen als Rückförderer arbeitet und den Pflugabstreifer vor der Umkehrtrommel weit über das zulässige Maß belastet.

3. Bandmontage

Bei der erstmaligen Montage von Förderbändern empfiehlt es sich im Hinblick auf deren erhebliche Kosten die Durchführung der Montage *nur eingearbeiteten Leuten*, die möglichst im Lieferwerk ausgebildet wurden, anzuvertrauen oder Monteure der Lieferfirma dazu kommen zu lassen.

Für die Verwendung von Bandanlagen im Baubetrieb ist es zweckmäßig, mit Rücksicht auf die meist häufigere Umlegung der Bänder betriebseigene Leute dazu ausbilden zu lassen.

Zur *Auflage des Bandes* wird die Bandtrommel mit einer Achse versehen, indem ein Rohr oder auch eine ausgebaute Baggerachse durch die dafür vorgesehene Öffnung der Bandtrommel gesteckt und gut verkeilt wird. Die beiden Enden dieser provisorischen Achse werden so auf zwei kräftige Böcke gelegt, daß sich die Bandtrommel leicht drehen läßt, und zwar muß diese Achse genau im rechten Winkel zur Bandstraßenachse stehen. Ist sie gut ausgerichtet, so wird das Förderband von der Trommel abgewickelt und so in die Anlage eingeführt, daß die mit *Tragseite* gestempelte Deckplatte *nach oben* liegt und alsdann werden die beiden Bandenden zusammengezogen. Das Zusammenziehen kann in der Weise geschehen, daß an jedes der beiden Bandenden etwa 1 m vom Bandende zurückliegend eine aus zwei Backen bestehende Holzzange geklemmt wird, deren Backen durch Schrauben aneinandergepreßt werden und die durch je einen Flaschenzug auf jeder Seite gleichmäßig zueinandergezogen werden, bis das Band gespannt ist.

Von der Nilos GmbH, Förderband-Ausrüstung, Düsseldorf, Achenbachstr. 26, werden zu diesem Zweck patentierte Nilos-Spanner angeboten, bestehend aus zwei Paar selbstspannender Klemmen, die ohne Schraubverbindung angesetzt werden und einem Nilos-Zug von 2 t Tragkraft und 10 m Zuglänge mit Klinkvorrichtung und ausziehbarem Griffrohr (Abb. 1).

Einzelheiten über Gewichte und Preise für die verschiedenen Bandbreiten s. Tab. 5.

Bei der Zusammenziehung der Bandenden darf unter keinen Umständen die eine Seite festgeklemmt und das andere Bandende etwa durch Einschalten des Antriebs herangeholt werden, weil der dabei entstehende Bandrutsch an der Antriebstrommel das Band nur unnötig verschleißen würde.

Abb. 1. Nilos-Spanner
(Nilos GmbH. Düsseldorf)

Tabelle 5. *Nilos-Spanner*

Bandbreite	650 mm		800 mm		1000 mm	
Gegenstand	Gewicht kg	Preis DM	Gewicht kg	Preis DM	Gewicht kg	Preis DM
1 Satz Nilos-Rollklemmen	29	346,—	32	368,—	35	398,—
1 Nilos-Zug mit Klinkvorrichtung und ausziehbarem Griff	38	268,—	38	268,—	38	268,—
1 vollständiger Nilos-Spanner	67	614,—	70	636,—	73	666,—

Das so vorbereitete Band wird dann zur Herstellung der Bandverbindung mit Holz sorgfältig unterbaut.

B. Die Bandverbindung

Als Bandverbindung kommen für die Bedürfnisse des Baubetriebes zwei Arten in Betracht: mechanische Verbinder oder die Endlos-Vulkanisation.

1. Mechanische Verbinder

Die Hauptform der mechanischen Verbinder ist die *normale Hakenverbindung*.

Bei der Verwendung von Hakenverbindungen ist zu beachten, daß dieselben nur rund 50% des für die jeweilige Bandbreite zulässigen Gurtzuges mit Sicherheit aufzunehmen vermögen. Nachdem sich aber der Gurtzug aus dem Wert von N_a errechnet und dieser wiederum bei horizontaler Förderung abhängig ist von der Größe $C \cdot L$, bedeutet dies beispielsweise, daß ein Förderband, welches an sich dimensioniert ist für eine Förderlänge von 270 m, bei Verwendung einer Hakenverbindung auf die Dauer nur einen Gurtzug aufzunehmen vermöchte, der einer Förderlänge von rund 100 m entspricht.

Daraus ergibt sich, daß die Hakenverbindung nur für verhältnismäßig kurze Bänder Verwendung finden sollte oder als Behelfsmaßnahme für die Verlängerung von Bändern höchstens dann und nur so lange, bis der Betrieb den Ersatz durch eine Endlosverbindung ohne Störung zuläßt.

Die Schwierigkeiten hinsichtlich der Verwendung von Hakenverbindungen bei sehr feinkörnigem Material wurden dadurch überwunden, daß neuerdings die Möglichkeit besteht, eine Abdichtung zu verwenden, welche den Durchfall eines solchen Fördergutes durch die Hakenverbindungen verhindert. Dieselbe soll sich bei den bisherigen Einsätzen bestens bewährt haben.

Abb. 2. Fertige Nilos-Hakenverbindung

Zu beachten ist, daß die beiden Hakenreihen an beiden Enden etwa 1 cm kürzer sein sollen als die Bandbreite und daß dieser 1 cm des Bandes auf etwa 6 cm Länge spitzwinklig abgeschnitten werden muß, um zu verhindern, daß die Bandecken hängenbleiben oder sonstwie beschädigt werden (Abb. 2).

Die zum Zusammenfügen der Verbindungen nötigen Drahtlitzen, *Bandnadeln* genannt, müssen an ihren Enden auf etwa 15 cm Länge geschweißt oder verlötet sein, damit sie ohne Schaden zu nehmen auf das erforderliche Maß abgeschnitten werden können.

Hakenverbindungen müssen stets besonders sorgfältig überwacht und sich etwa lockernde Haken sofort wieder in Ordnung gebracht werden. Die Nilos GmbH. bietet zur Vornahme dieser Arbeiten an:

Nilos-Haken, das sind Gurtverbindehaken mit geschliffenen, für das Gewebe unschädlichen Spitzen. Die Form der Spitzen ist so, daß sie sich glatt durch das Band drücken, auf der Gegenseite umbiegen und mit kurzer Krümmung wieder in das Band einrollen (Abb. 3).

Die Nilos-Haken werden in verschiedenen Größen und Qualitäten geliefert, je nach Banddicke und der durch die Betriebsverhältnisse erforderlichen Frostbeständigkeit. Jede Schachtel Nilos-Haken Größe 5 bis 9 enthält 12 Streifen

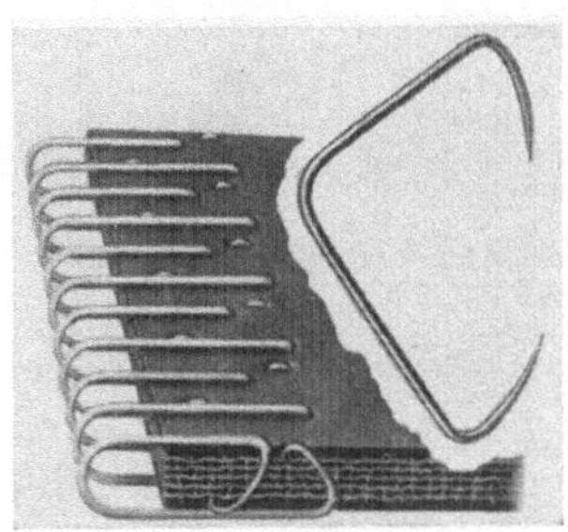

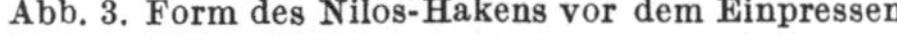

Abb. 3. Form des Nilos-Hakens vor dem Einpressen   Abb. 4. Einpressen der Nilos-Haken mit der Nilos-Zange

von je 30 cm Länge mit 5,5 mm Teilung; Größe 11 enthält nur 6 Streifen, Größe 13 nur 4 Streifen von gleicher Länge.

Für die Verwendung im Baubetrieb kommen fast nur Nilos RO-Haken, rostgeschützt durch dichte Überzüge mit höherer Festigkeit für frei laufende Bänder in Frage, und zwar die folgenden Größen:

Größe 5 für Banddicke 6— 8 mm DM 14,— je Schachtel Länge 360 mm
Größe 7 für Banddicke 8—11 mm DM 16,— je Schachtel Länge 360 mm
Größe 9 für Banddicke 11—14 mm DM 19,— je Schachtel Länge 360 mm
Größe 11 für Banddicke 14—17 mm DM 8,— je Schachtel Länge 180 mm
Größe 13 für Banddicke 17—20 mm DM 10,— je Schachtel Länge 120 mm

Die Haken der Größen 11 und 13 werden zur Zeit nur in der Qualität NO, normale Stahldrahtausführung ohne Rostschutzüberzug, geführt. Die Preise verstehen sich deshalb für diese Qualität.

Nilos-Gurtverbindezange NBV für normale Bandbreiten bis 800 mm (Abb. 4). Sie ist eine verstärkte und verbesserte Ausführung mit erhöhtem Einpreßdruck und doppelter Sicherung des Bandendes gegen Verdrängung beim Einpreßvorgang zwecks Erzielung einer besonders festen und äußerst geraden Hakenverbindung.

Die Zange verträgt auch eine rauhe Behandlung, ist leicht zu tragen oder zu schleifen und einfach zu handhaben; in 5 Minuten kann man damit eine 800 mm breite Hakenreihe einpressen.

Die Preßbacken sind im Zangenkopf pendelnd gelagert und leicht auswechselbar entsprechend den Banddicken.

Neben dieser Zange gibt es für *schmale Bänder bis 650 mm Breite* auch noch die *Ausführung SBV* und *für alle Breiten die Ausführung ABV.*

Das Gestell der letzteren ist offen konstruiert, so daß die Bänder darin verschoben und die Haken abschnittsweise eingepreßt werden können (Abb. 5).

Alle Nilos-Zangen werden, falls nichts anderes verlangt wird, mit Preß-

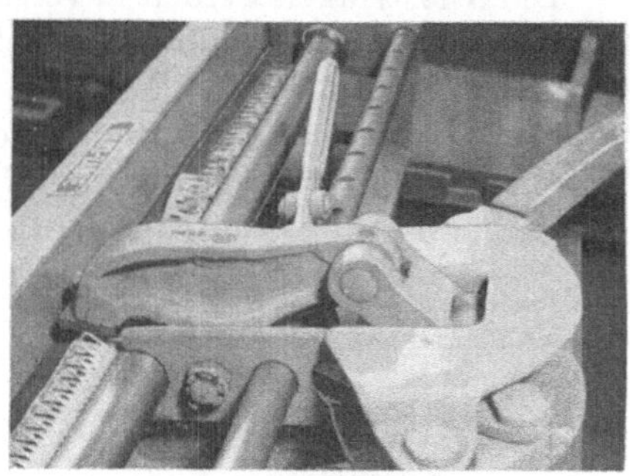

Abb. 5. Nilos-Zange ABV für alle Bandbreiten   Abb. 6. Preßbacken (Nilos)

backen Größe 7 (für Bänder von 8 bis 11 mm Dicke) ausgerüstet. Abweichende Banddicken sind bei Bestellung anzugeben, damit gleich die passenden Preßbacken eingesetzt werden können. Zur Umstellung auf eine andere Dicke braucht nur jeweils die obere Preßbacke ausgewechselt werden (Abb. 6).

Tabelle 6. *Nilos-Zangen*

Gegenstand	Nilos-Zange			Preßbacken je Paar				
Typenbezeichnung	NBV	SBV	ABV	Gr. 5	Gr. 7	Gr. 9	Gr. 11	Gr. 13
Gewicht . . . . kg	47	41	48	0,2	0,2	0,25	0,3	0,3
Preis . . . . DM	541,—	505,—	643,—	41,—	41,—	41,—	41,—	41,—

Nilos-Bandnadeln. Nilos-Bandnadeln dienen zur gelenkigen Zusammenfügung der Nilos-Gurtverbindung (Abb. 7) und sind aus verzinkter Trulay-Stahldrahtlitze von etwa 5,4 mm Durchmesser mit verschweißten und geglätteten Enden, die sich leicht einführen und wieder herausziehen lassen. Die Verschweißung am rot bezeichneten Ende ist 150 mm lang und deshalb ohne Gefahr des Aufdrallens, wenn die Nadeln abgeschnitten werden.

Bei Bestellung ist die Bandbreite anzugeben; die Bandnadeln werden um 20 mm kürzer geliefert als die jeweilige Bandbreite.

Die Preise der Bandnadeln sind

für Bandbreiten von . . . . . . mm   650   800   1000

Preise je Stück . . . . DM   0,60   0,65   0,80

Nilos-Kombi-Zange, eine kombinierte Schneid- und Nadelzange, als Hilfswerkzeug für die lösbare Nilos-Förderband-Verbindung zum Herausziehen, notfalls zum Lösen und Herausschlagen der Bandnadeln, sowie zum Abschneiden der kürzbaren Nilos-Bandnadeln auf die der Bandbreite entsprechende Länge. Die Zange ist als Flach-, Greif- und Schneidzange mit 2 Schneidvorrichtungen für Drähte bis 3 mm und Drahtseile bis 6 mm das ideale Gerät für das Bandpersonal. Das Schneidwerkzeug für Drahtseile mit gehärteter und geschliffener Schneidhülse, sowie Schneidstahl ist auswechselbar und als Ersatzteil lieferbar.

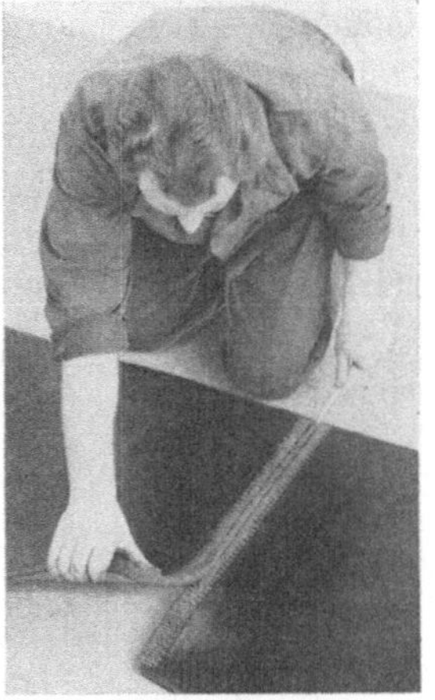

Abb. 7 Einführung der Nilos-Bandnadeln

Der Preis für die Nilos-Kombi-Zange beträgt 19,60 DM/Stück.

Als Hilfsmittel, das ausschließlich zum Herausziehen der Bandnadeln aus der Gurtverbindung dient, gibt es außerdem die Nilos-Nadel-Zange zum Preis von 3,50 DM/Stück.

Nilos-Messer zum Zurechtschneiden der Gurtenden. Das Förderbandmesser hat ein griffiges Heft und eine gebogene Klinge, die sich beim Schneiden unter geringstem Kraftaufwand in den Schnitt hineinzieht. Es kostet in einfacher Ausführung 3 DM/Stück.

An sonstigen Nilos-Hilfsgeräten sind zu erwähnen:

Nilos-Bandmarken zur Kenntlichmachung der Bänder durch Nummern oder Zeichen. Die Bandmarken werden im Abstand von etwa 5 m abwechselnd von oben und von unten in das Band geschlagen und auf der Gegenseite umgenietet.

Größe 7 für Bänder bis 11 mm kosten DM —,58/Stück
Größe 9 für Bänder bis 16 mm kosten DM —,62/Stück.

Nilos-Amboß zur Erleichterung des Einschlagens der Zeichen. Derselbe wird in den Schraubstock gespannt und gibt der Bandmarke eine feste Unterlage beim Einschlagen. Der Preis beträgt 10 DM/Stück.

Nilos-Bandgriff zur Erleichterung beim Auslegen der Förderbänder und beim Umlegen der Bandanlage. Der Preis beträgt 7,50 DM/Stück.

Nilos-Zähler zur Längenmessung laufender Förderbänder mit Zählwerk bis 999,9, das bei 1000 m von selbst auf die Nullstellung zurückschaltet. Der Preis beträgt 64 DM/Stück.

Nilos-V-Kasten, Größe 3. Inhalt: Schustermesser, Lagenmesser, Sattlermesser, Nilos-Messer, Pfriem, Flachzange, Kneifzange, Schere 9″, Schere 8″, Raspel, Drahtbürste, Kratzbürste, Ersatzband für Kratzbürste, Anroller, Zackenroller, Ringpinsel, Entgrater, Schieblehre, Zirkel und Zollstock 2 m. Der Preis beträgt 115 DM/Stück.

2. Die Endlosvulkanisation

Bei Bandanlagen, die länger laufen sollen, verdient die Endlosvulkanisation unbedingt den Vorzug. Entscheidend ist, daß endlose Verbindungen den Gurtzug in vollem Umfang übernehmen können und infolgedessen den Einsatz größerer

Bandlängen und damit die Einsparung von Antriebsstationen ermöglichen. Außerdem sind sie den Angriffen durch das Fördergut und durch Abrieb weniger als andere Verbindungen ausgesetzt, desgleichen einer Zermürbung der Gewebeeinlagen durch eindringende Feuchtigkeit und Staub. Endlosverbindungen sollen, wenn irgend möglich, mehrere Meter von der Antriebstrommel entfernt ausgeführt werden.

Was ist bei der Herstellung von Endlosverbindungen zu beachten? Die einwandfreie Ausführung der Endlosverbindungen ist in beträchtlichem Maße mit ausschlaggebend für ein gutes Funktionieren der Bandanlagen und einen möglichst reibungslosen Betrieb und es empfiehlt sich deshalb, entweder

diese Arbeiten durch Spezialfirmen mit gut geschultem und erfahrenem Personal ausführen zu lassen, oder

selbst geeignetes Personal für diese Arbeiten ausbilden zu lassen oder sonstwie zu beschaffen.

Für den Fall der Ausbildung ist es notwendig, bei der Auswahl der dafür in Frage kommenden Personen äußerst vorsichtig zu sein.

Geeignet sind jedenfalls nur fleißige, intelligente und absolut zuverlässige Leute mit Freude und Geschick zu solchen Arbeiten und dem dazu unbedingt nötigen feinen Einfühlungsvermögen.

Die am häufigsten anzutreffenden *Fehlerquellen* bei der Vornahme von Vulkanisationsarbeiten entstehen

1. *durch mangelnde Vorsicht bei Herstellung der Abstufungen.* Zu dieser Arbeit benützen die Vulkaniseure meistens den sog. Kneipp, und wenn die Benützung nicht mit größter Vorsicht erfolgt, dann kann es leicht vorkommen, daß beim Abtrennen einer Einlage zu tief geschnitten und dadurch auch noch die darunter liegende Einlage angeschnitten wird. Dies bedeutet aber, daß diese Einlage dann als Zugträger teilweise oder auch ganz ausfällt, was je nach der Gesamtzahl der Einlagen eine *Verminderung der Zerreißfestigkeit des Bandes um 20 bis 33%* zur Folge hat.

Einen wirksamen Schutz dagegen bietet die Vornahme dieser Arbeit unter Zuhilfenahme des Lagenritzmessers und man sollte deshalb unbedingt darauf dringen, daß ein solches nicht nur beschafft, sondern auch wirklich verwendet wird;

2. *durch mangelnde Vorsicht beim Aufrauhen.* Diese Arbeit darf nur mit der Drahtrundbürste unter leichtem Druck vorgenommen werden. Bei starkem Druck tritt eine Erhitzung des Gewebes ein, welche dasselbe unter Umständen in erheblichem Maße schädigen kann;

3. *durch mangelnde Vorsicht oder auch Unvermögen der richtigen Beurteilung beim Trocknen des Einstrichmittels.* Nachlässigkeit oder auch ungenügendes Unterscheidungsvermögen bei der Ausführung dieses Arbeitsvorgangs ist besonders gefährlich bei feuchter Witterung, denn wenn die Trocknung nicht vollkommen ist, dann bleiben Wasserteilchen zurück, welche danach zu Schädigungen des Bandes durch Blasenbildung führen und dadurch dessen Verwendungsfähigkeit erheblich beeinträchtigen können;

4. *durch mangelnde Vorsicht bei der Beheizung der Platten.* Die genaue Kontrolle und Einhaltung der Normalheiztemperatur von 100° C bei der Warmvulkanisation und 142° C bei der Heißvulkanisation mit einer Toleranz von maximal 2° nach oben und unten ist unbedingt nötig, weil sonst eine Schädigung des Bandes eintritt, welche dessen Verwendungsfähigkeit und Lebensdauer erheblich beeinträchtigt.

Aus dieser kurzen Zusammenfassung der am häufigsten vorkommenden Schadensursachen ist klar zu erkennen, welche ausschlaggebende Rolle dabei dem Vulkaniseur zukommt und daß es im eigensten Interesse der Betriebe liegt, wenn sie für die Arbeit mit Bandstraßen als *eigene Vulkaniseure grundsätzlich nur solche Leute ausbilden lassen, welche den an sie zu stellenden Anforderungen in jeder Weise genügen.*

Verbindungslänge. Von besonderer Bedeutung bei der Herstellung von Endlosverbindungen ist die Wahl der richtigen Verbindungslänge.

Bisher wurde meist angenommen

$$\text{Verbindungslänge} = \text{Bandbreite},$$

und die Fa. Stahlgruber hat in ihrer Tip Top-Schiebetafel für Förderbänder gleichfalls diese Werte zugrundegelegt.

Diese Handhabung ist jedoch sehr umstritten, weil die Zahl der Gewebeeinlagen und die Art der verwendeten Gewebe, die für die Haltbarkeit der Verbindung zweifellos von ausschlaggebender Bedeutung sind, hier vollkommen unberücksichtigt bleiben.

Für die Herstellung der im Rahmen dieser Untersuchungen in Betracht kommenden Förderbänder werden je nach Beanspruchung folgende Gewebeeinlagen verwendet:

B 60 mit 60 kg Festigkeit je 1 cm Gewebebreite,
B 80 mit 80 kg Festigkeit je 1 cm Gewebebreite,
B 110 mit 110 kg Festigkeit je 1 cm Gewebebreite,
KP 140 mit 140 kg Festigkeit je 1 cm Gewebebreite   und
KP 225 mit 225 kg Festigkeit je 1 cm Gewebebreite.

Die Übertragung der Zugkräfte in der Verbindung erfolgt durch die Überlappung und Verklebung von je einer Gewebelage beider Bandenden. Die Überlappung muß also *mindestens die Festigkeit einer Gewebelage aufnehmen können.*

Untersuchungen, die nach dieser Richtung angestellt wurden, haben ergeben, daß z. B. bei 12 cm Stufenbreite für B 80 noch ausreichende Sicherheit vorhanden ist und auf Grund dieser Erkenntnis wurde dann empfohlen, mit folgenden Abstufungen zu rechnen:

Bei   B 60-Bändern mit einer Länge von 90 mm,
bei   B 80-Bändern mit einer Länge von 120 mm,
bei   B 110-Bändern mit einer Länge von 165 mm,
bei KP 140-Bändern mit einer Länge von 210 mm   und
bei KP 225-Bändern mit einer Länge von 340 mm.

Als Verbindungslängen ergeben sich dann

$$L_{v1} = 50 + (E - 1) \cdot l \, \text{mm},$$

worin bedeuten

50 = Breite des eingelegten Gumminahtstreifens in mm,
E = Zahl der Gewebeeinlagen und
l = Länge der Treppenstufen in mm.

Wird mit *rhombischen Vulkanisiergeräten* gearbeitet, so stellt der Wert L_{v1} die Verbindungslänge dar, und zwar *ohne Gehrung*. Bei der Verwendung *rechteckiger Geräte* muß zu dieser Verbindungslänge L_{v1} noch der sog. Schnitt hinzugenommen werden.

In diesem Falle beträgt die Länge des zu vulkanisierenden Bandstücks von der Spitze des einen Bandendes bis zur Spitze des anderen Bandendes

$$L_{v2} = L_{v1} + C_t \cdot B,$$

worin bedeuten

C_t = Tangente des Schnittwinkels und
B = Bandbreite in mm.

Der Wert von C_t beträgt für die am meisten verwendeten Schnittwinkel von $14° = 0{,}25$, $17° = 0{,}30$, $20° = 0{,}35$ und $22° = 0{,}40$.

Die Wahl der Abmessung der Vulkanisationsgeräte hat dann so zu erfolgen, daß die Platten der Geräte die Bandbreite um etwa 50 mm auf jeder Seite (wegen der Kantenleisten) und in der Bandlaufrichtung die Verbindungsnähte um mindestens 30 mm überragen.

Diese Ausführungen wurden mit hereingenommen zum besseren Verständnis der von den verschiedenen Lieferfirmen angebotenen Dimensionen ihrer Fabrikate.

Es soll aber nicht unerwähnt bleiben, daß von der BBI probeweise ausgeführte sog. Kurzverbindungen mit ähnlichen Stufenlängen auf die Dauer doch nicht voll befriedigt haben und daß man deshalb dort wieder zu den ursprünglichen größeren Abstufungslängen zurückgekehrt ist und wieder Verbindungslänge = Bandbreite zugrundelegt.

Es handelt sich eben hier noch um Neuland, und es erscheint durchaus begreiflich, daß gerade die Verbindungen durch die fortwährende Walkarbeit in besonderem Maße beansprucht werden und daß infolgedessen die zugrundegelegten Stufenlängen von 90 bis 340 mm für schwere Beanspruchung der Bänder auf längere Dauer nicht ausreichen und einer Berichtigung bedürfen.

Eine ganz neue Wendung nach dieser Richtung ist eingetreten durch das von der Firma Stahlgruber zum Bundespatent angemeldete „Tip Top-Förderband-Schnell-Warmvulkanisier-Verfahren", das für eine Endlosverbindung nur $^1/_3$ der Bandbreite erfordert.

Vorausgegangen sind Reihenversuche mit folgenden Ergebnissen:

1. Reißstreifen von 40 mm Breite eines neuen 4 B 60-Bandes ergaben eine mittlere Trennfestigkeit zwischen den Lagen von 25 kg.

2. Nachdem solche Reißstreifen eine halbe Stunde lang auf 145° erhitzt und wieder abgekühlt waren, hatten sie eine mittlere Trennfestigkeit von 20 kg, also um 20% weniger als das neue Band.

3. Eine nach dem Tip Top-Förderband-Schnell-Warmvulkanisier-Verfahren hergestellte Verbindung bei dem gleichen Band und Reißstreifen von 40 mm Breite ergab Trennfestigkeiten von 33 bis 38 kg, also mindestens eine Erhöhung von 33% gegenüber dem neuen Band.

Auf Grund dieser Versuche wurden eine ganze Reihe derartiger Verbindungen in verschiedenen Betrieben hergestellt, welche bis jetzt zu keinerlei Beanstandungen geführt haben.

Die Herstellung von Endlosverbindungen ist demnach auf dreierlei Art möglich, nämlich ohne Hitze und ohne Geräte nach dem sog. Tip Top-Verfahren oder ähnlichen Methoden und mittels Heizplatten mit Erhitzung derselben auf 100° (Warmverbindung) bzw. 142° (Heißverbindung).

Zur Klärung der Frage:

Kaltverbindung oder Heißverbindung? wurde von der BBI folgender Vergleich angestellt. Einander gegenübergestellt wurden einerseits die Herstellungszeiten für je eine Kaltverbindung und eine Heißverbindung an einem 1 m breiten Band 5 B 80 auf einem Bagger und anderseits die jeweils angefallenen Materialkosten.

Kaltverbindung Beschäftigt: 1 Vulkaniseur und 3 Hilfskräfte		Heißverbindung Beschäftigt: 1 Vulkaniseur und 3 Hilfskräfte	
Arbeit	Arbeitszeit in Minuten	Arbeit	Arbeitszeit in Minuten
Vorbereitungsarbeiten	30	Gerätetransport zur Verbindungsstelle	60
Abstufen der einzelnen Überlappungslagen	60	Vorbereitungsarbeiten	30
Aufrauhen und Saubermachen	90	Abstufen der einzelnen Überlappungslagen	60
1. Einstrich mit Leinenkleber	20	Aufrauhen und Saubermachen	30
Trockenzeit	20	1. Einstrich der Stufen mit Montagelösung	15
2. Einstrich mit Leinenkleber	15	Trockenzeit	15
Trockenzeit	15	2. Einstrich	15
Ausfüllung der Kanten mit roter Vulkan-Platte. . . .	10	Trockenzeit	15
Einstrich mit Vulkanisierflüssigkeit	5	Einlegen des Zwischengummis	25
Trocknung der Vulkanisierflüssigkeit	5	Zusammenfügen der Bandenden	20
Zusammenfügen der Bandenden	15	Anrollen	10
Anrollen	10	Einsetzen der beiden Nahtstreifen	20
Anklopfen mit Schlageisen. .	25	Einbauen der Heizplatten . .	15
Ausfüllen der Stoßlücken oben und unten	5	Vulkanisation (Gesamtheizzeit)	150
Einsetzen der beiden Nahtstreifen	25	Abkühlzeit	45
Fertigmachung zur Inbetriebnahme	25	Abbauen der Heizplatten . .	15
		Abtransport des Gerätes . .	60
insgesamt	375	insgesamt	600

Kosten:

1 Vulkaniseur 6,25 Std. à DM 3,—

DM 18,75

3 Helfer 3 × 6,25 Std. à DM 2,—

DM 37,50

Material   DM 30,—

DM 86,25

Kosten:

1 Vulkaniseur 10 Std. à DM 3,—

DM 30,—

3 Helfer 3 × 10 Std. à DM 2,—

DM 60,—

Material   DM 10,—

DM 100,—

Die Zeitersparnis bei der Kaltverbindung war hier besonders groß, weil der An- und Abtransport der Geräte auf dem Bagger naturgemäß mehr Zeit in Anspruch nimmt, als der einer auf ebener Erde verlegten Bandstraße. Sie hat sich

2 a*

aber zwischenzeitlich durch Wegfall der zeitraubenden Arbeit des Aufrauhens und Ersatz derselben durch das einfachere Ebenschleifen des Gewebes noch weiter zugunsten der Kaltverbindung verschoben.

Die Kaltvulkanisation. Einzelheiten über die Tip Top-Förderband-Vulkanisation ohne Hitze, ohne Abnehmen des Bandes und ohne Gerät sind aus dem Prospekt der schon erwähnten Fa. Stahlgruber zu ersehen.

Zur Anlernung führt die Fa. Stahlgruber einwöchige Kurse mit praktischen Übungen durch.

Grundsätzlich gilt: Eine einwandfreie Vulkanisation erhält man nur dann, wenn saubere Arbeit geleistet wird. Vor jeder Reparatur od. dgl. sind die Hände sorgfältig zu reinigen: ölige Hände mit Benzinlappen, Seife genügt nicht.

1. Nur gut geschliffene Schadenstellen geben eine gute Verbindung. Mit leichtem Druck, nicht warm schleifen.

2. Jeder Einstrich, ob auf Leinen oder auf Gummi, muß unbedingt trocknen. Man überprüfe jeden Einstrich mit dem Fingerrücken; bei Gummieinstrichen darf er nicht mehr kleben, bei Leineneinstrichen darf er sich nicht feucht anfühlen. Leinenkleber soll grundsätzlich nur mit dem Finger oder einem sauberen Pinsel eingestrichen werden.

3. Nicht übertrocknen! Dies gilt speziell für die Einstriche von Tip Top-Gummi-Vulkanisier-Flüssigkeit. *Sofort* nachdem der Tip Top-Gummi-Vulkanisier-Flüssigkeits-Einstrich trocken ist, sind die weiteren Arbeiten vorzunehmen.

4. Trocknen von feuchten Bändern und speziell von feuchtem Gewebe kann mit Fön vorgenommen werden. Tip Top-Gummi-Vulkanisier-Flüssigkeit grundsätzlich nur mit Fön lufttrocknen.

5. Bei sämtlichen mit Tip Top-Material ausgeführten Arbeiten, gleichviel ob Reparatur oder Endlosverbindungen, kann das Band kurz nach Beendigung der Arbeit in Betrieb genommen werden.

Für Endlosverbindungen ist folgendes zu beachten:

Stahlgruber hat eine Schiebetabelle herausgegeben, aus welcher die jeweils gültigen Maße ohne weiteres entnommen werden können.

Für die Längenerrechnung mit Hilfe der Tip Top-Schiebetabelle gilt

1. *bei Auflegen eines neuen Bandes* zuerst Bandlänge ausmessen oder errechnen. Zu dieser effektiven Länge muß dann noch hinzugenommen werden:

a) eine Stoßlänge = Bandbreite und

b) ein Schrägschnitt (20°). Schiebetabelle, Fenster 4, gibt an für 650 mm Bandbreite 240 mm, für 800 mm Bandbreite 295 mm, für 1000 mm Bandbreite 365 mm;

2. *bei Auswechseln eines schlechten Stückes* zuerst das Band mit Förderbandspanner zusammenziehen und dann das schlechte Stück im Winkel von 20° herausschneiden. Das einzusetzende Ersatzstück erhält dann folgende Länge:

a) die Länge des Ausschnitts,

b) dazu 2 Stoßlängen = 2 Bandbreiten und   }   s. Schiebetabelle,

c) dazu das Maß eines Schrägeschnitts (20°) }   Fenster 2

3. *bei Kürzen eines Bandes*, wenn das Maß, um welches das Band zu lang geworden ist, zur einfachen Verbindung nicht ausreicht, d. h. geringer ist als die Bandbreite, dann muß ein Stück eingesetzt werden.

In diesem Fall sind 2 Endlosverbindungen nötig und es muß zunächst aus dem Band im Winkel von 20° ein Stück herausgeschnitten werden, dessen Länge sich zusammensetzt

1. aus der Länge, um welche das Band zu lang ist, und

2. aus einer Bandbreite, welche das Mittelstück zwischen den beiden Verbindungen abgibt, damit ein Abstand zwischen den späteren Stufungen ist und die beiden Stöße nicht zusammentreffen. Die Länge des dafür einzusetzenden Bandstücks ergibt sich

    a) aus dem Mittelstück zwischen den beiden Verbindungen = 1 Bandbreite,
    b) zwei Stoßlängen = 2 Bandbreiten und ⎱ s. Schiebetabelle,
    c) einem Schrägschnitt (20°) ⎰ Fenster 3

Der Arbeitsvorgang ist dann folgender:

1. Vorbereitungsarbeiten jeweils an einem Bandende auf der Oberseite und an dem zweiten Bandende auf der Unterseite.

    a) die Stoßlänge anzeichnen, wobei Stoßlänge = Bandbreite zu setzen ist
    b) Winkel von 20° anzeichnen,
    c) 30 mm anzeichnen für Gummischrägkante,
    d) 25 mm anzeichnen,
    e) Stufenmaße anzeichnen (s. Rückseite der Tip Top-Schiebetabelle, z. B. für 5 B 80 . . . 4 × 200 mm).

2. Abstufung der einzelnen Überlappungslagen: Gummi mit schräggestelltem, kurzem Gummimesser einschneiden, wobei darauf zu achten ist, daß die Gewebe nicht angeschnitten werden. Der Gummi läßt sich durch Längsschnitte in Streifen von etwa 5 cm mit Kneifzange leicht abziehen. Mit Lagenritzmesser die einzelnen Gewebelagen einschneiden. Das Gewebe läßt sich durch Längsschnitte in Streifen von etwa 5 cm mit Kneifzange ebenfalls leicht abziehen. Die letzte Gewebelage bleibt stehen. Auf diese Weise ergibt sich eine treppenartige Abstufung bis zur letzten Gewebelage.

3. Gummikante mit langem Messer schräg schneiden und mit Schleifscheibe schleifen; scharfe Kanten brechen.

An beiden Rückseiten die Gummikante etwa 3 cm abschrägen und mit Schleifscheibe unter geringem Druck schleifen (darf nicht warm werden).

Aufrauhen auf ganzer Gewebefläche mit Schleifscheibe unter leichtem Druck. Die Gummireste sind mit dem Gewebe ebenzuschleifen und nicht aufzurauhen. Der Rauhstaub ist mit sauberem Pinsel trocken zu entfernen (kein Benzin dazu verwenden!).

4. Tip Top-Leinenkleber L 4 auf der ganzen geschliffenen Gewebefläche dünn mit dem Finger oder sauberem Pinsel gleichmäßig verteilen und kräftig in das Gewebe einreiben. Achtung! *Niemals* Tip Top-Leinenkleber L 4 auf Gummi; er ist nur für Gewebe geeignet; außerdem *Flasche gut verschlossen* halten, weil der *Inhalt sehr flüchtig* ist.

5. Auf diesen noch nassen Einstrich sofort mit einem zweiten Pinsel einen gleichmäßigen Einstrich mit Härter vornehmen. Der Kleber L 4 verfärbt sich dadurch dunkel. Völlig trocknen lassen. Einstrich darf am Fingerrücken nicht mehr kleben.

6. Mit Leinenkleber L 4 nochmals einen Einstrich vornehmen und auch diesen gut trocknen lassen, aber nicht übertrocknen. Fingerrückenprobe wie Ziffer 5. Das Trocknen kann mit Föhn (Warmluft) beschleunigt werden.

7. Beide Gummikanten einer Stoßhälfte dünn mit Gummi-Vulkanisier-Flüssigkeit mit sauberem Pinsel einstreichen. Nur lufttrocknen, was ebenfalls mit Föhn (Warmluft) beschleunigt werden kann. Fingerrückenprobe wie Ziffer 5.

8. Von roter Vulkanisierplatte 2 Streifen in Breite der Gummikanten abschneiden und an den Kanten anlegen. Mit Roller kräftig anrollen.

9. Auf Gesamtfläche des gerauhten Gummis einschl. der beiden seitlichen roten Gummikanten einen dünnen Einstrich mit Gummi-Vulkanisier-Flüssigkeit vornehmen. Sauberen Pinsel dazu verwenden. Achtung! Nur lufttrocknen, evtl. mit Föhn (Warmluft), aber nicht übertrocknen. Fingerrückenprobe wie Ziffer 5.

10. Zusammenfügen der Bandenden. Schärfstelle auf Schärfstelle! Band nicht verkanten oder verziehen.

11. Anrollen. Die zusammengesetzte Stoßstelle ist mit der ganzen Kraft des Oberkörpers anzurollen, und zwar in engen Streifen von der Mitte nach außen, damit Lufteinschlüsse vermieden werden.

12. Mit schmalem Pinsel dünnen Einstrich von Gummi-Vulkanisier-Flüssigkeit in der Stoßlücke vornehmen. Nur lufttrocknen, evtl. mit Föhn (Warmluft). Fingerrückenprobe wie Ziffer 5.

13. Rote Vulkanisierplatte je nach Breite der Stoßlücke in schmale Streifen schneiden, die Lücke damit ausfüllen und mit schmalem Roller kräftig anrollen. Überstehende rote Vulkanisierplatte planschneiden.

14. Auf Gesamtfläche einschließlich gerauhtem Gummi einen dünnen Einstrich mit Gummi-Vulkanisier-Flüssigkeit vornehmen und nur Luft- bzw. Föhntrocknung durchführen.

15. Inzwischen vom Grünrand-Abdeckband 50 mm breit das weiße undurchsichtige Schutzpapier so abziehen, daß ein Ende des Papiers stehen bleibt, um ein Berühren der grünen Klebeschicht zu vermeiden. Das Abdeckband auf die Stoßstelle auflegen und mit dem Daumen von der Mitte nach außen kräftig andrücken.

16. Mit der ganzen Kraft des Körpers von der Mitte nach außen anrollen, damit Lufteinschlüsse zuverlässig vermieden werden. (Zellophan-Papier durch Anfeuchten entfernen.

17. Grünrand mit Gummi-Vulkanisier-Flüssigkeit einstreichen, nicht ganz trocknen lassen und mit dem schmalen Roller planrollen. Grünrand zur Vulkanisationsbeschleunigung mit Talkum S pudern.

18. Oberfläche mit weißer Kreide dick einstreichen und von der Mitte nach außen nur mit dem Gummihammer über die ganze Fläche kräftig zusammenklopfen. Das Band kann nach 1 Stunde in Betrieb genommen werden.

Benötigte Werkzeuge und Materialien. Rauhmotor, komplett, mit biegsamer Welle, Handstück und Werkzeugträger.

0,75 PS 220/380 V	Stück DM 255,—
1,1 PS 220/380 V	Stück DM 295,—
0,75 PS Wechselstrom 110 oder 220 V	Stück DM 305,—
1,1 PS Wechselstrom 110 oder 220 V	Stück DM 332,—

Andere Stromspannungen bedingen einen Aufpreis von 5%.

Schleifscheiben, flach, etwa 80 mm	Stück DM	6,50
Schleifscheiben, ballig, etwa 80 mm	Stück DM	6,50
Kneipp (Don Carlos-Förderbandmesser)	Stück DM	5,60
langes Messer (6″)	Stück DM	3,60
Tip Top-Lagenritzmesser	Stück DM	5,80
Kneifzange	Stück DM	2,20
Schere	Stück DM	6,—
Anroller	Stück DM	3,—
2 Pinsel	Stück DM	1,50
Aufrauhkratze	Stück DM	3,50
Ersatzband der Aufrauhkratze	Stück DM	1,10
Föhn	Stück DM	38,—
Grünrand-Abdeckbänder, 50 × 950 mm	Stück DM	2,50
Rote Vulkanisierplatten	1 Rolle DM	6,80
Leinenkleber L 4 mit Härter	1 kg DM	12,20
Gummi-Vulkanisier-Flüssigkeit	1 Flasche DM	5,—
Gewebeplatte doppelseitig gummiert, 500 × 950 mm	Stück DM	28,—
Talkum S	1 Säckchen DM	0,85

Die Tip Top-Förderband-Schnell-Warmvulkanisation. Endlosverbindungen im Heißvulkanisationsverfahren sind vor allem sehr zeitraubend und außerdem vermindert die Einwirkung hoher Hitze auf längere Zeit auch die Festigkeit der Zwischengummierung des Gewebes in nicht unbeträchtlicher Weise.

Aus diesen Erwägungen heraus wurde von der Fa. Stahlgruber das Tip Top-Förderband-Schnell-Warmvulkanisierverfahren entwickelt und zum Patent angemeldet.

Die Hauptvorteile gegenüber der Heißvulkanisation sind:

1. eine wesentlich verkürzte Herstellungszeit für die Verbindung,

2. die Möglichkeit, mit einer Verbindungslänge auszukommen, welche nur $^1/_3$ der Bandbreite beträgt und damit selbst die Werte der bisherigen Kurzverbindungen noch erheblich unterschreitet,

3. die Presse ist leichter als die bisher üblichen Vulkanisierpressen; ihr Ober- und Unterteil kann an die Lichtleitung angeschlossen werden und schaltet bei 100° C automatisch ab,

4. die Anheizzeit beträgt 25 Minuten, die Preßzeit bei 100° C je nach der Art des Bandes 10 bis 20 Minuten,

5. infolge der niedrigen Temperatur und der kurzen Heizzeit ist eine Schädigung der alten Zwischengummierung der Gewebelagen ausgeschlossen,

6. die besondere Art der Verbindung weist außerdem noch nachstehende Vorzüge auf:

a) kein Aufrauhen, daher keine Gewebeschwächung und kein Zeitverlust,
b) keine Einstriche — infolgedessen auch keine Trockenzeit dafür,
c) nur Auflegen von Trocken-Kautschuk-Folien und
d) hervorragende Verfestigung trotz sehr kurzer Herstellungszeit.

Sie beträgt

bis	650 mm Bandbreite $1^1/_2$ bis maximal 3	Stunden
bei	800 mm Bandbreite $1^3/_4$ bis maximal $3^1/_2$	Stunden und
bei	1000 mm Bandbreite 2 bis maximal 4	Stunden.

Der Arbeitsvorgang bei dieser Verbindungsart ist folgender:

1. Vorbereitungsarbeiten

a) Ober- und Unterteil der Presse an die Lichtleitung anschließen. Anheizzeit 25 Minuten; bei 100° C schaltet die Stromzufuhr automatisch ab.

b) Die Lieferung der Kautschukfolien erfolgt in Folienpaketen, in denen 2 rote Schwefelfolien und zwischen beiden eine gelbe Beschleunigerfolie, durch Schutzpapiere voneinander getrennt und durch solche abgedeckt, verpackt sind. Das Paket wird zur Verwendung vorbereitet, indem man zunächst nur das untere Schutzpapier bestehen läßt, dagegen diejenigen zwischen den Folien sowie das obere wegnimmt und die Folien in der Reihenfolge rot-gelb-rot sauber aufeinander- und bereitlegt.

c) Zeichnerische Vorbereitung der Verbindungsfläche durch Anreißen des Schnittwinkels (20°), der Stoßbreite = $^1/_3$ Bandbreite und der sich aus der Zahl der Einlagen ergebenden Abstufungen zuzüglich 30 mm für die Gummischrägkante.

2. Herstellung der Abstufungen mit Lagenritzmesser in der üblichen Weise, also z. B. für Bandbreite 800 mm und 5 B 60 ist die Stoßlänge $^1/_3 \times 800 = 267$ mm; $267 : 4 = 66{,}75$ mm je Stufe.

3. Gummikante mit langem Messer schräg schneiden.

4. Gummikanten und abgeschrägten Gummirand mit Schleifscheibe anschleifen.

5. An beiden Rückseiten die Gummikante etwa 3 cm abschrägen und ebenfalls anschleifen.

6. Auf die *Gewebe* der beiden Stoßenden etwas Paste aus der Tube in Abständen von etwa 5 cm auftupfen und im Umkreis etwas verreiben (*nur auf Gewebe — nicht auf geschliffenen Gummi!*)

7. Die Gummikanten beider Stoßenden mit Vulkanisierflüssigkeit einstreichen.

8. Das *liegende* Stoßende mit dem nach Ziffer 1b vorbereiteten Folienpaket belegen und gut andrücken. Das Folienpaket wird zu diesem Zweck gestürzt, so daß das noch vorhandene Schutzpapier obenauf zu liegen kommt. Die überstehende Folie ist an beiden Seitenkanten und am Stoßende sorgfältig zu beschneiden.

9. Stoßlücken (geschliffene Schrägkanten) zuerst mit Vulkanisierflüssigkeit einstreichen, dann mit Streifen aus dem weggeschnittenen Rest des Folienpakets bis 2,8 mm unter der Oberfläche ausfüllen und zum Schluß die Grünrand-Abdeckbänder aufsetzen und gut anrollen.

10. Pressenunterteil unter das Band schieben. Unter das Band die Gummiplatte als Druckausgleich legen. Pressenoberteil aufsetzen und vom Unterteil aufklappbare Schnellverschlüsse ins Oberteil einhängen. Spannspindel nach Bedienungsvorschrift mit beigegebenem Dremometer-Schlüssel auf 5 bis 8 kg/qcm Druck anziehen.

Heizzeiten 10 bis 20 Minuten; für

650 mm Bandbreite und 6/2 B 60/5-Band 15 Minuten
800 mm Bandbreite und 6/2 B 60/5-Band 15 Minuten
1000 mm Bandbreite und 6/2 B 60/5-Band 15 Minuten

Maßgebend für die Heizzeit sind Zahl und Art der Gewebeeinlagen und die Stärke der Deckschicht.

Benötigte Werkzeuge und Materialien:

Wie Seite 26/27 und dazu

Förderbandpressen	Gewicht kg	Richtpreis DM
bis 650 mm Bandbreite	65	1150,—
bis 1200 mm Bandbreite	150	2350,—
Folienpaket für 650 mm Bandbreite	Stück	8,20
800 mm Bandbreite	Stück	11,36
1000 mm Bandbreite	Stück	16,65
250 ccm Paste zum Befestigen der Trockenfolien		2,80

An dieser Stelle soll auch eine andere, von der Firma Karl Richelshagen, Bergwerks- und Industriebedarf, Köln, vorgeschlagene neuartige Verbindung nicht unerwähnt bleiben. Sie hat den Namen „Ka-Ri-Fix" und wird auch „Püppchenverbindung" genannt. Dabei wird zunächst die Gummideckplatte auf eine Länge von nur 60 bis 80 mm an jedem Bandende abgehoben und dann werden aus dem verbliebenen Gewebekern mit Hilfe einer Schablone püppchenartige Figuren ausgestanzt. Nach sorgfältigem Säubern des Gewebes von noch anhaftenden Gummiresten und leichtem Aufrauhen wird die so hergestellte Verzahnung ineinandergelegt, nachdem sie mit der üblichen Gummilösung bestrichen ist. Das freiliegende Gewebe wird darnach durch einen breiten, 2 mm starken Gummistreifen, der 2 Textileinlagen enthält, abgedeckt. Die auf diese Weise vorbereitete Verbindung wird unter die Presse gebracht und unter einem Druck von 20 bis 30 atü vulkanisiert. Das Herrichten der Verbindungsstelle ohne Vulkanisation dauert nur 30 bis 40 Minuten und es gehen dabei nur die 60 bis 80 mm Band verloren. Nähere Angaben darüber können von der Firma Richelshagen eingeholt werden.

Die Heißvulkanisation. Für die Herstellung von Endlosverbindungen unter Zuhilfenahme von Heizplatten ist Haupterfordernis, daß dieselben leicht zu transportieren und anzuheizen sind und eine einwandfreie Druckgebung gewährleisten.

Um die Forderung des leichten Transports zu erfüllen, wurden Geräte in Leichtmetall entwickelt, wobei man bald erkannte, daß Geräten aus gewalztem Leichtmetall gegenüber solchen aus gegossenem Material unbedingt der Vorzug zu geben ist.

Für die Erzielung der erforderlichen Vulkanisationstemperatur bedient man sich zweckmäßig des elektrischen Stroms, und nachdem die dazu dienenden Geräte von ganz besonderer Wichtigkeit sind, sollen einige beachtenswerte Hinweise gegeben werden.

Die Beheizung der Heizplatten. Die zu einem Vulkanisierapparat gehörenden zwei Heizplatten (Unterplatte und Oberplatte) sind in zusammengebautem Zustand einer unterschiedlichen Wärmeabstrahlung unterworfen, weil dieselbe an den Kanten durch die Außenluft wesentlich größer ist als in der Heizplattenmitte, wo zwangsläufig Wärmestauungen auftreten. Dazu kommt noch der erhöhte Wärmeabfluß auf die Untertraversen, da eine besondere Isolation derselben im allgemeinen recht umständlich ist. Bei der Obertraverse liegen die Ver-

hältnisse insofern etwas anders, als durch die Druckschrauben zur Druck-
erzeugung eine leichte Durchbiegung und dadurch Abhebung der Obertraverse
von der oberen Heizplatte bedingt ist. Es ist deshalb dringend nötig, die elektrische Beheizung der Heizplatten so einzurichten, daß diesen Gegebenheiten soweit als möglich Rechnung getragen wird.

Ist nun die elektrische Installation über die ganze Plattenfläche etwa gleich
ausgelegt, so herrscht an allen Punkten der Fläche ungefähr die gleiche Temperatur. Im zusammengebauten Zustand des Gerätes treten dann in der Mitte
die schon erwähnten Wärmestauungen auf, die leicht zu Gewebeverbrennungen
führen können. Diese Gefahr ist besonders groß, weil nach erfolgter
Vulkanisation nicht mehr erkennbar ist, ob das sich im Innern befindliche
Gewebe durch Überheizung Schaden gelitten hat oder nicht.

Es ist deshalb streng darauf zu achten, welche Vorkehrungen bei den verschiedenen Konstruktionen getroffen sind, um solche Schäden zuverlässig zu
vermeiden.

Zur Ermittlung der in den Heizplatten vorhandenen Temperaturen dienen
Thermometer verschiedener Art.

Quecksilber-Glasthermometer sind infolge des zwangsläufig rauhen Betriebs
beim Arbeiten mit den Vulkanisiergeräten auf der Strecke nicht betriebssicher,
und auch die Verwendung von Schutzhüllen bei diesen Thermometern brachte
nur eine unwesentliche Besserung. Die neuere Entwicklung sieht deshalb Zeiger-
thermometer vor, welche sich durch leichte und gute Ablesbarkeit und absolute
Bruchsicherheit auszeichnen.

Bei der Temperaturmessung ist darauf zu achten, daß dieselbe nicht zu nahe
an den Kanten erfolgt und daß die Thermometer so lange Fühler besitzen, daß
auch wirklich die vorherrschende Temperatur damit zuverlässig ermittelt werden
kann.

Nachdem eine einwandfreie Vulkanisation eine Temperatureinhaltung von
$142° C \pm 2°$ verlangt, ist die Verwendung einer automatischen Temperatur-
regulierung besonders zu empfehlen.

Die Verwendung von Stufenschaltungen wie bei den Kochplatten hat den
Nachteil, daß bei den verschiedenen Schaltstellungen jeweils bestimmte Flächen
des Geräts abgeschaltet werden. Aus diesem Grund ist eine automatische Tem-
peraturregulierung durch Thermostate oder andere Regler wesentlich zweck-
mäßiger und genauer.

Die elektrisch beheizten Vulkanisiergeräte müssen auf die jeweils vorliegende
Netzspannung abgestimmt sein. Im allgemeinen werden die Geräte nur mit einer
Spannung ausgerüstet.

Bei sog. *Montagegeräten*, die an verschiedenen Orten und damit bei verschiedenen Stromspannungen angeschlossen werden müssen, ist die Möglichkeit
gegeben, durch entsprechende Schaltung die Geräte für *Mehrspannung* auszulegen.
Dies erscheint gerade für die Verwendung im Baubetrieb mit seinen häufig wechselnden Einsätzen besonders beachtenswert.

Druckgebung bei den Heizplatten. Für die Erzielung eines einwandfreien
Druckes, der bei den transportablen Geräten durch mehrere Traversenpaare er-
folgt, ist eine innere Versteifung der elektrisch beheizten Platten erforderlich.
Dieselbe kann auf verschiedene Art erzielt werden. Bei den Traversen in Leicht-

metallausführung ist zu berücksichtigen, daß der Elastizitätsmodul des Leichtmetalls nur etwa 35% des Elastizitätsmoduls von Stahl beträgt. Um der hierdurch bedingten höheren Durchbiegung Rechnung zu tragen, sollten bei Verwendung von Leichtmetall Profile mit größeren Widerstandsmomenten gewählt werden.

Die Gewichtseinsparung bei Verwendung von Leichtmetalltraversen statt Strahltraversen beträgt bei gleicher Verwendungsmöglichkeit immerhin etwa 40%.

Die Druckgebung selbst erfolgt durch Schraubenspindeln, welche den Druck möglichst gleichmäßig auf die Heizplatten übertragen sollen. Zur Verringerung des Druckes der einzelnen Schrauben auf die Heizplatten wurden verschiedene Wege beschritten. Ein Teil der Herstellerfirmen hat zu diesem Zweck unter den Druckschrauben extra Stahlplatten zwischen diese und die Heizplatten gelegt, während andere dazu übergegangen sind, jede einzelne Druckschraube mit einem eigenen langen Druckschuh zu versehen, eine Konstruktion, die eine sehr gute und gleichmäßige Druckverteilung gewährleistet.

Für die Erzielung eines gleichmäßigen Flächendruckes über die ganze Platte ist es erforderlich, daß jede einzelne Druckschraube möglichst den gleichen Druck ausübt.

Dies ist nicht ganz einfach, wenn die Druckschrauben, wie in den meisten Fällen, nach dem Gefühl angezogen werden. Die Fa. Wagener & Co. in Schwelm/W. hat deshalb zusammen mit einer Spezialfabrik speziell für Förderband-Vulkanisier-Geräte sog. *Drehmomentschlüssel* entwickelt, welche die Erreichung eines unbedingt gleichmäßigen Druckes gewährleisten. Die neueste Ausführung dieses Drehmomentschlüssels sieht die Anordnung einer Ratsche vor, so daß ein Nachsetzen des Schlüssels beim Anziehen oder Lösen der Druckschrauben nicht mehr erforderlich ist. Der Preis beträgt DM 106,45.

Arbeitsvorgang bei Herstellung einer Förderband-Endlos-Heißverbindung

1. Vorbereitungsarbeiten

a) Von einer Bandkante ausgehend wird mittels eines Anschlagwinkels ein Winkel von etwa 15 bis 25° angezeichnet.

b) Anschließend daran wird die ganze Verbindung aufgezeichnet und nach erfolgter Durchführung des Schrägschnitts das andere Bandende unter peinlich genauer Einhaltung der Kantenflucht auf das erste Bandende gelegt, um auf diese Weise im Abdruckverfahren völlig übereinstimmende Verbindungs- und Stufenlängen zu erhalten.

2. Abstufung der einzelnen Überlappungslagen wie S. 25.

3. Aufrauhen und Saubermachen. Nun werden die beiden Verbindungsflächen mit Handschleifmaschinen aufgerauht und von verbliebenen Gummiresten sorgfältig gereinigt.

4. Anschließend werden die beiden Verbindungsenden mittels eines Spachtels gleichmäßig mit Gummipaste bestrichen und die Randzone mit einem Rundpinsel ausgeglichen.

5. Ein absolut gutes Trocknen der Gummipaste bzw. Lösung ist oberstes Gebot, wobei durch Verwendung eines Warmluftföns der Trocknungsprozeß beschleunigt werden kann.

6. Auf die so mit dem Gewebe verankerte Gummipräparierung wird eine 0,5 mm dicke Rohgummifolie gelegt, wobei nicht übersehen werden darf, daß die sich zwangsläufig ergebenden Lufteinschlüsse mit einer Handwalze sorgfältig ausgerollt werden.

7. Zusammenfügen der Bandenden. Sind alle Vorbereitungen abgeschlossen, dann werden die so behandelten Verbindungsflächen aufeinandergelegt. Für die Güte der Verbindung und vor allem für den geraden Lauf des Bandes ist dieses Zusammenlegen der beiden Verbindungsflächen von allergrößter Bedeutung und es ist deshalb auf die Fluchten der Bandkanten und einen genau passenden Schrägschnitt ganz besonders zu achten.

8. Um eine Lösung der Verbindungsenden möglichst zu verhindern, werden dieselben mit einem diagonal verlaufenden Spezialgittergewebe und einer der Bandgummidecke entsprechend starken Rohgummidecke eingebettet.

9. Nachdem auf solche Weise die Rohverbindung hergestellt ist, werden die mittels Traversen und seitlich angeordneten Schraubbolzen zusammengepreßten elektrisch heizbaren Vulkanisierplatten eingebaut.

Zu diesen Geräten werden von den Herstellerfirmen die entsprechenden Schaltschemen für die Anschlüsse mitgeliefert. Zur besseren Ausbildung der Bandkanten werden an beiden Seiten Stahlleisten von einer der Bandstärke entsprechenden Stärke beigelegt, welche mit Stahlkeilen an den Haltebolzen versteift werden.

Zur leichteren Lösung der Vulkanisiergeräte nach erfolgter Vulkanisation wird über die beiderseitigen Rohgummistreifen der Verbindungsenden zweckmäßig eine Schirting- oder Cellophanfolie gelegt.

10. Die Vulkanisationstemperatur beträgt im allgemeinen 142° C, die Vulkanisationszeit 90 bis 150 Minuten je nach Art und Zahl der Einlagen.

11. Nach erfolgter Vulkanisation empfiehlt es sich, die Heizplatten bis etwa 90° C abkühlen zu lassen und erst dann das Gerät zu öffnen.

12. Nach erfolgter Abkühlung der Verbindung kann das Gerät abgebaut und die Unterstützung entfernt werden.

Das Band kann dann sofort in Betrieb genommen werden.

Nach diesen allgemeinen Hinweisen sollen nun als praktisches Beispiel die Fabrikate von 2 Herstellerfirmen mit entsprechenden Angaben bzw. Erläuterungen angeführt werden.

Otto Dremann, Fabrikation elektrischer Spezialgeräte, Gütersloh/Westf., Oststraße 40, bietet an:

Komplette Vulkanisierpressen

mit 2 Paar Drucktraversen aus U-NP 12 und je 3 verschiebbaren Druckspindeln $^5/_4''$ bei Bandbreiten von 650 und 800 mm und

mit 3 Paar Drucktraversen aus U-NP 14 und je 4 verschiebbaren Druckspindeln $^5/_4''$ bei 1000 mm Bandbreite,

die oberen Traversen mit unverlierbar anmontierten Flacheisenunterlagen für die Spindeln,

mit 2 Stück Heizplatten aus bruchfestem Silumin-Leichtmetall mit Stahlabdeckplatten, etwa 6 mm, verschraubt, mit versenkt in den Platten liegenden Steckkontakten für Stromspannungen bis zu 500 V (bei Bestellung anzugeben),

Heizkörper aus bestem Chromnickelband in Glimmer und starken Blechmantel gepreßt.

Tabelle 7. *Vulkanisiergeräte von Dremann*

Für Bandbreiten bis	Heizplattenform					
	rechteckig				rhombisch 25°	
	Größe	Preis	Gewicht		Größe	Preis
mm	mm	DM	kg		mm	DM
650	720 × 600	1180,—	etwa 280		700 × 600	1260,—
800	850 × 600	1550,—	etwa 330		850 × 600	1600,—
1000	1050 × 850	2300,—	etwa 570		1050 × 750	2350,—

Für Heizplatten aus gewalzten Leichtmetall-Legierungsblechen ·wird ein Mehrpreis von 10 % berechnet; die Gewichte für diese Platten ermäßigen sich um etwa 30 %.

Wagener & Co., Maschinenfabrik und Apparatebau, Schwelm/Westf., Viktoriastraße 16, bietet 2 Ausführungen an und zwar eine einfache Ausführung, ähnlich derjenigen von DREMANN und eine Hochleistungs-Spezialausführung (Abb. 8).

Der Aufbau der *Hochleistungs-Spezialausführung* dieser Firma ist folgender:

Die Heizplatten sind aus gewalztem Leichtmetall von besonderer Zähigkeit und Härte hergestellt. Jede Heizplatte besteht aus einer Grund- und Deckplatte und ist in bewährter Rahmenkonstruktion gebaut. Der Zusammenbau erfolgt unter Verwendung durchgehender Spezialschrauben, die zur Vermeidung von Korrosion galvanisch veredelt sind.

Zur gleichmäßigen Druckverteilung sind im Innern der Heizplatten Verstärkungsstreben so angeordnet, daß das Widerstandsmoment in beiden Plattenrichtungen gleich groß ist (DBPa). Die Platten sind deshalb in beiden Richtungen gleichermaßen verwendbar.

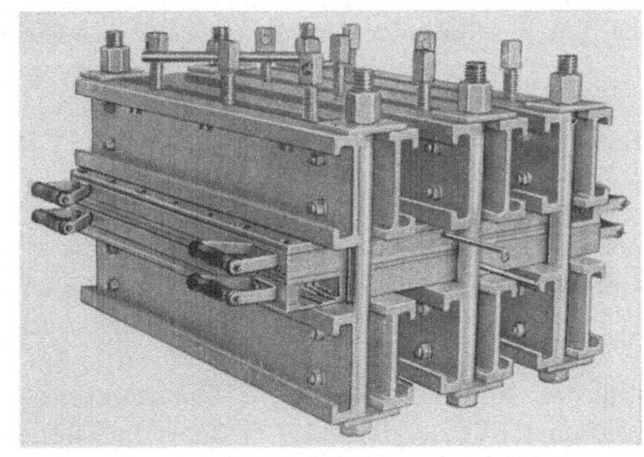

Abb. 8. Vulkanisiergeräte (Wagener & Co., Schwelm/Westf.)

Die Beheizung erfolgt mittels der bewährten Backerrohre. Von ganz besonderer Bedeutung ist, daß die Backerrohre durch ihre niedrigen Ableitungsströme ein Maximum an Sicherheit für das Bedienungspersonal bieten.

Der runde Querschnitt der Backerrohre in Verbindung mit der zusätzlichen Anbringung einer wärmeabsorbierenden Deckschicht auf der Innenseite der Heizplatte und einer Infrarotstrahlung durch die polierte Innenfläche des Deckels gewährleisten einen hervorragenden Wirkungsgrad der installierten kW-Leistung und ein Maximum an Gleichmäßigkeit der Beheizung über das ganze Gerät (DBPa).

Die zwangsläufige Wärmestauung in der Mitte und die erhöhte Wärmeabstrahlung an den Kanten wird durch zweckentsprechende Anordnung der Backerrohre ausgeglichen, so daß Gewebeverbrennungen ausgeschlossen sind (DBPa).

Der elektrische Anschluß erfolgt mittels in den Heizplatten versenkter DIN-Stecker. Die Verwendung mehrerer Stromarten ist auf Wunsch möglich. Die jeweils notwendige Schaltung wird durch zusätzliche Steckergarnituren erzielt, so daß ein Umklemmen der Anschlüsse im Innern der Platte mit seinen möglichen Fehlerquellen nicht erforderlich ist.

Die Anheizzeit der Heizplatten beträgt normal 20 Minuten, kann aber auch kürzer oder länger eingestellt werden.

Die Temperaturkontrolle erfolgt durch Spezialzeigerthermometer mit langen Fühlern. Auf Wunsch können unter zusätzlicher Berechnung in die Heizplatten automatische, im Bereich von 110 bis 180° einwandfrei arbeitende Regler eingebaut werden, wodurch die Vulkanisation wesentlich erleichtert wird.

Die Drucktraversen bestehen aus je einer unteren und einer oberen Doppeltraverse, die in bewährter Schraubkonstruktion zusammengebaut sind. Die äußeren Zugkräfte werden durch besonders kräftige, aus dem Vollen gearbeitete und mit Trapezgewinde versehene Zugbolzen aufgenommen, die gegen Verdrehen gesichert sind. Die Spezialdruckschrauben sind gleichfalls aus dem Vollen gearbeitet und besitzen an ihrem unteren Ende lange Druckschuhe, die eine absolut gleichmäßige Druckverteilung gewährleisten.

Die Traversen werden sowohl aus hochvergütetem Leichtmetall als auch aus Stahl angefertigt. Mit Rücksicht auf das wesentlich geringere Gewicht ist der Leichtmaterialausführung insbesondere bei langen Traversen der Vorzug zu geben.

Um die nach beendeter Vulkanisation zur Abkühlung der Heizplatten auf 90° nötige Zeit abzukürzen, besteht die Möglichkeit, eine Kühlvorrichtung einzubauen, und zwar sowohl für Preßluftkühlung, als auch für Wasserkühlung. Während aber die Preßluftkühlung kostenlos eingebaut werden kann, ist für Wasserkühlung ein Aufschlag erforderlich. Im Gegensatz zu der im allgemeinen üblichen Plattenabmessung = Bandbreite + 100 mm, genügt bei dieser Ausführung dafür Bandbreite + 50 mm; die Länge der Heizplatten richtet sich nach Art und Zahl der Einlagen.

Als besonders geeignet für den Baubetrieb und die hier untersuchten Bandbreiten von 650, 800 und 1000 mm kämen Montagegeräte folgender Größe in Frage:

1 Grundheizplattenpaar 850 × 700 mm und 1 Zusatzplattenpaar 200 × 700 mm. Damit wären folgende Möglichkeiten gegeben:

a) 1 Heizplattenpaar 850 × 700 mm, jedoch quergestellt für 650 mm Bandbreite,
b) 1 Heizplattenpaar 850 × 700 mm für 800 mm Bandbreite,
c) 1 Heizplattenpaar 850 × 700 mm in Kombination mit einem Zusatzplattenpaar 200 × 700 mm für 1000 mm Bandbreite,
d) das Zusatzplattenpaar 200 × 700 mm für Kantenreparaturen.

Gewichte und Richtpreise der Vulkanisiergeräte der Fa. Wagener & Co. sind aus den Tab. 8a und 8b ersichtlich.

Tabelle 8a. *Vulkanisiergeräte von Wagener & Co.*

Holz-plattenform	Für Band-breiten bis mm	Größe mm	Ausführung mit Preßvorrichtung			
			aus Stahl		aus Leichtmetall	
			Gewicht kg	Preis DM	Gewicht kg	Preis DM
rechteckig	650	700×600	200	1549,—	158	1931,—
	800	850×700	264	1945,—	224	2409,—
	1000	1050×800	434	2704,—	359	3673,—
rhombisch	650	700×450	212	1362,—	168	1850,—
	800	850×450	254	1572,—	208	2176,—
	1000	1050×500	324	1956,—	250	2636,—

Tabelle 8b. *Montagegeräte von Wagener & Co.*

Für	Gegenstand	Ausführung mit Preßvorrichtung			
		aus Stahl		aus Leichtmetall	
		Gewicht kg	Preis DM	Gewicht kg	Preis DM
Band 650 mm	2 Heizplatten 850/700 mm . .	96	1627,—	96	1627,—
	3 Traversen 850 mm lang . .	195	450,—	132	1023,—
		291	2077,—	228	2650,—
Band 800 mm	2 Heizplatten 850/700 mm . .	96	1627,—	96	1627,—
	2 Traversen 1000 mm lang .	168	318,—	126	782,—
		264	1945,—	222	2409,—
Band 1000 mm	2 Heizplatten 850/700 mm . .	96	1627,—	96	1627,—
	2 Heizplatten 200/700 mm . .	28	588,—	28	588,—
	2 Paar Traversen 1200 mm lg.	200	410,—	150	1056,—
		324	2625,—	274	3271,—
Kanten-reparatur	2 Heizplatten 200/700 mm . .	28	588,—	28	588,—
	3 Stahlbügel	30	144,—	30	144,—
		58	732,—	58	732,—

II. Bandtragekonstruktionen

Die Tragkonstruktion einer Förderbandanlage besteht in der Hauptsache aus dem Antrieb, der Umkehrstation und dem diese beiden Teile verbindenden Traggerüst.

Eine für den Baubetrieb sehr geeignete Bauart sind meines Erachtens die Konstruktionen der Fa. Gebr. Eickhoff, Maschinenfabrik und Eisengießerei m. b. H., Bochum, welche aus diesem Grunde als Muster gewählt wurden, ohne damit ein Werturteil in Bezug auf die Fabrikate anderer Firmen abgeben zu wollen.

A. Antriebsstation

Nach der Anzahl der zur Kraftübertragung auf das Förderband verwendeten Antriebstrommeln unterscheidet man

Eintrommel- und Zweitrommelantriebe,

und es soll zunächst darauf hingewiesen werden, welche Gesichtspunkte zu beachten sind, wenn die Frage

$$\text{Eintrommelantrieb oder Zweitrommelantrieb?}$$

entschieden werden soll.

Herr Prof. Dr.-Ing. ALBERT VIERLING, Hannover, weist dazu in einer Abhandlung „Zur Theorie der Bandförderung" (Continental Transportband-Dienst, Heft 8) auf folgendes hin:

Hat man in einem konkreten Fall die Frage zu entscheiden, ob ein Eintrommel- oder Zweitrommelantrieb zu wählen ist, so ist zunächst zu ermitteln, ob die geforderte Umfangskraft überhaupt noch durch einen Eintrommelantrieb wirtschaftlich zu übertragen ist, d. h., ob die Auflaufkraft T_1 dabei in einem für die Beschaffung des Gurtes noch annehmbaren Verhältnis zur Umfangskraft steht. Dies ist weit öfter der Fall, als man allgemein annimmt, wenn man zur Erhöhung des Reibungsbeiwerts μ durch einen Trommelbelag greift. In diesem Falle ist, um nun bei den rechnerisch ermittelten Werten in Tab. 35 zu bleiben, ein Eintrommelantrieb mit Belag ($\mu = 0{,}4$) und einem Umschlingungswinkel $\alpha = 260°$, wie er etwa den Eintrommelantrieben mit Mangeltrommel von Frölich & Klüpfel entspricht, gleichwertig einem Zweitrommelantrieb mit blanken Trommeln ($\mu = 0{,}25$) und einem Umschlingungswinkel $\alpha = 420°$, nämlich 1,19.

Dies gilt aber nur so lange, als der Wert $\mu = 0{,}4$ auch wirklich aufrechterhalten werden kann. Im Baubetrieb mit seinen stets wechselnden und reichlich unübersichtlichen Verhältnissen erscheint dies mehr als zweifelhaft, so daß mir eine Entscheidung der Frage Eintrommel- oder Zweitrommelbandantrieb von diesem Gesichtspunkt aus nicht empfehlenswert erscheint.

Ich gehe vielmehr von folgenden Erwägungen aus:

Zur Übertragung der Bewegung vom Antrieb auf das Förderband wird die Reibung benützt.

Die übertragbare Reibungskraft hängt dabei ab

1. vom Trommeldurchmesser,
2. von der Spannung des ablaufenden Bandtrums und
3. von der Größe des umspannten Bogens auf der Antriebstrommel bzw. den Antriebstrommeln.

Der umspannte Bogen ist am kleinsten bei Verwendung von nur einer Antriebstrommel (Abb. 9, Bild a). Man kann ihn und damit die Durchzugskraft des Antriebs durch Hinzunahme einer zweiten angetriebenen Trommel vergrößern (Bild b).

Eine noch weitere Vergrößerung des umspannten Bogens ergibt sich durch die in den Eickhoffschen Antrieben angewandte Bandführung nach Bild c mit einer vorgelagerten Abwurftrommel.

Nach Abb. 9 verhalten sich bei gleich großen Trommeldurchmessern, einer Reibungsziffer $\mu = 0{,}25$ und gleichen Zugkräften T_2 im Untertrum die Zugkräfte T_1 im Obertrum der Bauarten a, b und c wie

$$2{,}98 : 4{,}605 : 7{,}12,$$

d. h. die letztere hat die mehr als doppelte Durchzugskraft.

Geht man aber bei allen drei Bauarten von der gleichen Zugkraft (z. B. $T_1 = 3000\ \text{kg}$) im Obertrum aus, so hat der Zweitrommelantrieb nach Bild c die weitaus geringste Spannung im Untertrum mit $T_2 = 421$ kg gegenüber 1006 kg beim Eintrommelantrieb.

Bauart	α	$e^{\mu\alpha}$	$T_1 = T_2 \cdot e^{\mu\alpha}$	T_2
a 	250°	3,7	z. B. 3000 kg	1006 kg
b 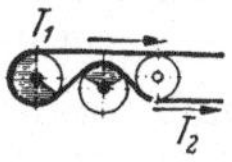	350°	6,25	z. B. 3000 kg	650 kg
c 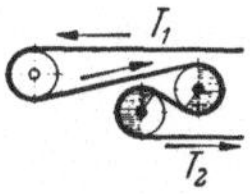	450°	10,35	z. B. 3000 kg	421 kg

Abb. 9. Verschiedene Trommelantriebe

$\alpha =$ umspannter Bogen an der Antriebstrommel $e =$ Basis der natürlichen Logarithmen ($= 2,718$)
$\mu =$ Reibungszahl an der Antriebstrommel $T_1 =$ Zugkraft im Oberband an der Antriebstrommel
$T_2 =$ Zugkraft im Unterband an der Antriebstrommel

Wenn man also mit dem Eintrommelantrieb eine größere Durchzugskraft erzielen will, so muß man entweder

seinen Trommeldurchmesser vergrößern oder

das Untertrum stärker anspannen oder

durch einen Reibungsbelag die Reibungsziffer zwischen Band und Trommel vergrößern.

Alles dies hat jedoch seine Grenzen.

Genügt aber in einem Falle die mit dem Eintrommelantrieb erzielbare Durchzugskraft und legt man diese der Konstruktion eines Zweitrommelantriebs zugrunde, so kommt man bei diesem mit kleineren Trommeldurchmessern und geringerer Spannung im Untertrum aus. Selbstverständlich ist aber auch hier durch die beim Lauf des Bandes über die Trommeln auftretende Biegungsbeanspruchung des Förderbandes eine Grenze gesetzt.

Aber auch bei aller gebotenen Rücksichtnahme hierauf bleibt dennoch der Zweitrommelantrieb hinsichtlich des Trommeldurchmessers, der von letzterem abhängigen Bauhöhe und der Bandspannung im Vorteil.

Beim *Eintrommelantrieb* ist zu beachten, daß er wegen des geringeren Umschlingungswinkels eine höhere Bandspannung als der Zweitrommelantrieb verlangt und deshalb für wellige Förderwege nicht vorteilhaft ist. Wegen der höheren Vorspannung besteht nämlich die Gefahr, daß längere Bänder zu stark beansprucht werden und dadurch im ganzen, besonders aber an den Verbindungen leiden.

Anderseits hat der Eintrommelantrieb mit direktem Abwurf bei klebrigem Fördergut den großen Vorteil, daß die Trommel nicht „wachsen" kann.

Die *Eickhoff-Zweitrommelantriebe* haben mit ihrer S-förmigen Bandführung einen beinahe doppelt so großen Umschlingsungwinkel wie der Eintrommelantrieb und infolgedessen eine größere Reserve an Durchzugskraft, die bei gleichen Motorstärken und Fördermengen eine Vergrößerung der Förderlänge um etwa 30% ohne Erhöhung der Bandspannung gestattet.

Für gleiche Bandlängen erfordert der Zweitrommelantrieb eine viel geringere Bandspannung und schont dadurch das Band.

Eickhoff-Zweitrommelantriebe laufen mit der geringstmöglichen Vorspannung und gestatten deshalb z. B. das Durchfahren von Mulden bis zu 1,20 m Tiefe und 20 m Länge bereits in etwa 15 m Entfernung vom Antrieb, ohne daß sich das Obertrum oder Untertrum des Förderbands von ihren Tragrollen abheben.

Eickhoff-Zweitrommelantriebe haben keinen Reibungsbelag und deshalb eine dauernd gleiche Durchzugskraft, solange der Antrieb gleichmäßig trocken oder auch gleichmäßig feucht bleibt. Selbst die griffigsten Reibungsbeläge verschmieren sich mit der Zeit, bei trockenem Betrieb langsamer, bei feuchtem Betrieb schneller, so daß die Durchzugskraft sinkt und die Vorspannung erhöht werden muß.

Bei der Entscheidung, ob Eintrommelantrieb oder Zweitrommelantrieb, verdient der Zweitrommelantrieb den Vorzug, weil er viel universeller anwendbar ist.

Besonders empfehlenswert ist der Zweitrommelantrieb für die stark wechselnden Betriebsverhältnisse, mit denen im Baubetrieb in erheblichem Maße zu rechnen ist, für wellige Förderwege und für Steigungen oder Gefälle von mehr als 10 %.

Nicht minder wichtig als die Entscheidung der Frage Eintrommelantrieb oder Zweitrommelantrieb ist die Entscheidung der Frage

Elektromotor oder Dieselmotor?

Für die *Verwendung des Elektromotors* spricht zunächst, daß in dieser Beziehung schon reiche Erfahrungen vorliegen, so daß man wohl mit Recht sagen kann, daß dieses Problem nach jeder Richtung bereits eine befriedigende Lösung gefunden hat.

Ein weiterer Vorteil der Elektromotoren ist ihre verhältnismäßig hohe Überlastbarkeit selbst auf längere Zeit, ohne daß dadurch ein größerer Schaden entsteht.

Eine gewisse Schwierigkeit für die Verwendung von Elektromotoren auch bei Bandstraßen im Baubetrieb liegt darin, daß es sich hier nicht um mehr oder weniger stationäre Anlagen handelt, wie etwa bei den Tagebauen der Braunkohlenindustrie oder dergl., sondern um die Verwendung von Bandstraßen sozusagen in einem *Wandergewerbe*, das seine Anlagen immer wieder an anderen Orten und unter anderen Verhältnissen einsetzen muß, wo sich eben gerade eine lohnende Einsatzmöglichkeit bietet.

Die Beschaffung des passenden elektrischen Stromes wird infolgedessen wohl in den meisten Fällen mit recht erheblichen Kosten verbunden sein.

Für die *Stromzuführung* kommen dabei meistens Freileitungen in Betracht, deren Querschnitt bei Drehstrom nach folgender Formel berechnet werden kann:

$$q = \frac{l \cdot \mathrm{kW} \cdot 100}{E \cdot E \cdot p \cdot k \cdot \cos\varphi} \cdot 1000,$$

worin bedeuten

q den Mindestquerschnitt in qmm,
l die einfache Länge der Leitung in m,
kW die Nennleistung des Motors,
E die Stromspannung in Volt,
p den zulässigen Spannungsabfall in % (3—4%),
k den Leitwert des verwendeten Materials (für Kupfer 57,0, für Aluminium 34,5), und
$\cos\varphi$ den Leistungsfaktor $= 0,9$.

1. Beispiel. Wie groß muß die 500 m lange Kupferleitung zu einer Bandstraße werden, welche von 2×45 kW-Drehstrommotoren bei 500 V Spannung angetrieben wird, wenn deren $\cos\varphi = 0,9$ ist und der Spannungsabfall maximal 4% betragen darf?

$$q = \frac{500 \cdot 90 \cdot 100}{500 \cdot 500 \cdot 4 \cdot 57 \cdot 0,9} \cdot 1000 = \underline{88\ \mathrm{qmm}} = 3 \times 35/16.$$

2. Beispiel. Das gleiche Objekt bei Verwendung von Drehstrommotoren mit 380 Volt Spannung.

$$q = \frac{500 \cdot 90 \cdot 100}{380 \cdot 380 \cdot 4 \cdot 57 \cdot 0,9} \cdot 1000 = \underline{152\ \mathrm{qmm}} = 3 \times 50/25.$$

Schlußfolgerung: Nachdem Drehstrommotoren gleichviel kosten, ob sie mit 380 V oder 500 V Spannung arbeiten, empfiehlt es sich, mit 500 V-Motoren zu arbeiten.

3. Beispiel. Der gleiche Fall wie im 1. Beispiel, jedoch mit einer Länge der Kupferleitung von 1000 m.

$$q = \frac{1000 \cdot 90 \cdot 100}{500 \cdot 500 \cdot 4 \cdot 57 \cdot 0,9} \cdot 1000 = \underline{175\ \mathrm{qmm}} = 3 \times 70/35.$$

Aus diesem Beispiel ist zu ersehen, daß die Leitung bei doppelter Länge doppelt so stark werden muß, was in diesem Falle eine Verteuerung derselben um 45% bedeuten würde.

Man wird deshalb, wenn es sich um größere Entfernungen handelt, den Strom zweckmäßig bis in die allernächste Nähe der Verbrauchsstelle mit der höheren Spannung übertragen und dieselbe erst dort auf die benötigte Gebrauchsspannung transformieren.

Bei der *Verwendung von Dieselmotoren* bereitet im Gegensatz zu den Elektromotoren die Betriebsstoffbeschaffung keine Schwierigkeiten. Hingegen ist es in diesem Fall unerläßlich, daß zur Gewährleistung eines reibungslosen und ungestörten Betriebs folgende Maßnahmen getroffen bzw. Einrichtungen vorgesehen werden:

Zwischen dem Dieselmotor und dem Antrieb der Bandstraße sind einzubauen
eine Voith-Sinclair-Turbokupplung mit Periflex-Anschluß,
eine normale mechanische ausrückbare Kupplung und ein Schaltgetriebe, ähnlich demjenigen bei Lastkraftwagen, um nach Störungen bei voller Last mit niedriger Bandgeschwindigkeit ohne Schaden für das Band wieder anfahren zu können. Der große Gang soll eine Umdrehungszahl von 1500/min haben,
Einbau einer Vorrichtung, welche bei Antrieben mit 2 Motoren sowohl rechtzeitigen Anlauf der Motoren, als auch eine absolut gleiche Umdrehungszahl pro Minute gewährleistet.

Bei befriedigender Erfüllung dieser Forderungen gebührt für die Verwendung bei Bandstraßen im Baubetrieb dem Dieselmotor wegen seiner Unabhängigkeit von den örtlichen Verhältnissen unbedingt der Vorzug. Als weitere Möglichkeit käme schließlich unter Umständen noch der *dieselelektrische Antrieb* in Frage, wobei

bei kleineren Anlagen an die Erzeugung des elektrischen Stroms durch fahrbare oder tragbare Dieseldrehstromzentralen ins Auge zu fassen wäre und

für größere Anlagen die Errichtung von stationären Dieseldrehstrom-Aggregaten (Baukraftzentralen).

Bei dieser Lösung darf aber nicht übersehen werden, daß sie auf jeden Fall erheblich höhere Beschaffungskosten verursacht und daß sich auch die laufenden Betriebskosten selbstverständlich erhöhen. Bei der heutigen Höhe der Rohölpreise bedarf diese Frage jeweils einer genauen Prüfung auf ihre Wirtschaftlichkeit.

1. Eickhoff-Zweitrommelantriebe in ihren neuesten Ausführungen vereinigen in sich modernste konstruktive Gesichtspunkte und langjährige, praktische Erfahrungen. Sie sind einfach, stabil und unempfindlich gegen rauhe Behandlung, was gerade für die Verwendung im Baubetrieb von größter Wichtigkeit ist.

Die nachstehend kurz beschriebenen Typen B I, B II und B III kommen hauptsächlich in Frage bei Förderbändern von 650 mm Breite und 800 mm Breite mit leichtem Traggerüst, während die Typen B E IV und B E V in erster Linie in Betracht zu ziehen sind bei Förderbändern von 800 mm Breite mit schwerem Traggerüst und solchen von 1000 mm Breite.

Hinsichtlich der zu erzielenden Leistungen wird auf die diesbezüglichen Ausführungen im 2. Teil verwiesen.

Der Gesamtaufbau stimmt bei den Typen B I, B II und B III im wesentlichen überein.

Diese Antriebe sind auf einfache Weise in ihre Hauptbestandteile: Übersetzungsgetriebe, Trommelgestell, Antriebsrahmen, Abwurfkopf, Schwenkarm und Antriebsmotor zerlegbar, wobei Trommelgestell und Antriebsrahmen bei Bedarf noch weiter zerlegt werden können.

Für den Baubetrieb werden diese Antriebe wegen des leichteren Transports innerhalb der Baustellen zweckmäßig auf Schlitten montiert. Die *Übersetzungsgetriebe* befinden sich in Getriebegehäusen, welche in den Achsmitten geteilt sind. Nach Abheben der Oberteile sind die Getriebe samt Wellen und Lagerstellen gut übersehbar und leicht zugänglich. Bei Überholungen oder größeren Reparaturen kann das Getriebe herausgehoben und evtl. gegen ein Reservegetriebe ausgetauscht werden. Das Bandgestell selbst bleibt an seinem Ort, und das Förderband braucht nicht abgenommen zu werden.

Durch Auswechseln eines Räderpaares kann die Geschwindigkeit in den bei den einzelnen Antrieben vorgesehenen Stufen geregelt werden.

Das *Trommelgestell* ist eine stabile, starre und verwindungsfreie Konstruktion aus Stahlblech. Außer den zwei Antriebstrommeln sind in dem Trommelgestell noch 2 Führungsrollen und ein Abstreifer zur Reinigung des Untertrums eingebaut.

Der *Antriebsrahmen* trägt Trommelgestell, Getriebe und Motor zusammen. Die kräftigen Unterzüge aus I-Eisen und die zum Festhalten des Antriebs vorgesehenen Schäkel für die Spannketten nehmen alle Verspannungskräfte auf und halten sie vom Antrieb selbst fern. Alle Kanten sind abgerundet und erleichtern dadurch das Verschieben des Antriebs. Bei den größeren Antrieben sind die Rahmen zum leichteren Transportieren zerlegbar.

Der *Abwurfkopf* kann mit oder ohne Zwischenschaltung eines Schwenkarmes an beiden Seiten des symmetrischen Trommelgestells angebaut werden.

Er trägt die Abwurftrommel mit Verstelleinrichtung, einen Abstreifer und eine Führungsrolle für das Untertrum.

Die Abwurftrommel ist auf feststehender Achse in Kugellager gelagert und läßt sich leicht ausrichten.

Eine Schutzleiste dicht vor der Abwurftrommel verhindert die Berührung der Trommel bei umlaufendem Gurt. Sie ist bei Lieferung des Antriebs eingebaut.

Durchmesser und Abmessungen der Abwurftrommel sind die gleichen wie bei den Antriebstrommeln und der Umkehrtrommel, was die Ersatzteilhaltung wesentlich vereinfacht.

Der *Schwenkarm* ist sehr wichtig für die Sauberhaltung des Antriebs und ermöglicht eine Anpassung der Abwurfstelle an die verschiedenen örtlichen Verhältnisse. Er macht Antrieb und Abwurfstelle in ihrer gegenseitigen Entfernung und Höhenlage weitgehend voneinander unabhängig.

Der große Zwischenraum zwischen Antrieb und Abwurf verhindert oder vermindert ein Verschmutzen des Antriebs durch die oft unvermeidliche Staubbildung oder durch ein Zurückstauen des Förderguts bei gestörter Weiterförderung.

Hinter dem unteren Abstreifer können unter dem ganzen Schwenkarm Schutzgitter angebracht werden, die jede Berührung mit dem laufenden Förderband verhindern.

Nach Bedarf kann der Schwenkarm über die normale Ausziehbarkeit hinaus verlängert werden, indem man zwischen Abwurfkopf und Schwenkarm ein Verlängerungsglied von 1,50 bzw. 2,70 m Länge einschaltet. Neben dem Abstreifer am Abwurfkopf erhält auch der Schwenkarm noch einen Abstreifer.

Auf jeden Fall empfiehlt es sich im Interesse einer besseren Bandführung, die Muldentragrollensätze auf dem Schwenkarm und dessen Verlängerung mit Vollgummibelag laufen zu lassen und zur besseren Einführung des Bandes auf die Abwurftrommel Leitrollen zu verwenden (Abb. 11). Warm zu empfehlen ist die Verwendung der BBI-Doppelabstreifer DBP 942497, weil dieselben ein Maximum an Reinigungsarbeit bei gleichzeitig größtmöglicher Schonung des Bandes gewährleisten. Als zusätzliche Reinigungsmaßnahme könnte hier auch noch der Ersatz der normalen Flachrollen für das Untertrum zwischen Abwurftrommel und Antrieb durch solche mit Flacheisenspiralen in Erwägung gezogen werden, weil dadurch nicht nur eine Nachreinigung des Bandes vor dessen Auflauf auf die Antriebstrommeln erzielt wird, sondern auch eine bessere Straffung des eben noch in der Mulde gelaufenen Bandes. Bezüglich des *Antriebsmotors* wird auf die Ausführungen auf S. 38—40 verwiesen.

Eine Umstellung von dem bisher hauptsächlich verwendeten Elektromotor auf den Dieselmotor ist durchaus möglich.

Der Anbau einer Bremse bei fallender oder steigender Förderung zur Verhinderung eines Weiterlaufens bzw. Rücklaufens des beladenen Bandes ist möglich.

Die Bremsen sind als Backenbremsen ausgebildet, wobei die Bremsbacken mit einem feuersicheren Belag versehen sind, und bleiben während der Förderung gelüftet.

Bei Neigungen über 10% *muß* der Antrieb, gleichviel ob er sich unten oder oben an der Bandanlage befindet und gleichviel, ob er abwärts oder aufwärts fördert, eine Bremsvorrichtung erhalten.

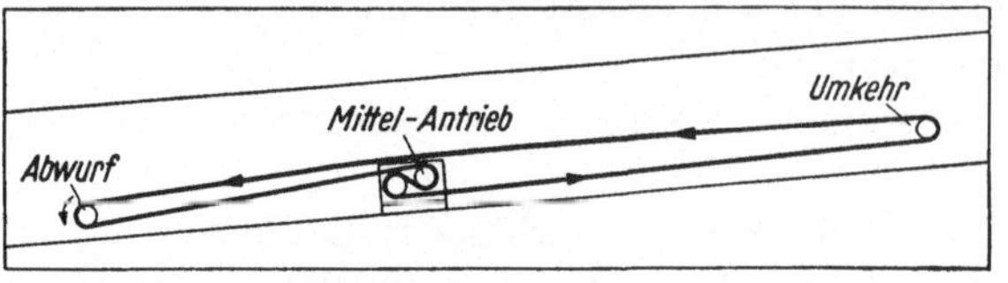

Abb. 10a. Bandführung bei einem Mittelantrieb (Gebr. Eickhoff, Bochum)

Bei einem Gefälle von 10% ab beginnt das Schlappwerden des Fördergurtes auf der Abwurftrommel, und es erweist sich dann als notwendig, den Antrieb in der Untertrum zurückzuverlegen und ihn als sog. Mittelantrieb auszubilden (Abb. 10a).

Mittelantriebe sind auch in solchen Fällen zu empfehlen, wo der Abwurfkopf oder die Spannstation häufig verlegt werden müssen.

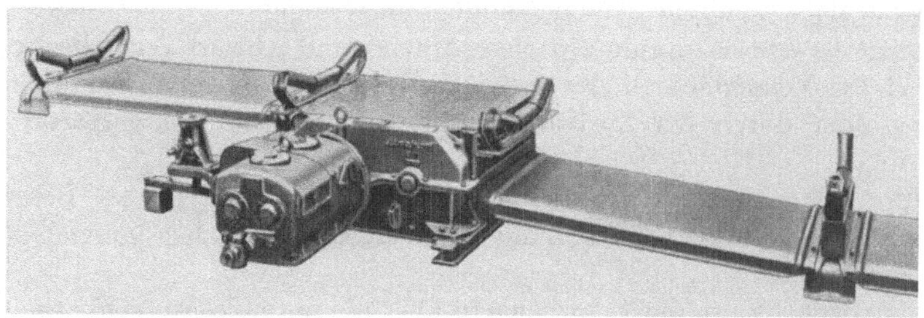

Abb. 10b. Zweitrommelantrieb Typ BII als Mittelantrieb (Eickhoff-Werkphoto)

Zur Umwandlung eines normalen Antriebs in einen Mittelantrieb wird die Abwurftrommel bzw. der Schwenkarm abgenommen und dafür eine Tragleiste mit einem Muldenrollensatz angeschraubt. Dann hängt man die erforderliche

Abb. 11. Abwurfkopf Typ BUA mit Leitrollensatz zur Regelung des Bandlaufes (Eickhoff-Werkphoto)

Anzahl Bandtraggerüste an und schaltet an der Abwurfstelle den Abwurfkopf Typ BUA vor (Abb. 11).

Nach dieser allgemeinen Beschreibung ist zu den einzelnen Antrieben noch kurz folgendes zu erwähnen:

Zweitrommelantrieb B I. Die normale Bandgeschwindigkeit beträgt 1,25 m/s. Durch Auswechseln eines Räderpaares kann sie in 1,0, 1,5 oder 1,8 m/s geändert werden.

Als Antrieb dient entweder ein 22 PS-Elektromotor oder ein 25 PS-Dieselmotor.

Zweitrommelantrieb B II (Abb. 12). Die Regelung der Bandgeschwindigkeiten erfolgt auch hier in den gleichen Stufen von 1,0, 1,25, 1,50 und 1,80 m/s durch

Abb. 12. Zweitrommelantrieb Typ BII mit Abwurftrommel am Schwenkarm und Elektro-Fußmotor mit Voith-Kupplung (Eickhoff-Werkphoto)

das Auswechseln des für die Bandgeschwindigkeiten maßgebenden Räderpaares im Getriebe. Als Antrieb dient entweder ein 35 PS-Elektromotor oder ein 37,5 PS-Dieselmotor.

Zweitrommelantrieb B III (Abb. 13). Dieser Antrieb ist der größte der nur mit einem Antriebsmotor ausgestatteten Zweitrommelantriebe und dürfte wohl für die Verwendung im Baubetrieb in erster Linie in Frage kommen.

Die Bandgeschwindigkeit kann auch hier jeweils durch Auswechslung eines Räderpaares in 1,0, 1,25, 1,50, 1,80 oder 2,0 m/s, gewünschtenfalls aber auch in noch höhere Bandgeschwindigkeiten bis zu 4,0 m/s geändert werden.

Als Antrieb dient entweder ein 55 PS-Elektromotor oder ein 50 PS-Dieselmotor.

Für größere Förderlängen und hohe Leistungen werden von Eickhoff die Zweitrommelantriebe BE IV und BE V gebaut und endlich für Höchstleistungen die ausgesprochenen Groß-Bandantriebe BE VI mit 2 bzw. 3 Antriebsmotoren und Bandgeschwindigkeiten bis zu 6 m/s, welche hier nur der Vollständigkeit halber erwähnt werden, die aber für den Einsatz im Baubetrieb nur so ausnahmsweise in Betracht gezogen werden müssen, daß auf eine Hereinnahme in dieses Buch verzichtet werden kann.

Der Gesamtaufbau stimmt auch bei den Typen BE IV und BE V im wesentlichen überein. Er besteht aus folgenden Hauptteilen: Übersetzungsgetriebe, Antriebstrommeln, Antriebsrahmen, Ausleger, Abwurfkopf und Antriebsmotor.

Die *Übersetzungsgetriebe* sind beiderseits der Trommeln auf einem gemeinsamen Rahmen angeordnet und befinden sich in Gehäusen, welche in den Achsmitten geteilt sind. Nach Abheben der Oberteile sind die Getriebe gut übersehbar und leicht zugänglich und können nötigenfalls herausgehoben und gegen ein Reservegetriebe ausgetauscht werden. Zur Änderung der Bandgeschwindigkeit entsprechend den bei dem betreffenden Antrieb vorgesehenen Stufen ist auch hier nur die Auswechslung eines einzigen Räderpaares nötig.

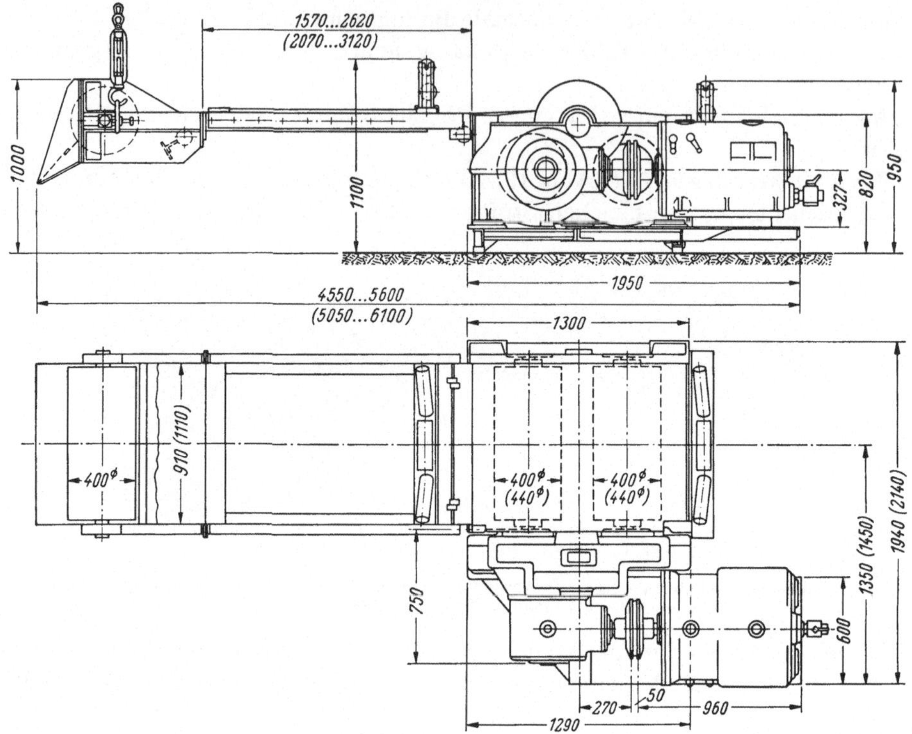

Abb. 13. Maßzeichnung des Zweitrommelantriebs Typ BIII für 800 mm Bandbreite; Klammermaße für 1000 mm Bandbreite (Gebr. Eickhoff)

Die *Antriebstrommeln* sind aus Stahlblech geschweißt und besitzen durchgehende Achsen. Sie sind durch Seitenbleche geschützt, die auf dem Antriebsrahmen aufgeschraubt sind.

Ein von außen nachstellbarer Abstreifer dient zur Sauberhaltung der Trommeln.

Der *Antriebsrahmen* ist entsprechend der Größe des Antriebs besonders stabil und verwindungsfrei konstruiert. Zum leichteren Transport ist er in mehrere Teile zerlegbar.

Der *Ausleger* ist eine starre, geschweißte Konstruktion. Durch seine Schwenkbarkeit kann die Höhenstellung und durch seine Ausziehbarkeit die Längseinstellung des Abwurfs entsprechend den gegebenen Verhältnissen angepaßt werden.

Der Ausleger trägt beim Typ BE IV drei Muldentragrollensätze und beim Typ BE V vier Muldentragrollensätze und bei beiden Leitrollen. Für den Ausleger gilt im übrigen das gleiche wie für den Schwenkarm mit oder ohne Verlängerung. Es empfiehlt sich auch hier im Interesse einer besseren Bandführung, die Muldentragrollensätze auf dem Ausleger mit Vollgummibelag laufen zu lassen. Außerdem ist darauf zu achten, daß der Neigungswinkel der seitlichen Muldentragrollen von 30° bzw. 20° auf dem Ausleger Zug um Zug kleiner gehalten wird, um auf diese Weise das gemuldete Band möglichst schonend in die horizontale Lage auf der Abwurftrommel überzuleiten.

Der *Abwurfkopf* trägt eine Abwurftrommel von gleichem Durchmesser wie die Antriebstrommeln (bei Typ BE IV 650 mm und bei Typ BE V 800 mm). Die Abwurftrommel läuft auf durchgehender Achse, wodurch eine sichere Verlagerung bei evtl. Schiefhängen und ein leichtes Ausrichten zum Antrieb möglich ist.

Die seitlichen Leitwände am Abwurf sind verstellbar. Für das Abstreifen des Förderguts und zur Sauberhaltung des Bandes werden am besten die schon erwähnten BBI-Abstreifer angebracht; eine Rolle mit Gummibelag dient zur besseren Führung des Untertrums.

Zwischen dem bzw. den Abstreifern und der Einführung in den Antrieb werden zweckmäßig Flachrollen mit Flacheisenspiralen verwendet.

Bei ansteigenden Bandstraßen kann am Antrieb eine Rücklaufsperre angebaut werden, um bei abgeschalteten Motoren das beladene Band gegen Rücklauf zu sichern.

Eine Backenbremse für Vor- und Rückwärtslauf kann gleichfalls vorgesehen werden.

Hinsichtlich des *Antriebsmotors* wird auch hier auf die Ausführungen S. 38—40 verwiesen.

Im einzelnen ist noch folgendes zu erwähnen:

Zweitrommelantrieb BE IV (Abb. 14 u. 15). Die normale Bandgeschwindigkeit dieses Antriebs beträgt 2,5 m/s. Sie kann durch Auswechseln eines Räderpaares abgeändert werden in 1,5, 1,9, 3,0, 3,5 und 4,0 m/s.

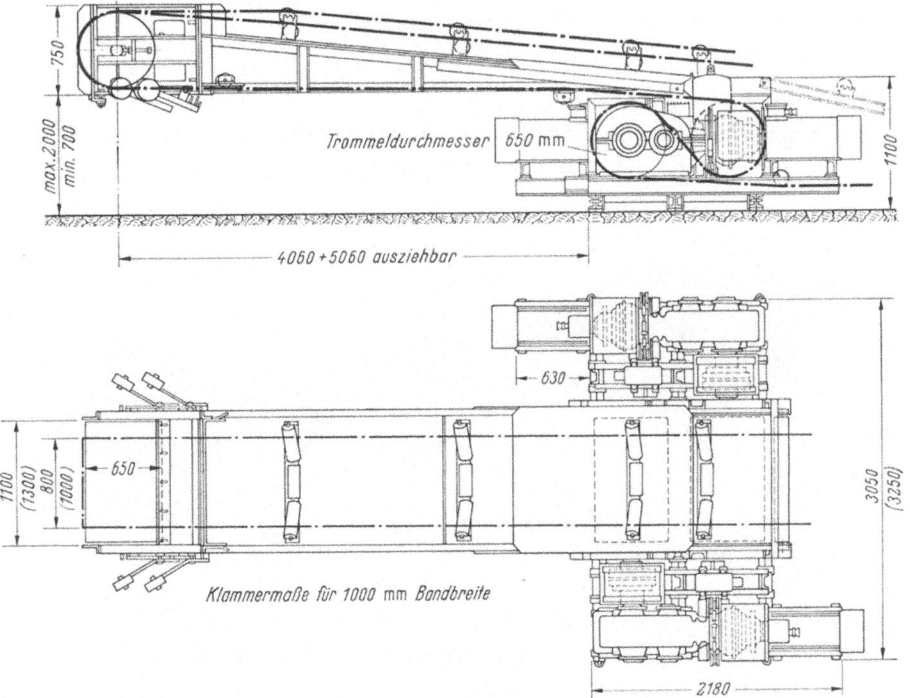

Abb. 14. Maßzeichnung des Zweitrommelantriebs Typ BE IV für 800 mm Bandbreite; Klammermaße für 1000 mm Bandbreite (Gebr. Eickhoff)

Es muß jedoch ausdrücklich darauf hingewiesen werden, daß die normalen Muldentragrollen und Flachrollen nur für Bandgeschwindigkeiten bis zu 2,5 m/s verwendet werden sollen. Vorhandene Bestände können beim Übergang auf eine

Abb. 15. Zweitrommelantrieb Typ BEIV mit Ausleger und Abwurfkopf (Eickhoff-Werkphoto)

höhere Bandgeschwindigkeit bis zu 4 m/s aufgebraucht werden. Sind Rollen mit ungleicher Wandstärke dabei, so zeigt sich dies sofort an ihrem unruhigen Lauf. Sie sind dann auszuwechseln.

Es ist dringend zu empfehlen, daß für Bandgeschwindigkeiten, welche über der Normalgeschwindigkeit von 2,5 m/s liegen, bei Neubeschaffung nur schlagfrei gedrehte Mulden- und Flachrollen genommen werden.

Als Antrieb dienen entweder 2 Elektromotoren von je 45 PS oder 2 Dieselmotoren von je 50 PS.

Zweitrommelantrieb BE V (Abb. 16). Die normale Bandgeschwindigkeit dieses Antriebs ist ebenfalls 2,5 m/s. Sie kann durch Auswechseln eines Räderpaares

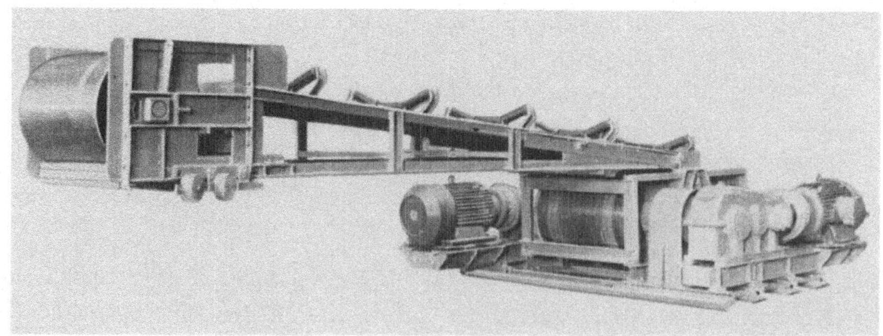

Abb. 16. Zweitrommelantrieb Typ BEV mit Ausleger und Abwurfkopf (Eickhoff-Werkphoto)

geändert werden in 1,5, 1,7, 1,9, 3,0, 3,5 und 4,0 m/s. Hinsichtlich der für die größeren Geschwindigkeiten zu verwendenden Rollen gilt das gleiche wie für Antrieb BE IV.

Als Antrieb dienen entweder 2 Elektromotoren von je 60 PS oder 2 Dieselmotoren von je 75 PS.

In der Tab. 9 und 10 sind die Gewichte und Richtpreise für EICKHOFF'sche Zweitrommelantriebe und Eintrommelantriebe zusammengefaßt, und zwar jeweils für den vollständigen Antrieb einschl. Voith-Sinclair-Kupplung mit Periflexanschluß, Abwurfkopf, Schwenkarm bzw. Ausleger und Anschluß an das Traggerüst, jedoch ohne Motor.

Tabelle 9. Zweitrommelantriebe

Bandbreite		650 mm				800 mm					1000 mm		
Bezeichnung des Antriebs		B I	B II	B III[1]	BE IV[1]	B I	B II	B III	BE IV	BE V	B III	BE IV	BE V
Motorenstärke	PS	22	35	55	2×45	22	35	55	2×45	2×60	55	2×45	2×60
Gewicht	kg	1250	1820	2850	7040	1375	1985	2850	7040	8545	3190	8850	9740
Richtpreis	DM	7500	10300	14250	30900	7750	10600	14250	30900	44450	14800	37700	48700

[1]) In diesen Fällen wird der Antrieb B III bzw. BE IV für 800 mm Bandbreite verwendet.

2. Eickhoff-Eintrommelantriebe. Von den Eickhoff-Eintrommelantrieben kommen hier in Betracht die Antriebe BT IV und BT V.

Der *Eintrommelantrieb BT IV* entspricht in der ganzen Art seines Aufbaus dem Zweitrommelantrieb BE IV (Abb. 17).

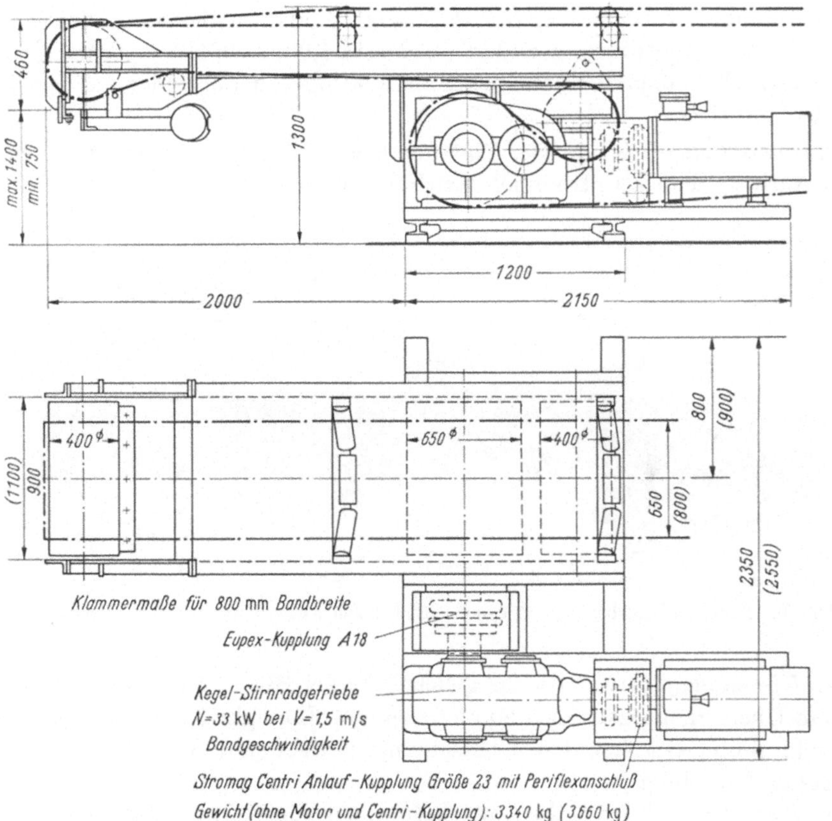

Abb. 17. Maßzeichnung des Eintrommelantriebs Typ BTIV für 650 mm Bandbreite; Klammermaße für 800 mm Bandbreite (Gebr. Eickhoff)

Das *Übersetzungsgetriebe* ist das gleiche wie bei BE IV. Zwischen dem Antriebsmotor und dem Übersetzungsgetriebe befindet sich eine Stromag-Centri-Anlauf-Kupplung mit Periflexanschluß und zwischen Übersetzungsgetriebe und Antriebstrommel eine Eupex-Kupplung.

Das *Trommelgestell* trägt die Antriebstrommel von 650 mm Durchmesser sowie zur Vergrößerung des Umschlingungswinkels eine zweite Bandtrommel von dem gleichen Durchmesser wie die Abwurftrommel, nämlich 400 mm.

Der *Ausleger* ist eine starre, geschweißte Konstruktion und trägt an seinem vorderen Ende den Abwurfkopf. Durch die Schwenkbarkeit des Auslegers in der Höhenrichtung kann der Abwurfkopf den gegebenen Verhältnissen angepaßt werden. Der Bandführung dienen 2 Muldentragrollensätze oben und eine Bandführungsrolle unten; der Sauberhaltung des Bandes 2 Abstreifer.

Auch hier wird noch einmal ausdrücklich darauf hingewiesen, daß es sich empfiehlt, im Interesse der besseren Bandführung die Muldentragrollensätze auf dem Ausleger mit Vollgummibelag laufen zu lassen, und auch hinsichtlich der Neigung der seitlichen Muldentragrollen auf dem Ausleger gilt das auf S. 44 Gesagte.

Als *Antriebsmotor* dient entweder ein 45 PS-Elektromotor oder ein 50 PS-Dieselmotor.

Die normale *Bandgeschwindigkeit* beträgt 1,50 m/s. Sie kann durch Auswechseln eines Räderpaares geändert werden in 1,90, 2,50, 3,0, 3,50 und 4,0 m/s. Bei Bandgeschwindigkeiten von mehr als 2,50 m/s gilt auch hier das auf S. 16 Gesagte.

Eintrommelantrieb BT V. Der Eintrommelantrieb BT V entspricht in der Art seines Aufbaus dem Zweitrommelantrieb BE V (Abb. 18).

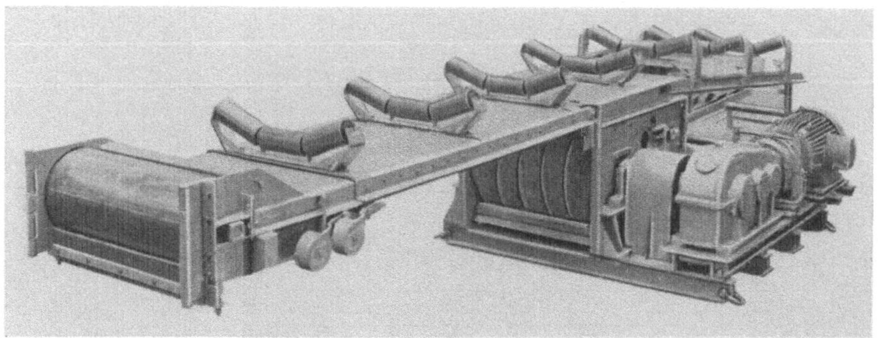

Abb. 18. Eintrommelantrieb Typ BTV mit Ausleger und Abwurfkopf (Eickhoff-Werkphoto)

Das *Übersetzungsgetriebe* ist das gleiche wie bei BE V. Zwischen dem Motor und dem Übersetzungsgetriebe befindet sich eine Flüssigkeitskupplung mit Periflexanschluß und zwischen dem Übersetzungsgetriebe und der Antriebstrommel eine Eupex-Kupplung.

Das *Trommelgestell* trägt die Antriebstrommel von 800 mm Durchmesser, sowie zur Vergrößerung des Umschlingungswinkels eine zweite Bandtrommel von dem gleichen Durchmesser wie die Abwurftrommel, nämlich 630 mm.

Der *Ausleger* ist eine starre, geschweißte Konstruktion und trägt an seinem vorderen Ende den Abwurfkopf.

Durch die Schwenkbarkeit des Auslegers in der Höhenrichtung kann der Abwurfkopf den gegebenen Verhältnissen angepaßt werden.

Der Bandführung dienen 3 Muldentragrollensätze und eine selbsttätige Gurtlaufsicherung oben und eine Bandführungsrolle unten; der Sauberhaltung des Bandes dienen 2 Abstreifer.

Für die Muldentragrollensätze gilt das gleiche, wie für alle Muldentragrollensätze auf Schwenkarmen oder Auslegern: es empfiehlt sich, sie im Interesse einer besseren Bandführung mit Vollgummibelag laufen zu lassen und die Neigung der seitlichen Muldentragrollen so zu verringern, daß ein schonender Übergang von der Muldenform zur horizontalen Form des Bandes geschaffen wird.

Als *Antriebsmotor* kommt entweder ein 60 PS-Elektromotor oder ein 75 PS-Dieselmotor in Frage.

Die normale *Bandgeschwindigkeit* beträgt auch hier 1,50 m/s; sie kann durch Auswechseln eines Räderpaares geändert werden in 1,70, 1,90, 2,50, 3,0, 3,50 und 4,0 m/s. Bei Bandgeschwindigkeiten von mehr als 2,50 m/s wird auf die Ausführungen auf S. 46 verwiesen.

Im Anschluß an diese Ausführungen über die EICKHOFF'schen Eintrommelantriebe soll noch hingewiesen werden auf eine bewährte Konstruktion der Fa.

Frölich & Klüpfel, Maschinenfabrik, Wuppertal-Barmen, Fuchsstr. 28, nämlich deren

Eintrommelantriebe mit Mangeltrommel (Abb. 19). Bei diesen Antrieben ist die Drucktrommel in einer Schwenktraverse pendelnd aufgehängt und wird mittels starker Schraubenfedern

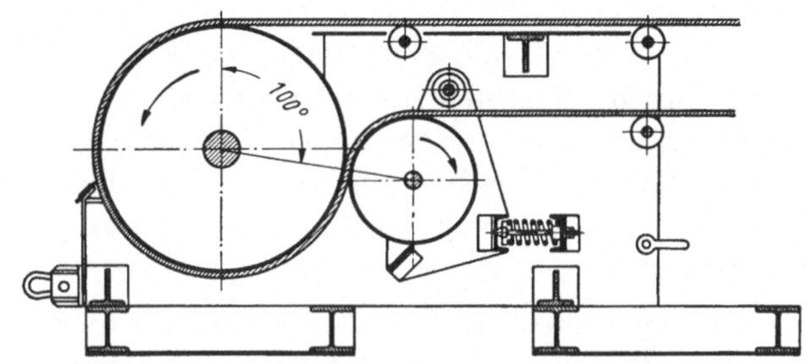

Abb. 19. Eintrommelantrieb mit gefederter Mangeltrommel
(Frölich & Klüpfel, Wuppertal)

fest aber elastisch gegen die Antriebtrommel gedrückt. Hierdurch wird der größtmögliche Umschlingungswinkel des Förderbands auf der angetriebenen Trommel erreicht und einem Schlupf des Förderbands selbst bei den höchsten Belastungen entgegengewirkt.

Tabelle 10. *Eintrommelantriebe*

Fabrikat	Eickhoff			Frölich & Klüpfel [1]		
Bandbreite	650 mm	800 mm		650/800 mm		
Bezeichnung des Antriebs	BT IV	BT IV	BT V	IV M 800	V M 800	VI M 800
Motorenstärke PS	45	45	60	20	32	50
Gewicht . . . . . . kg	3670	4025	5935	3200	4100	4800
Richtpreis . . . . . DM	18900	19700	30950	11500	14750	17750

[1] Diese Angaben umfassen lediglich den Antrieb samt Kupplung, Abwurfkopf und Ausleger, jedoch ohne Motor.

Die *Bandgeschwindigkeit* kann durch Auswechseln eines Stirnradpaares im Kegelstirnradgetriebe von 0,8 bis 2 m/s geändert werden.

3. Antriebsmotoren. Den drei möglichen Antriebsarten: elektrischer Antrieb, Dieselantrieb und dieselelektrischer Antrieb entsprechend kommen als Antriebsmotoren in Frage: Elektromotoren und Dieselmotoren, sowie als Hilfsmittel zur eigenen Stromerzeugung Diesel-Drehstrom-Zentralen.

a) *Elektromotoren.* Sofern es das Stromnetz verträgt, werden als Antriebsmotoren am besten normale geschlossene Kurzschlußläufer für direktes Einschalten und Sterndreieckanlassen mit 220/380 V oder auch 500 V-Spannung verwendet.

Ist dies nicht möglich, so treten an deren Stelle Drehstrommotoren mit Schleifringläufer, wobei dann statt der Voith-Sinclair-Kupplung mit Periflex-Anschluß eine einfache Periflex-Kupplung genügt.

Bei der Beschaffung der zu den Elektromotoren gehörigen *Motorschutzschalter* darf nicht übersehen werden, ausdrücklich darauf hinzuweisen, daß die *Anlaufverhältnisse bei Förderbändern als Schwerstanlaufverhältnisse anzusehen* sind und daß diesem Umstand entsprechend Rechnung getragen werden muß. Außerdem müssen Vorkehrungen zur *Verriegelung* getroffen werden, damit bei Störung einer Teilstrecke der Bandanlage sofort die ganze Anlage stillgelegt wird.

In der Tab. 11 sind eine Reihe von Elektromotoren beider Art aufgeführt, welche für die einzelnen Antriebe in Betracht gezogen werden können, und die maßgebenden Preise sind auch hier Richtpreise, welche eintretendenfalls der Korrektur durch Anfrage bei den vorgesehenen Lieferfirmen bedürfen.

Für die Umrechnung von PS in kW und umgekehrt ist Tab. 11a mit Vorteil zu verwenden.

b) Dieselmotoren. Die Voraussetzungen für die Verwendung von Dieselmotoren sind bei der Untersuchung der Frage Elektromotoren oder Dieselmotoren auf S. 38—40 erörtert.

Bei Erfüllung der dort gestellten Bedingungen kommen in erster Linie in Frage die luftgekühlten Viertakt-Deutz-Dieselmotoren der Bauart AL 514 mit Dauerleistungen von 25 bis 75 PS bei Umdrehzahlen von 1500/min. In Tab. 12 sind solche Motoren aufgeführt mit üblichem Zubehör sowie angebauter ausrückbarer Kupplung, angebautem Kraftstoffbehälter einschließlich Einbau der elektrischen Armaturen in die Konsole des Behälters, Batterien 12 V mit Schutzkasten, Kabel und Kabelschuhen und außerdem die nötigen Zusatzgetriebe für Anfahren mit voller Last. Die Preise sind auch hier Richtpreise, welche der jeweiligen Berichtigung bedürfen.

c) Diesel-Drehstromzentralen. Auf solche Diesel-Drehstromzentralen wurde ebenfalls auf S. 40 bei der Behandlung der Frage Elektromotor oder Dieselmotor schon hingewiesen.

Um einen Überblick über die für diesen Fall gebotenen Möglichkeiten zu geben, sei auf die Diesel-Drehstromzentralen der Adolf Strüver GmbH., Aggregatebau, Hamburg 20, Niendorferweg 11, hingewiesen und aus deren informatorischer Druckschrift ASA Nr. 881 A/d folgendes erwähnt:

Tabelle 11. *Elektromotoren, Drehstromkondensatoren und Motorschutzschalter*

Art des Motors	Elektromotoren						Drehstromkondensatoren SSW				Motorschutzschalter SSW			Insgesamt	
	Nennleistung		Fabrikat	Type	Gewicht	Richtpreis	Nennleistung	Type	Gewicht	Richtpreis	Type	Gewicht	Richtpreis	Gewicht	Richtpreis
	kW	PS			kg	DM	kVA		kg	DM		kg	DM	kg	DM
Kurzschlußläufer	15	20,4	BBC	DU 74a	130	1513	5	COo 380/5	7,5	255	S 12 w III 60 cm	12,6	239	150	2007
	18,5	25	BBC	DU 84	207	1852	6	COo 380/6	11	302	S 12 w III 60 cm	12,6	239	231	2393
	20	27	SSW	OR 992-4 H	230	1980	7	COo 380/7	13	348	S 12 w III 60 cm	12,6	239	256	2567
	22	30	BBC	DU 94	243	2180	8	COo 380/8	13	393	S 12 w III 60 cm	12,6	239	269	2812
	26	35,4	BBC	MQUa 94a	325	2550	10	COo 380/10	15	445	S 12 w III 60 cm	12,6	239	353	3234
	28	38	SSW	OR 1192-4 H	310	2720	10	COo 380/10	15	445	S 12 w III 60 cm	12,6	239	338	3404
	30	40,8	BBC	SRK 12E-4	370	2975	10	COo 380/10	15	445	S 12 w III 60 cm	12,6	239	398	3659
	38	51,6	BBC	SRK 12H-4	460	3500	15	CoD 380/15	27	680	S 12 w III 100 cm	12,6	299	500	4479
	38[1]	52	SSW	OR 1292-4 D	420	3550	15	CoD 380/15	27	680	S 12 w III 100 cm	12,6	299	460	4529
	50[2]	68	SSW	OR 1392-4 D	525	4600	20	CoD 380/20	36	895	S 12 w III 100 cm	12,6	299	574	5794
Schleifringläufer	18	24,5	SSW	OR 1171-4	315	2920	6	COo 380/6	11	302	S 12 w III 60 cm	12,6	239	339	3461
	21	29	SSW	OR 1171-4 D	315	3450	7	COo 380/7	13	348	S 12 w III 60 cm	12,6	239	341	4037
	22	30	BBC	SRSi 12b-4	370	3340	8	COo 380/8	13	393	S 12 w III 60 cm	12,6	239	396	3972
	24	33	SSW	DR 1271-4	435	3750	8	COo 380/8	13	393	S 12 w III 60 cm	12,6	239	461	4382
	25	34	AEG	AM 30/4 R	410	3725	10	COo 380/10	15	445	S 12 w III 60 cm	12,6	239	438	4409
	28	38	BBC	SRSi 12c-4	410	4080	10	COo 380/10	15	445	S 12 w III 60 cm	12,6	239	438	4764
	30	40,8	BBC	SRSi 13c-4	570	4370	10	COo 380/10	15	445	S 12 w III 60 cm	12,6	239	598	5054
	32	44	SSW	DR 1371-4	530	4900	12	COo 380/12	20	535	S 12 w III 100 cm	12,6	299	563	5734
	34	46	AEG	AM 38/4 R	470	4755	12	COo 380/12	20	535	S 12 w III 100 cm	12,6	299	503	5589
	38	52	BBC	SRSi 13d-4	610	5600	15	CoD 380/15	27	680	S 12 w III 100 cm	12,6	299	650	6579
	40	54	SSW	OR 1562-4	770	5900	15	CoD 380/15	27	680	S 12 w III 100 cm	12,6	299	810	6879
	45	60	AEG	AM 50/4 R	595	6210	15	CoD 380/15	27	680	S 12 w III 100 cm	12,6	299	635	7189
	46	63	SSW	OR 1562-4 D	770	6800	20	CoD 380/20	36	895	S 12 w III 100 cm	12,6	299	819	7994
	50	68	BBC	SRSi 14b-4	760	7200	20	CoD 380/20	36	895	S 12 w III 100 cm	12,6	299	809	8394
	58	79	SSW	OR 1661-4 D	955	8200	20	CoD 380/20	36	895	R 921 III 60—140 cm	12,1	364	1003	9459

[1] HD-Leistung 43 kW | 58 PS
[2] HD-Leistung 56 kW | 76 PS

Das Kennzeichen D bedeutet Durignit-Isolation; HD-Leistung ist die höchste Dauerleistung neben der VDE-Nennleistung, welche Motoren mit Durignit-Isolation haben.

Tabelle 11a. *Umrechnungstabelle*

1 PS = 0,736 kW   1 kW = 1,36 PS

kW ← PS / kW → PS	PS	PS	kW ← PS / kW → PS	PS	PS	kW ← PS / kW → PS	PS	PS	kW ← PS / kW → PS	PS	PS
0,74	1	1,36	37,5	51	69,4	74,3	101	137	111	151	205
1,47	2	2,72	38,3	52	70,7	75,1	102	139	112	152	207
2,21	3	4,08	39,0	53	72,1	75,8	103	140	112	153	208
2,94	4	5,44	39,7	54	73,4	76,5	104	141	113	154	209
3,68	5	6,80	40,5	55	74,8	77,3	105	143	114	155	211
4,42	6	8,16	41,2	56	76,2	78,0	106	144	114	156	212
5,15	7	9,52	42,0	57	77,5	78,8	107	146	115	157	214
5,89	8	10,88	42,7	58	78,9	79,5	108	147	116	158	215
6,62	9	12,24	43,4	59	80,2	80,2	109	148	117	159	216
7,36	10	13,60	44,2	60	81,6	81,0	110	150	118	160	218
8,10	11	15,00	44,9	61	83,0	81,7	111	151	119	161	219
8,83	12	16,30	45,6	62	84,3	82,4	112	152	120	162	221
9,57	13	17,70	46,4	63	85,7	83,2	113	154	120	163	222
10,30	14	19,00	47,1	64	87,0	83,9	114	155	121	164	223
11,00	15	20,40	47,8	65	88,4	84,6	115	156	122	165	224
11,80	16	21,80	48,6	66	89,8	85,4	116	158	122	166	226
12,50	17	23,10	49,3	67	91,1	86,1	117	159	123	167	228
13,20	18	24,50	50,0	68	92,5	86,8	118	160	124	168	229
14,00	19	25,80	50,8	69	93,8	87,6	119	162	125	169	230
14,70	20	27,20	51,5	70	95,2	88,3	120	163	125	170	231
15,50	21	28,60	52,3	71	96,6	89,1	121	165	126	171	232
16,20	22	29,90	53,0	72	97,9	89,8	122	166	127	172	234
16,90	23	31,30	53,7	73	99,3	90,5	123	167	127	173	235
17,70	24	32,60	54,5	74	100,6	91,3	124	169	128	174	236
18,30	25	34,00	55,2	75	102,0	92,0	125	170	129	175	238
19,10	26	35,40	55,9	76	103,4	92,7	126	171	129	176	239
19,90	27	36,70	56,7	77	104,7	93,5	127	173	130	177	241
20,60	28	38,10	57,4	78	106,1	94,2	128	174	131	178	242
21,30	29	39,40	58,1	79	107,4	94,9	129	175	132	179	243
22,10	30	40,80	58,9	80	108,8	95,7	130	177	132	180	245
22,80	31	42,20	59,6	81	110,2	96,4	131	178	133	181	246
23,60	32	43,50	60,4	82	111,5	97,2	132	180	134	182	248
24,30	33	44,90	61,1	83	112,9	97,9	133	181	134	183	249
25,00	34	46,20	61,8	84	114,2	98,6	134	182	135	184	250
25,80	35	47,60	62,6	85	115,6	99,4	135	184	136	185	252
26,50	36	49,00	63,3	86	117,0	100	136	185	136	186	253
27,20	37	50,30	64,0	87	118,3	101	137	186	137	187	255
28,00	38	51,70	64,8	88	119,7	102	138	188	138	188	256
28,70	39	53,00	65,5	89	121,0	102	139	189	139	189	257
29,40	40	54,40	66,2	90	122,4	103	140	190	140	190	258
30,20	41	55,80	67,0	91	123,8	104	141	192	141	191	259
30,90	42	57,10	67,7	92	125,1	104	142	193	142	192	261
31,60	43	58,50	68,4	93	126,5	105	143	195	142	193	262
32,40	44	59,80	69,2	94	127,8	106	144	196	143	194	263
33,10	45	61,20	69,9	95	129,2	107	145	197	144	195	265
33,90	46	62,60	70,7	96	130,6	107	146	199	144	196	266
34,60	47	63,90	71,4	97	131,9	108	147	200	145	197	268
35,30	48	65,30	72,1	98	133,3	109	148	201	146	198	269
36,10	49	66,60	72,9	99	134,6	110	149	203	147	199	270
36,80	50	68,00	73,6	100	136,0	110	150	204	147	200	272

Tabelle 12. *Dieselmotoren und Zusatzgetriebe*

Dieselmotor					Zusatzgetriebe				Insgesamt	
Fabrikat	Bauart	Lei-stung PS	Ge-wicht kg	Richt-preis DM	Fabrikat	Bauart	Ge-wicht kg	Richt-preis DM	Gesamt-ge-wicht kg	Richt-preis DM
Klöckner-	A 2 L 514	25	600	4490	Zahnrad-	AKF-25	50	1070	650	5560
Humboldt-	A 3 L 514	37,5	675	5685	fabrik	AKF-25	50	1070	725	6755
Deutz A.G.	A 4 L 514	50	770	7630	Friedrichs-	AK 5-33	100	1800	870	9430
Köln-Deutz	A 6 L 514	75	950	10015	hafen/B	AK 6-55	160	2100	1110	12115

Von den verschiedenen Ausführungsarten solcher Aggregate kommen nur in Frage entweder die *transportable Ausführung* (Abb. 20), bestehend aus Dieselmotor, Generator, Kraftstoffbehälter, aufklappbarem Schaltschrank und Kühl-

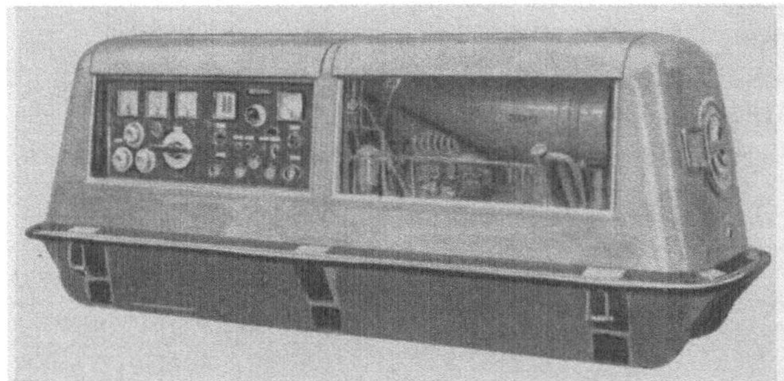

Abb. 20. Strüver-Diesel-Drehstrom-Zentrale 60 kVA - transportabel (Strüver GmbH, Hamburg)

Abb. 21. Strüver-Diesel-Drehstrom-Zentrale 60 kVA - fahrbar

vorrichtung auf gemeinsamer Grundplatte, welche auf einem Gleitkufenrahmen mit Transportgeländer sitzt und mit Blechschutzgehäuse mit aufschiebbaren, verschließbaren Seitenwänden und Werkzeugkasten versehen ist, oder die

fahrbare Ausführung (Abb. 21) in gleicher Ausführung wie die transportable, jedoch auf luftbereiftem Einachs- oder Zweiachsfahrgestell mit Auflauf-Druckluft-Feststellbremse, Anhängekupplung und Schluß-, Stopp- und Kennzeichenbeleuchtung.

Als *Antriebsmotoren* dienen luftgekühlte Deutz-Dieselmotoren von 12,5 bis 100 PS, welche vorübergehend bis 10% überlastbar sind. Sie sind mit einem

Drehzahlregler zur Konstanthaltung der Motordrehzahl ausgerüstet. Der Unterschied zwischen der Vollast- und der Leerlastdrehzahl beträgt etwa 5%.

Das Anlassen der Antriebsmotoren erfolgt bei den 2 kleinsten Typen von 12,5 und 25 PS von Hand mittels Antriebkurbel und Zuhilfenahme von Glimmpapier, bei allen anderen Typen elektrisch. Die Zentralen mit elektrischer Anlaßvorrichtung sind mit Anlasser, Lichtmaschine und Batterien ausgerüstet. Die Aufladung der Batterien erfolgt während des Betriebes selbsttätig.

Die Antriebsmotoren haben Luftkühlung und sind mit einer selbsttätigen Abstellvorrichtung ausgerüstet, welche bei Ausfall des Kühlgebläses oder Übertemperatur des Dieselmotors anspricht.

Die Wahl der richtigen Größen erfordert die größte Sorgfalt. Maßgebend dafür sind Leistungsbedarf, Spannung, Frequenz und Leitungssystem.

Für die erforderliche Leistung ist die Feststellung des gesamten Kraft- und Lichtstromverbrauchs maßgebend. Hinsichtlich der übrigen Punkte bedient man sich mangels eigenen Elektropersonals zweckmäßig eines erfahreren Fachmannes.

Für die Stromzuführung und die notwendigen Schaltanlagen gilt das gleiche wie beim elektrischen Antrieb.

Gewichte und Richtpreise sind aus der Tab. 13 zu entnehmen.

Tabelle 13. *Strüver-Deutz-Diesel-Drehstrom-Zentralen*

Leistung kVA bei cos φ = 0,8	Antriebsmotor	Diesel-motorstärke PS	Um-drehungs-zahl	Ausführungsart			
				transportabel		fahrbar	
				Gewicht kg	Richtpreis DM	Gewicht kg	Richtpreis DM
10	A 1 L 514	12,5	1500	1000	9050,—	1200	11750,—
20	A 2 L 514	25,0	1500	1400	12700,—	1650	15800,—
30	A 3 L 514	37,5	1500	1650	15700,—	2000	19350,—
40	A 4 L 514	50	1500	1950	18100,—	2400	21200,—
60	A 6 L 514	75	1500	2600	23600,—	3500	28700,—
85	A 8 L 614	100	1500	3200	29500,—	4500	34700,—

B. Umkehrstation

Die Umkehrstation oder der Spannkopf dient zum Spannen und Umkehren des Förderbandes.

Die Umkehrtrommel ist die gleiche wie im Abwurfkopf; sie ist auf Kugellagern in einem festen, geschweißten Trommelgestell verschiebbar gelagert.

Das Trommelgestell trägt außerdem noch die Flachrolle und einen verstellbaren Abstreifer für die Sauberhaltung der Trommel.

Zum Einhängen des Zugapparates sind Schäkel vorgesehen.

Um vor Einlauf des Bandes in die Trommel zuverlässig ein Geradlaufen desselben zu erzielen, kann man entweder

oben auf den Untergurt einen auf Sturz gestellten Muldentragrollensatz anpassen, durch welchen eine gute Lenkwirkung erreicht wird, oder eine auf Druck gestellte Flachrolle so anordnen, daß sie leicht etwas schräg gestellt werden kann, um hierdurch die erforderliche Lenkwirkung vor dem Einlauf zu erzielen.

Dem Spannkopf vorgeschaltet ist ein teleskopartig verschiebbarer *Längenausgleich* (Abb. 22).

Dieser hat eine Ausziehlänge von 1700 mm; Profil und Anschlußmaße sind die gleichen wie bei der normalen Tragkonstruktion.

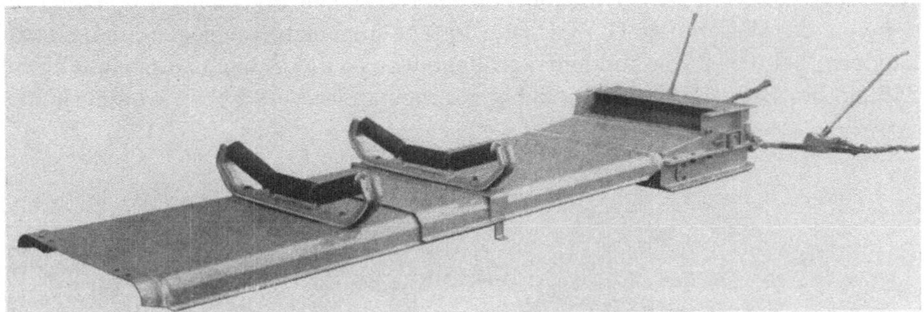

Abb. 22. Spannstation (Umkehrstation) mit Längenausgleich (Eickhoff-Werkphoto)

Es empfiehlt sich, an Stelle der letzten Flachrolle im Längenausgleich eine solche mit Flacheisenspirale zu verwenden, wie zwischen Abwurfkopf und Antrieb.

Außerdem empfiehlt es sich, die auf S. 14 beschriebene Vorrichtung für eine evtl. notwendige gleichmäßige Anfeuchtung des Untertrums bei einseitigem Naßwerden durch die Witterung anzubringen.

Zum Festhalten und Verspannen der Umkehrstation sowohl als auch der Antriebe bedient man sich der

Zugapparate (Abb. 22 a), die auch sonst ein brauchbares und handliches Mittel beim Transport und bei der Umlegung von Bandantrieben sind.

Zum Zugapparat gehört eine etwa 3 m lange, kräftige Spannkette. Für leichteren Betrieb genügen Zugapparate mit 1500 kg Zugkraft und etwa 33 kg Gewicht zu einem Richtpreis von etwa DM 140,—. Für schwereren Betrieb sind solche mit 5000 kg Zugkraft und etwa 70 kg Gewicht zu einem Richtpreis von DM 250,— notwendig.

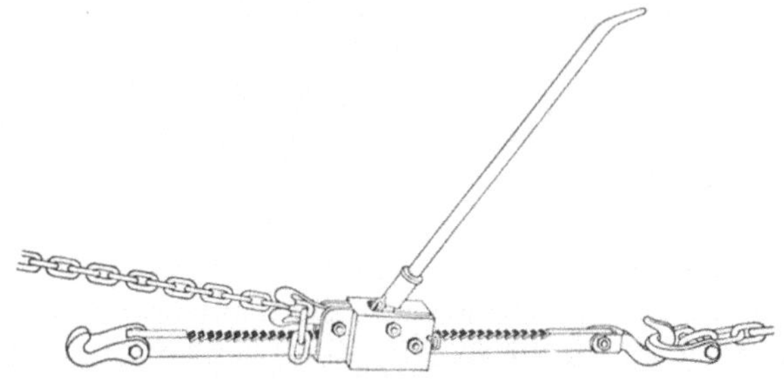

Abb. 22a. Zugapparat (Gebr. Eickhoff)

Gewichte und Richtpreise für Umkehrstationen einschließlich Längenausgleich und Zugapparate sind aus Tab. 14 zu entnehmen.

Tabelle 14. *Spannkopf (Umkehrstation) mit Längenausgleich und 2 Zugapparaten*

Fabrikat	Gebr. Eickhoff											Frölich & Klüpfel		
Bandbreite	650 mm				800 mm					1000 mm			650/800 mm		
Bezeichnung	B I	B II	B III	BT IV	B I	B II	B III	BE IV BT IV	BE V BT IV	B III	BE IV	BE V	IV M 800	V M 800	VI M 800
Gewicht kg	541			1708	661			1708		849	1802		350[1]	400[1]	
Richtpreis DM	1550,—			4200,—	1810,—			4200,—		2250,—	4700,—		950,—[1]	1100,—[1]	

[1] Diese Angaben enthalten die Werte für Längenausgleich und Zugapparate nicht.

C. Traggerüst (Abb. 23).

Bei dem Traggerüst hat man zu unterscheiden zwischen der wohl am häufigsten angewendeten Konstruktion einzelner Rahmen von 3 bis 4 m Länge und den von der Weserhütte GmbH. zum Patent angemeldeten sog. Schienenförderbändern, bei denen die Muldentragrollenböcke so auf Schienen angebracht sind, daß sie bei Bedarf jederzeit beliebig gegeneinander verschoben werden können.

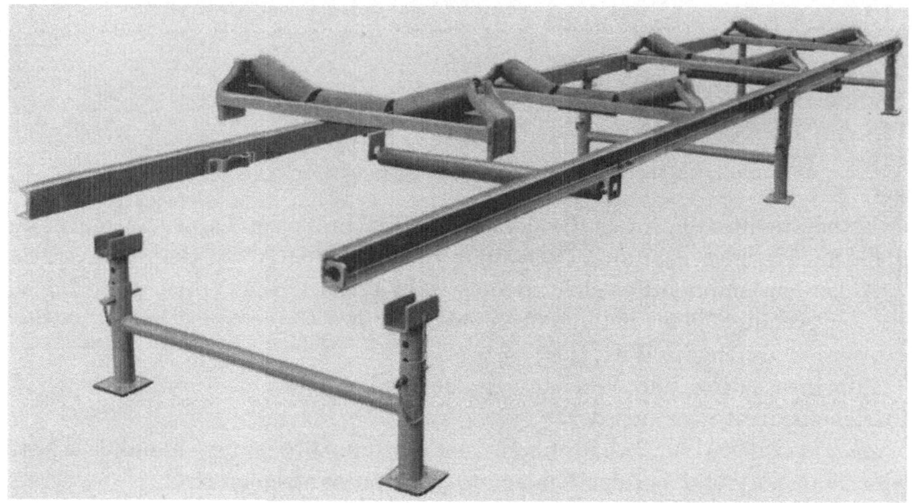

Abb. 23. Offenes Bandtraggerüst Typ BMO - leichte Ausführung - mit verstellbarer Fußstütze und Bodenstütze für Bandbreiten von 650 mm und 800 mm (Eickhoff-Werkphoto)

Diese Bauweise hat bestimmt gewisse Vorteile, aber ich neige auf Grund meiner Beobachtungen doch zu der Ansicht, daß für den Baubetrieb mit seinen häufigen Verlagerungen letzten Endes die Rahmenbauart vorzuziehen ist, und lege deshalb meinen diesbezüglichen weiteren Untersuchungen als Muster die bewährten Konstruktionen der Fa. Gebr. Eickhoff zugrunde, ohne damit, wie noch einmal ausdrücklich betont werden soll, auch nur im entferntesten etwa ein Werturteil gegenüber anderen Fabrikaten abgeben zu wollen.

Die *offenen Muldenband-Traggerüste* der Fa. Gebr. Eickhoff haben eine starre, schraubenlose Verbindung, wodurch zwangsläufig eine gute Ausrichtung der Anlage erzielt wird.

Sie werden geliefert mit verstellbaren oder auch mit festen Fußstützen, welche auf gewöhnliche Rollbahnschwellen aufgesetzt werden können. Die Länge der beiden Längsträger ist 3,00 bzw. 3,60 m, je nach der Art der Konstruktion bzw. dem Abstand der Rollenböcke. Die Verbindung der Längsträger geschieht ohne Schrauben durch Versteckbolzen. An den Längsträgern befinden sich angeschweißte Taschen, in welche die Rollenböcke einfach eingesteckt werden; sie halten auf diese Weise den richtigen Abstand zwischen den Längsträgern.

Die seitlichen Rollen der dreiteiligen Muldentragrollensätze sind „auf Sturz", d. h. in Förderrichtung, vorgestellt, wodurch das Förderband immer auf die Mitte des Rollensatzes geführt wird.

Im durchgesteckten unteren Teil des Rollenbocks ist die Flachrolle, auf welcher das Untertrum des Förderbands läuft, verlagert. Ein Doppelschlüsselloch ermöglicht ein Verstellen dieser Flachrolle und damit eine Regulierung des Untertrums.

Zur Erzielung größter Betriebssicherheit und Lebensdauer bei geringster Wartung sind die Eickhoff'schen Traggerüste mit besonderen Bandrollen versehen, als deren Kennzeichen angegeben werden:

1 nahtlos gezogenes Rohr als Außenmantel,

2 usw. bis 6 s. Abb. 24.

Auch hier sei darauf hingewiesen, daß bei Bandgeschwindigkeiten von mehr als 2,5 m/s die Tragrollenmäntel überdreht werden müssen, weil für Tragrollen bis zu 133 mm ⌀ normal unbearbeitete nahtlose Stahlrohre verwendet werden. Solche Rohre können aber Wandstärkenunterschiede haben, welche eine erhebliche Unwucht zur Folge haben und ihre Brauchbarkeit für hohe Fördergeschwindigkeiten ausschließen. Die Eickhoff-Bandrollen werden vom Werk aus mit einer

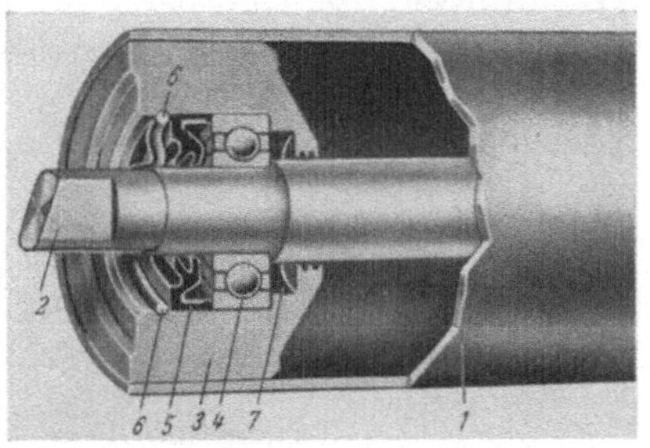

Abb. 24. Eickhoff'sche Bandrolle
(Eickhoff-Werkphoto)

1 Nahtlos gezogenes Rohr als Außenmantel; *2* Feststehende Achse mit geschliffenem Sitz und angedrehter Schulter; *3* Warm eingezogener Einsatzkopf mit großer Einpreßlänge *4* Präzisionskugellager; *5* Doppellippen-Buna-Dichtung (D. B.-Patent) aus hochwertigem Perbunam; elastisch; ölfest, verschleißfest, mit einvulkanisiertem Versteifungsring. Die scharfkantigen Doppellippen legen sich mit Vorspannung dicht um die Achse, verhindern jegliches Eindringen von Schmutz, während das Fett von innen her beide Lippen dauernd schmiert; *6* Kräftige Haltefeder mit dichter Anlage in der Rinne und am Bunaring zur Aufnahme der Achsialdrücke; *7* Dauerschmierung durch ausreichende Fettkammern vor und hinter dem Kugellager. Alles Fett wird vom Lager mitbewegt. Die hintere Fettkammer ist durch fettgefüllte Ringnuten gegen das Rohrinnere abgedichtet

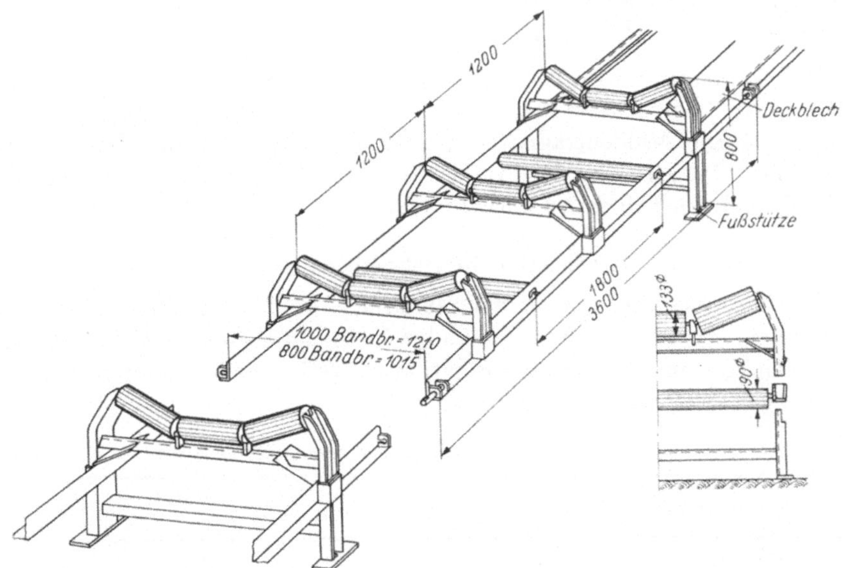

Abb. 25. Offenes Bandtraggerüst Typ BMO - schwere Ausführung (Gebr. Eickhoff)

Fettfüllung geliefert. Ein Nachschmieren ist vor 1 bis $1^1/_2$ Jahren Betriebsdauer nicht erforderlich.

Die Notwendigkeit der Überholung der Rollen richtet sich nach den jeweiligen Verhältnissen. Sie sind nach der Reinigung mit neuer Fettfüllung zu versehen und laufen dann wieder ohne besondere Wartung. Als Fettfüllung empfiehlt Eickhoff Calypsol WIA.

Außer der geschilderten Normalausführung der offenen Bandtraggerüste Typ BMO für Bandbreiten von 650, 800 und 1000 mm gibt es für hohe Förderleistungen und Bandbreiten von 800 mm an noch eine schwere Ausführung desselben Typs BMO (Abb. 25), die besonders kräftig und stabil ausgeführt ist. Gewichte und Richtpreise für beide Arten sind aus Tab. 15 zu ersehen.

Tabelle 15. *Offene Muldenbandtraggerüste Typ BMO*

Ausführungsart	leicht		schwer	
Bezeichnung	BMO 650×1,5/3,0/3,0×90/65 Ø mit Fußstützen und Bodenstützen	BMO 800×1,2/1,8/3,6×90/65 Ø mit Fußstützen und Bodenstützen	BMO 800×1,2/1,8/3,6×133/90 Ø mit Fußstützen	BMO 1000×1,2/1,8/3,6×133/90 Ø mit Fußstützen
Bandbreite . . . . mm	650	800	800	1000
Muldentragrollenabstand . . m	1,50	1,20	1,20	1,20
Flachrollenabstand . . . . m	3,00	1,80	1,80	1,80
Rahmenlänge . . . . m	3,00	3,60	3,60	3,60
Muldenrollendurchmesser . . mm	90	90	133	133
Flachrollendurchmesser . . . mm	65	65	90	90
Gewicht . . . . kg/lfdm	43,2	52,7	83,7	87,9
Richtpreis . . . . . . DM/lfdm	80,90	101,20	153,—	157,50

Der Umkehrstation wird bei der schweren Ausführung ein Längenausgleichsglied vorgeschaltet, welches bei vollem Auszug mit 6 Muldentragrollensätzen versehen ist. Die Muldentragrollen tragen zur Schonung des Bandes einen Gummibelag. Gewichte und Richtpreise für die offenen Muldenbandtraggerüste Typ BMO sind aus Tab. 15 zu entnehmen.

D. Sonstige Betriebseinrichtungen

1. Verlängerungsglieder zum Schwenkarm (Abb. 26). Sie dienen dazu, den Schwenkarm zu verlängern und ihm dadurch eine noch größere Aktionsfähigkeit zu verleihen. Die aus der Serienfabrikation von Fa. Gebr. Eickhoff vorhandenen Ausführungen sind aus Tab. 16 zu ersehen.

Tabelle 16. *Verlängerungsglieder zum Schwenkarm*

Verlängerungsglied	Länge mm	Gewicht kg	Richtpreis DM
für 650 mm Bandbreite	1500	128	230,—
für 800 mm Bandbreite	1500	135	235,—
für 800 mm Bandbreite	2700	189	352,—

2. Abstreifer DBP Nr. 942497. (Abb. 27). Hinsichtlich der Abstreifer war es bisher meist üblich, am Abwurfkopf selbst einen starren Abstreifer und dahinter je nach der Art des Fördergutes einen oder auch mehrere sog. Gewichtsabstreifer

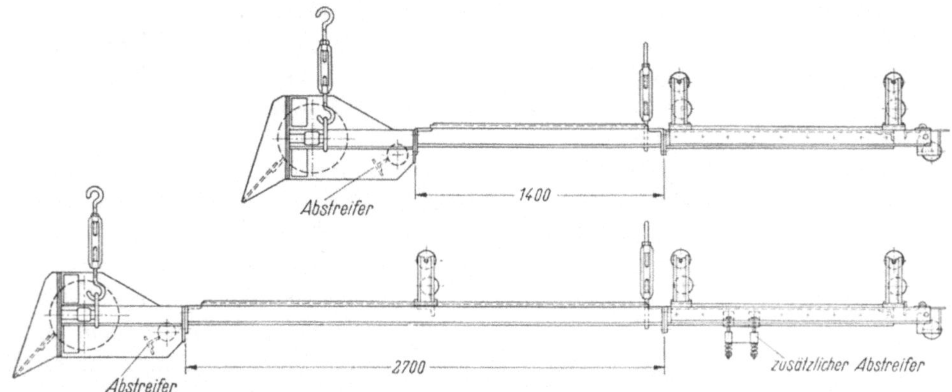

Abb. 26. Verlängerungsglied zum Schwenkarm (Gebr. Eickhoff)

zu verwenden. Der Nachteil dieser Abstreifer liegt in dem bei ihnen auftretenden erheblichen Verschleiß der Gummistreifen in den Abstreiferträgern, der eine unter Umständen ziemlich häufige Auswechslung derselben nötig macht. Eine solche Auswechslung erfordert aber jedesmal einen Stillstand des Bandes von 15 bis 20 Minuten, was einen erheblichen Förderausfall bedeutet. Um diesem Mißstand abzuhelfen, wurde von dem Bandingenieur HORST DONATH in Wackersdorfs/Opf. ein Abstreifer entwickelt, für welchen der BBI das DBP-Patent Nr. 942407 erteilt wurde, und der es nicht nur gestattet, die Auswechslung der Gummistreifen des Abstreifers ohne

Abb. 27. Abstreifer DBP Nr. 942497 (Bayerische Braunkohlenindustrie A. G., Schwandorf/Opf.)

Betriebsstörung vorzunehmen, sondern auch den Anpreßdruck des Abstreifers so zu regulieren, daß die Förderbanddeckplatte weitestgehend geschont wird.

Der Abstreiferträger, der um eine waagrechte, senkrecht zur Förderrichtung liegende Achse absatzweise drehbar und in der jeweiligen Stellung feststellbar ist, ist I-förmig ausgebildet und auf den 4 Flanschen mit je einer schwalbenschwanzförmigen Nut versehen, in welche eine den Gummistreifen tragende Schwalbenschwanzschiene eingesteckt wird. Diese Durchbildung gestattet die Anbringung von 4 Abstreifergummistreifen, von denen je 2 zur Wirksamkeit gebracht werden können. Der Austausch des abgenutzten Abstreiferpaars gegen ein neues Abstreiferpaar erfolgt unter Zuhilfenahme einer sinnreichen und unfallsicheren Konstruktion, welche eine seitliche Verschiebung des Abstreiferträgers gestattet, und zwar dergestalt, daß letzterer um 180° gedreht werden kann und damit ein neues Abstreiferpaar zur Verfügung steht, dessen Inbetriebsetzung in genau umgekehrter Reihenfolge geschieht wie der Austausch.

Diese Umstellung dauert nach einwandfreien Feststellungen in Wackersdorf etwa 1 bis 2 Minuten. Nach Beendigung der Umstellung werden dann die Schwalbenschwanzschienen mit den verschlissenen Gummistreifen seitlich herausgezogen und in aller Ruhe wieder einsatzbereit gemacht.

Der Anpreßdruck dieses Abstreifers beträgt bei nachweislich gleichem Reinigungseffekt nur etwa 20% des Anpreßdrucks von Gewichtsabstreifern, was sich natürlich in denkbar günstiger Weise auf die Schonung der Förderbanddeckplatten und deren Lebensdauer auswirkt.

Bei den teilweise unter schwierigsten Verhältnissen arbeitenden Bandanlagen der BBI in Wackersdorf sind solche Abstreifer seit August 1953 in Verwendung und haben sich seitdem selbst bei anhaltendem und strengem Frost bestens bewährt, so daß sie nur wärmstens empfohlen werden können.

Angaben über Lizenzgebühren oder Namhaftmachung von Firmen, welche diese Abstreifer ausführen, können zur Zeit noch nicht gemacht werden, und es sind deshalb diesbezügliche Anfragen an die Bayerische Braunkohlenindustrie Aktiengesellschaft Schwandorf/Opf., zu richten.

3. Bandschleifen (Abb. 28). Wird der Abwurfkopf oder die Umkehrtrommel regelmäßig vor- bzw. zurückverlagert, wie dies meistens bei den letzten abgebenden Bändern (sog. Kippenbändern) der Fall ist, dann empfiehlt sich der Einbau

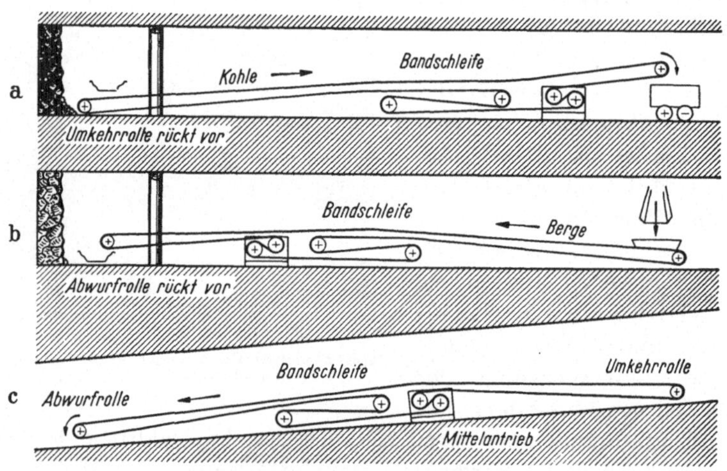

Abb. 28. Bandschleifen (Gebr. Eickhoff)

einer Bandschleife. Bei horizontal- und aufwärtsfördernden Bändern wird die Bandschleife direkt hinter dem Antrieb eingebaut, bei abwärtsfördernden Bändern dagegen zwischen Abwurftrommel und Antrieb. Der Antrieb wird in solchen Fällen als „Mittelantrieb" geführt und es wird auf die diesbezüglichen Ausführungen auf S. 42 verwiesen. Die Kosten solcher Bandschleifen bei einem Spannweg von 4 bis 5 m betragen bei 800 mm Bandbreite etwa 3000,— DM.

4. Rücklauf-Rollensperre (Abb. 29). Die Rollensperre ist in einem geschlossenen Gehäuse eingebaut. Auf dem Wellenstumpf a des Getriebes ist das Kupplungssperrad b aufgekeilt. In den Sperrzähnen des Kupplungsrades liegen die Sperr-Rollen c vom Bremsring d umschlossen. Der Bremsring d ist pendelnd um die Sperrollen gelagert und wird vom Bolzen h gehalten. Der Zwischenring e und die Halteringe f und g führen die Sperrollen auf dem Kupplungssperrad.

In der Freilaufstellung liegen die Sperrollen an der tiefsten Stelle der Sperrzähne.

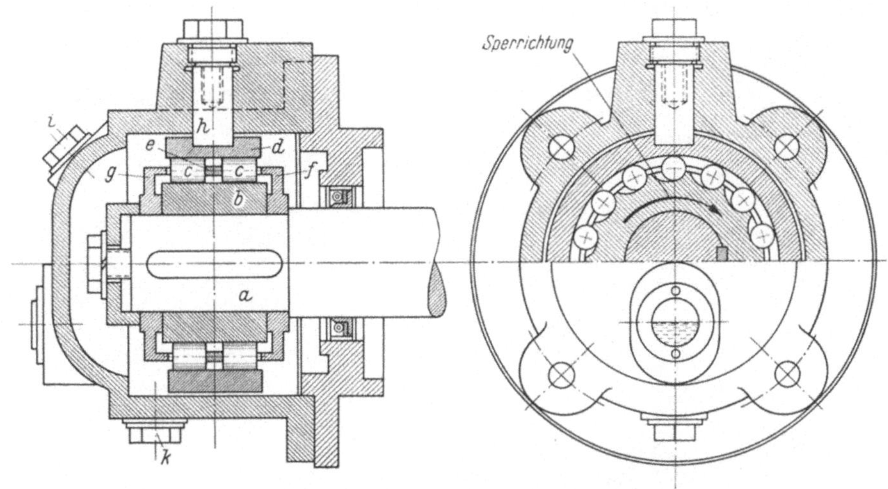

Abb. 29. Rücklauf - Rollensperre (Gebr. Eickhoff)

Bei einem Drehrichtungswechsel (Rücklauf infolge Stromausfalls) werden die Sperrollen durch die kurvenförmig verstärkten Zahnspitzen gegen den Bremsring d gedrückt und sperren somit den Rücklauf der Getriebewelle. Wird der Bolzen h herausgenommen, so ist die Rollensperre ohne Sperrwirkung. Der Bremsring d dreht sich dann mit und ein Rücklauf der Getriebewelle ist möglich.

Vor Inbetriebnahme ist die Rollensperre mit dem flüssigen Öl bis Mitte Ölstandsglas zu füllen.

5. Schutzvorrichtungen. (Abb. 30/31). Hierzu gehören außer der bei den Antrieben B I bis B III an sich vorhandenen Schutzleiste vor der Abwurftrommel

Tabelle 17. *Typenliste für Schutzgitter*

Antrieb Typ	Benennung	Gewicht kg	Richtpreis DM
B I 650 B II 650 B III 650	Schutzgitter für Abwurfkopf	14,0	87,50
B I 650 B II 650 B III 650	Schutzgitter für Schwenkarm	43,5	196,50
B I 800 B II 800	Schutzgitter für Abwurfkopf	15,0 15,0	90,—
B III 800		16,0	99,—
B I 800 B II 800	Schutzgitter für Schwenkarm	43,5 43,5	201,—
B III 800		55,0	242,—
B III 1000	Schutzgitter für Abwurfkopf	17,5	103,—
B III 1000	Schutzgitter für Schwenkarm	70,0	255,—

noch die Schutzgitter an der Unterseite des Abwurfkopfes und unter dem ganzen
Schwenkarm, über welche die Angaben hinsichtlich der Gewichte und Richtpreise
aus Tab. 17 zu entnehmen sind.

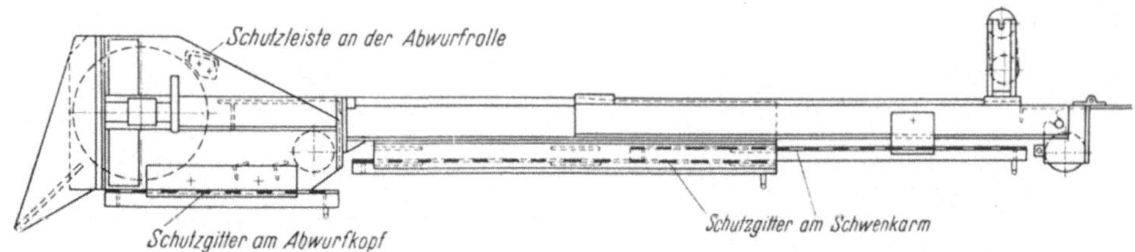

Abb. 30. Schutzvorrichtungen (Gebr. Eickhoff)

Abb. 31. Schutzgitter (Eickhoff-Werkphoto)

6. Leitrollen zum Abwurfkopf (Abb. 11, S. 41/42). Für dieselben gelten die
nachstehenden Gewichte und Richtpreise:

	Gewicht kg	Richtpreis DM
für 650 mm Bandbreite	14,3	50,30
für 800 mm Bandbreite	16,3	51,90
für 1000 mm Bandbreite	32,—	111,30

7. Aufgabeschurren. Gute Aufgabe- bzw. Übergabestellen dienen in erster
Linie der Schonung der Bänder und gehören immer noch zu den wundesten und
empfindlichsten Punkten bei jeder Bandanlage. Sie werden stets den örtlichen
Verhältnissen angepaßt werden müssen, immer sind aber die folgenden grund-
sätzlichen Forderungen zu erfüllen:

a) das Fördergut soll, wenn nur irgend möglich, in Richtung des Bandlaufs
aufgegeben werden.

Falls der Lauf des Förderguts an der Übergabestelle einen Richtungswechsel erfährt, so sollte dieser schon vor der Aufgabe auf das nächste Band eingeleitet werden, sei es durch Wandelrutschen oder in sonst geeigneter Weise.

b) Die Geschwindigkeit des Fördergutes bei der Auf- oder Übergabe soll tunlichst die gleiche sein, wie diejenige des aufnehmenden Bandes. Dies ist besonders wichtig bei ansteigenden Bändern.

c) Die Aufgabe- oder Übergabeschurre wird zweckmäßig so ausgebildet, daß durch einen Schlitz im Trichterboden das Feingut zuerst auf das Band fällt und auf diese Weise ein Polster für das nachstürzende gröbere Fördergut bildet.

Nähere Angaben dafür lassen sich nicht machen, weil die Verhältnisse zu verschieden gelagert sind.

Für den Geradlauf des Bandes ist die mittige Beladung von ausschlaggebender Bedeutung. Es muß deshalb durch Brechen der

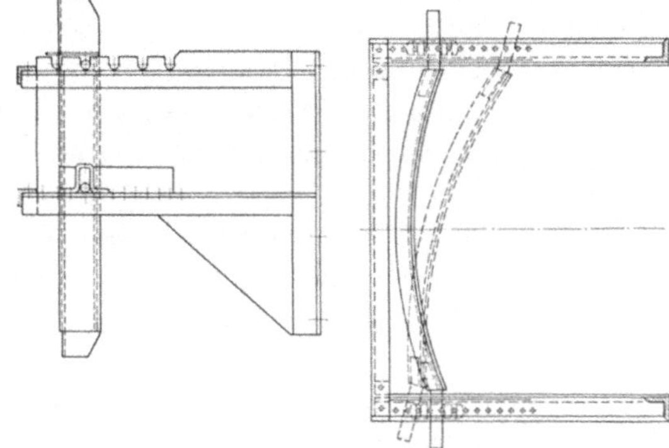

Abb. 32. Verstellbare Übergabeschurre (Gebr. Eickhoff)

Abb. 33. Übergabestelle *a* verstellbare Schurre, *b* gewichtsbelastete Abstreifer, *c* Abschaltvorrichtung bei einseitigem Bandlauf (Eickhoff-Werkphoto)

Abwurfparabel dafür gesorgt werden, daß der Fördergutstrom auf die Mitte des Bandes trifft.

Bei geraden Übergaben bereitet dies selten Schwierigkeiten, um so mehr aber bei Winkelübergabestellen, insbesondere bei stark wechselndem Fördergut. Am schwierigsten sind die Verhältnisse bei einem Fördergut, das sich an der Abwurftrommel überhaupt nicht löst, sondern hundertprozentig am Abstreifer herunterläuft. Zur Beherrschung auch solcher Verhältnisse wurde in Wackersdorf nach längeren Versuchen ein Übergabekopf gewählt, bei welchem man durch Verstellen der leicht gewölbten Klappe in der Lage ist, sich den verschiedensten Verhältnissen anzupassen und den Fördergutstrom richtig zu lenken (s. Abb. 32 u. 33).

8. **Einlauftrichter.** Die Anordnung von Einlauftrichtern an den aufnehmenden Förderbändern ist nötig, um dadurch eine möglichst mittige Beladung derselben zu erzielen und außerdem zu verhindern, daß Teile des einfallenden Förderguts neben das aufnehmende Band fallen.

Ihre Ausbildung richtet sich danach, ob die Übergabe auf ein Band erfolgt, das in der gleichen Richtung läuft oder ob die beiden Bänder einen Winkel miteinander bilden.

Im ersteren Fall können beide Seiten des Einlauftrichters so ausgebildet werden, wie in der Skizze Abb. 34 auf der rechten Seite; im letzteren Fall würde nur die dem Einfall des Fördergutstroms gegenüberliegende Seite in dieser Weise ausgebildet, während auf der Seite des Fördergutstromeinfalls der Neigungswinkel der Seitenfläche durch die Einlaufhöhe bestimmt wird.

Die Einlauftrichter bestehen meistens aus Stützen aus U-Eisen oder Winkeleisen mit etwa 3 m langen, kräftigen Seitenblechen, welche abgewinkelt sind und unten mit einem Gummistreifen versehen, der bis zum Förderband hinunterreicht.

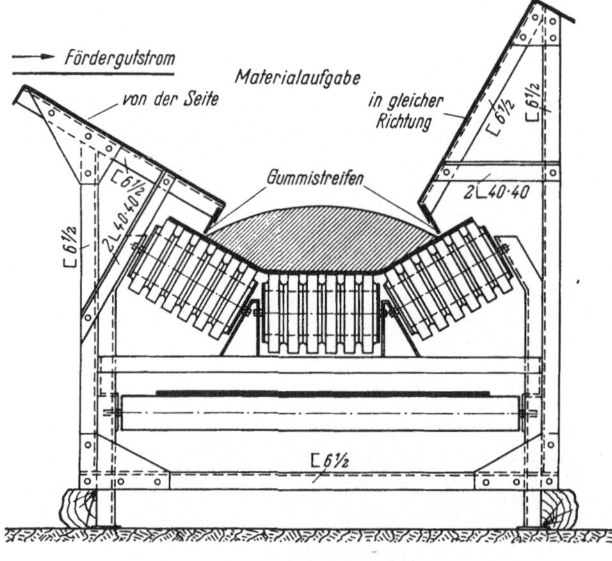

Abb. 34. Skizze für Einlauftrichter

Sie können an jeder gewünschten Stelle auf die Längsträger des Bandtraggerüstes aufgesetzt werden und die beiden Seiten werden dann durch U-Eisen mit Knotenblechen und Versteckbolzen schraubenlos miteinander verbunden. Die Herstellung solcher Einlauftrichter erfolgt am besten in Anpassung an die jeweiligen Verhältnisse in der eigenen Werkstätte.

Zur schonenden Behandlung des Förderbands ist dringend zu empfehlen, an den Auf- oder Übergabestellen statt der normalen Muldentragrollensätze solche mit Wico-Speichen-Ringen der Fa. I. Witt & Co., Köln-Junkersdorf, Vogelsangerweg 39, zu verwenden (Abb. 35), und zwar je nach der Schwere der Beanspruchung bis zur Ausbildung eines regelrechten *Gummipolsterrollenbettes* mit dicht an dicht liegenden Polsterrollen auf die jeweilige Länge der erhöhten Beanspruchung (Abb. 36).

Als Mindestanzahl empfiehlt es sich einzusetzen bei

650 mm Bandbreite 3 Polsterrollensätze,
800 mm Bandbreite 5 Polsterrollensätze und
1000 mm Bandbreite 7 Polsterrollensätze.

Die Polsterwirkung wird bei diesen Rollen erzielt durch die auf die Kernrolle aufgezogenen Wico-Speichen-Ringe.

Abb. 35. Muldentragrollensatz mit WICO-Speichen-Ringen (I. Witt & Co., Köln-Junkersdorf)

Abb. 36. Gummipolsterrollenbett (I. Witt & Co., Köln-Junkersdorf)

Man unterscheidet beim Wico-Speichen-Ring den Laufring zur Abstützung des Förderbandes, den Spann- bzw. Haftring für die feste oder lösbare Verbindung mit dem Tragrollenmantel und ein profiliertes Zwischenstück, den Speichenkranz.

Beim Speichenkranz, dem wichtigsten Bauelement des Ringes, bildet jedes Speichenpaar einen Parabelbogen. In Verbindung mit einer sorgfältig abgestimmten Maßanordnung wird damit die Stoßaufnahmefähigkeit im größten Bereich gewährleistet; denn das auf das Förderband aufschlagende Fördergut wird so „aus erster Hand" federnd aufgefangen. Das Ringsegment verkraftet die kurzen und harten Aufschläge jetzt strahlenförmig unter Heranziehung weiterer Segmentteile — und nicht mehr punktförmig. Die Gefahr des Durchschlagens ist dadurch endgültig beseitigt.

In seinem weiteren Aufbau ist der Speichenring natürlich auch ganz seiner Funktion entsprechend konstruiert. So wurde der Laufring schmäler als der Haftring gehalten, damit zwischen den einzelnen Ringen Raum frei bleibt, wenn die Ringe dicht bei dicht auf der Tragrolle sitzen. Das Speichenkranz-Zwischen-

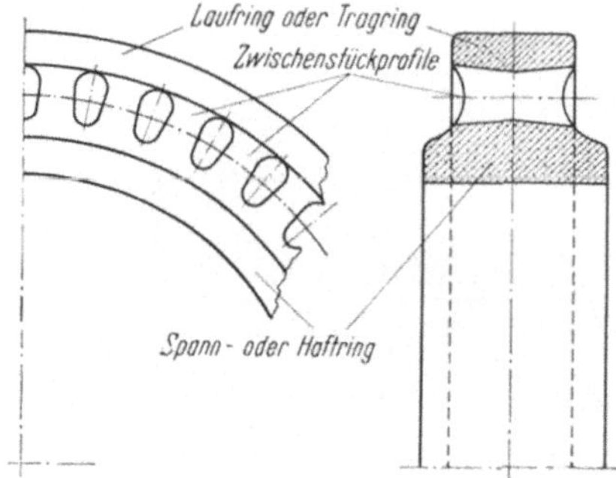

Aufbau des Wico-Speichen-Ringes

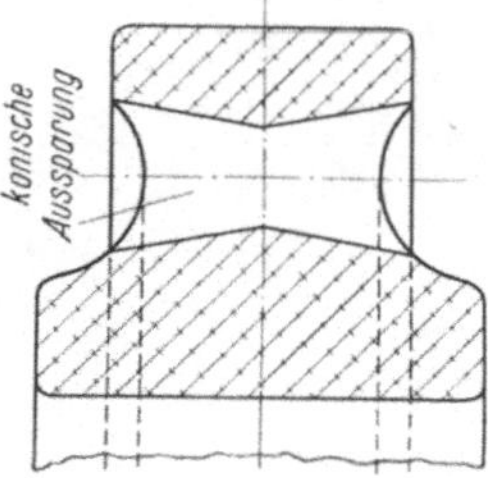

Schnittansicht des Wico-Speichen-Ringes axial durch die Aussparung des Zwischenstückes

stück ist wulstartig zurückversetzt, weil dadurch der Ring im Ganzen anpassungsfähiger wird. Dies ist besonders bei gemuldeten Tragrollen von Bedeutung. Die Speichenaussparungen sind in axialer Richtung konisch ausgebildet. Bei der zwangsläufig auftretenden Walkarbeit reinigen sich die Hohlräume auf diese Art und Weise selbständig.

Die einzelnen Ringe haben eine ihren Dimensionen entsprechende Vorspannung. so daß sie einerseits genügend Halt auf der Bandrolle haben und andererseits Differenzbewegungen bei Beanspruchung in tangentialer Richtung in sich

ausgleichen können. Das ist äußerst wichtig; denn die unterschiedlichen tangentialen Schubkräfte von Ring zu Ring — insbesondere bei schweren und schwersten Aufschlägen — müssen ausgeglichen werden.

Die Montage der „Wico-Speichen-Ringe" ist denkbar einfach!

Die Ringe werden einfach auf die Tragrolle aufgeschoben. Es sitzt also Ring neben Ring. Die Enden der Tragrollen werden mit Begrenzungsringen versehen.

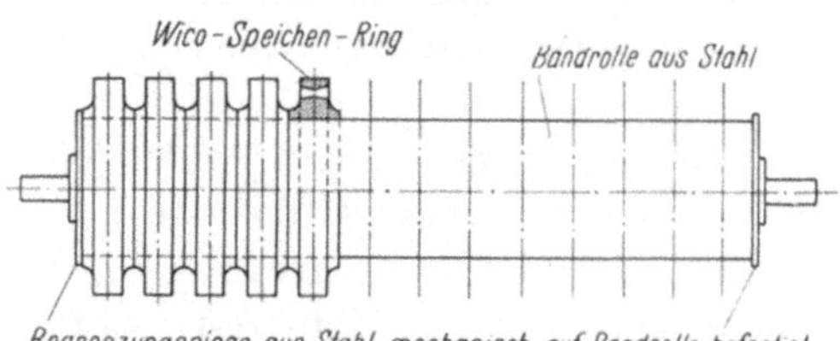

Wico-Speichen-Ringe werden unter einer entsprechenden Vorspannung montiert

So ist es ohne weiteres möglich, jede Tragrollenlänge mit „Wico-Speichen-Ringen" zu bestücken.

Die Ringgrößen wurden u. a. in Zusammenarbeit mit dem Förderausschuß des Braunkohlen-Industrie-Vereins festgelegt, wobei die handelsüblichen äußeren Rohrdurchmesser berücksichtigt worden sind.

Angaben über die verschiedenen Größen und Preise der Wico-Speichen-Ringe sind aus Tab. 18 zu entnehmen.

Tabelle 18. *Wico-Speichen-Ringe*

Für Tragrolle		Wico-Speichen-Ringe						
Durch-messer	Rollen-länge	Ausführung	Rollen-durch-messer	Abmessungen bei aufgezogenem Ring	Anzahl der Ringe		Richtpreis der Ringe	
					je Rolle	je Satz	für 1 Rolle	für 1 Satz
mm	mm		mm	mm			DM	DM
89	250	89 N	89	89/155/35	6	18	23,10	69,30
89	315	89 N	89	89/155/35	8	24	30,80	92,40
108	315	108 N	108	108/180/40	7	21	31,15	93,45
133	315	133 N	133	133/215/50	6	18	39,60	118,80
133	380	133 N	133	133/215/50	7	21	46,20	138,60

Fahrbare Einlauftrichter. Muß der Einlauftrichter sehr häufig verlegt werden, so kann man ihn unter gleicher Ausbildung beider Seiten in der auf der rechten Seite der Skizze Abb. 34 abgebildeten Art auf ein stabiles Fahrgestell montieren, das auf Schienen von Hand oder maschinell bewegt werden kann, wobei das Polsterrollenbett so weit gehoben werden muß, daß es mit dem darüberlaufenden Obertrum des zu beschickenden Förderbandes ungehindert über das darunter durchlaufende Traggestell der Bandstraße weggleiten kann.

9. Vorrichtungen zur schonenden Beladung des Förderbandes. Keine besonderen Vorrichtungen dieser Art sind erforderlich, wenn die Materialgewinnung durch einen auf Raupen fahrbaren Schaufelradbagger erfolgt und das Fördergut von diesem entweder direkt oder wenn nötig unter Einschaltung eines gleichfalls auf Raupen fahrbaren Bandwagens auf das Haupttransportband übergeben wird.

Die Orenstein-Koppel und Lübecker Maschinenbauaktiengesellschaft, Lübeck, Karlstr. 60—92 (LMG), hat neuerdings drei verschiedene Typen von Hoch-Tief-Schaufelradbaggern herausgebracht, welche wegen ihrer hervorragenden Eignung zur Beschickung von Förderbändern auch im Baubetrieb an dieser Stelle nicht unerwähnt bleiben sollen.

Die größte der 3 Typen *Sch Rs* $\frac{200}{5}$ · *12* arbeitet mit 7 Eimern von 200 l Inhalt und erzielt damit bei 76 Schüttungen in der Minute eine theoretische Förderleistung von 920 cbm/h loser Massen; eine Leistung, für welche bei Geräten, die in den Jahren 1941—50 gebaut wurden, noch 7 Eimer von 600 l Inhalt bei 30 Schüttungen in der Minute für erforderlich gehalten wurden[1].

Die Type *Sch Rs* $\frac{50}{1,15}$ · *6,3* ist ein Schaufelradbagger mit schwenkbarem Oberteil und fest angeordnetem Schaufelradträger und am Oberbau verlagertem, um 2 × 90° schwenkbarem Verladeband, auf 2 Raupen laufend, für elektrischen bzw. dieselelektrischen Antrieb.

Der Bagger besitzt 6 Schaufeln von 50 l Inhalt und erzielt damit bei 80 bis 100 Schüttungen in der Minute je nach Art des Materials theoretische Förderleistungen von 300 bis 400 cbm/h loser Masse.

---

[1] Näheres s. L. RASPER: Ztschr. Fördern und Heben, Jg. 1955, H. 9. Hoch-Tief-Schaufelradbagger — eine Fortentwicklung des Schaufelradbaggers.

Die größte fahrbare Steigung ist 1 : 10, die größte zulässige Neigung während
der Arbeit 1 : 20; die Fahrgeschwindigkeit ist 5 m/min = 3 km/h. Der Antrieb
erfolgt entweder

elektrisch durch 8 Drehstrommotoren mit insgesamt 90 kW, 380 V Spannung,
oder

dieselelektrisch mit 120 PS-Dieselmotor und einer Leistung des Dieselaggregats von 60 kVA Drehstrom 380 V.

Der Bagger ist bahnverladbar, d. h. das gesamte Baggergerüst kann in dem
Eisenbahnwaggon untergebracht und der Wiederzusammenbau auf der Baustelle
ohne Zuhilfenahme eines Lübecker Monteurs bewerkstelligt werden.

Die Type $Sch\ Rs\dfrac{25}{1,15}\cdot 6{,}0$ hat bei gleicher Konstruktion 6 Schaufeln von
25 l Inhalt und erzielt damit bei 95 bis 129 Schüttungen in der Minute je nach
der Art des Materials theoretische Förderleistungen von 142 bis 190 cbm/h loser
Massen.

Die größte fahrbare Steigung ist 1 : 10, die größte zulässige Neigung während
der Arbeit 1 : 20; die Fahrtgeschwindigkeit ist 5 m/min = 3 km/h.

Der Antrieb erfolgt entweder

elektrisch durch 8 Drehstrommotoren von insgesamt 47 kW, 380 V Spannung,
oder

dieselelektrisch mit 80 PS-Dieselmotor und einer Leistung des Dieselaggregats
von 60 kVA Drehstrom 380 V.

Der Bagger ist in gleicher Weise bahnverladbar wie die vorhergehende Type.

Die übrigen Angaben für diese beiden Klein-Schaufelradbagger sind aus
Tab. 19 zu entnehmen (hierzu Abb. 37).

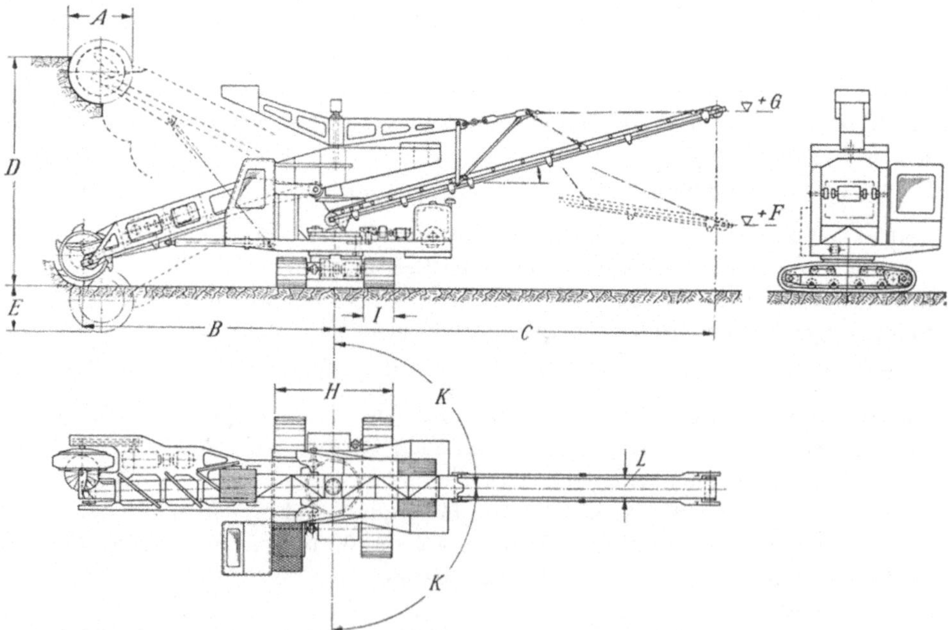

Abb. 37. Klein-Schaufelradbagger (Lübecker Maschinenbauaktiengesellschaft, Lübeck)

Tabelle 19. *LMG-Klein-Schaufelradbagger*

Baggerausführung	Zentrisch verlagertes Verladeband		Exzentrisch verlagertes Verladeband
Type: *Sch Rs*	$\dfrac{25}{1,15}\cdot 6$	$\dfrac{50}{1,15}\cdot 6,3$	$\dfrac{50}{0,75}\cdot 5$
Zeichnungs-Nr.:	E 125 719		
Förderleistung m³/h	150	300	300
A	Schaufelradbaggerdurchmesser m	1,65	2,4	2,4
B	Schaufelradausladung . . . m	6,65	6,65	5,75
C	Verladebandausladung . . . m	10,0	10,0	15,6
D	Abtragshöhe. . . . . m	6,0	6,3	5,0
E	Unterplanumschnitt . . . . m	1,15	1,15	0,75
F	Min. Verladehöhe . . . . . m	1,7	1,7	1,7
G	Max. Verladehöhe . . . . . m	4,8	4,8	5,8
H	Ges. Fahrwerksbreite . . . m	3,1	3,1	3,1
I	Bodenplattenbreite. . . . . m	0,8	0,8	0,8
K	Bandschwenkbereich	90°	90°	90°
L	Bandbreite . . . . m	0,5	0,65	0,65
Dienstgewicht . . . . t	33	50	46
Spez. Bodendruck . . . . . kg/cm²	etwa 0,67	etwa 0,83	etwa 0,8

Im Baubetrieb ist jedoch damit zu rechnen, daß die Materialgewinnung sehr häufig durch den Einsatz eines Löffel- oder Greifbaggers erfolgt, so daß bei der Wahl des Förderbandes als Transportmittel gleichzeitig zu überlegen ist, welches Verbindungsglied am zweckmäßigsten zwischen Bagger und Förderband eingeschaltet wird, um das Fördergut so vorzubehandeln, daß es vom Förderband aufgenommen werden kann, ohne daß ein unverhältnismäßiger Verschleiß an demselben auftritt.

Dafür gibt es 2 Möglichkeiten:

a) Die Herstellung zweckentsprechender Vorrichtungen im eigenen Betrieb, und

b) die Verwendung von Aufgabewagen.

Die erstere Maßnahme ist wegen der erheblich geringeren Kosten da am Platze, wo es sich um keine sehr großen Massen handelt oder die Beschickung des Haupttransportbandes von mehreren Stellen aus erfolgt. Der Aufgabewagen hingegen ist auf alle Fälle dort angebracht, wo es sich um größere Massen handelt.

a) *Betriebseigene Konstruktionen.* Dieselben könnten etwa bestehen aus einem in einem Fahrgestell aufgehängten und neben dem Bagger über dem Aufnahmeband entlangfahrenden Behälter in Form eines auf den Kopf gestellten Pyramidenstumpfs mit quadratischer Grundfläche, der das Material über einen Rost aus alten Rollbahnschienen aufnimmt, in einen darunter befindlichen senkrechten Blechstutzen von gleichfalls quadratischem Querschnitt weitergleiten läßt und aus demselben durch Öffnung eines von Hand bedienten einfachen Verschlusses auf das Förderband abgibt.

Eine solche Konstruktion ist in Abb. 38 u. 39 skizziert bzw. abgebildet.

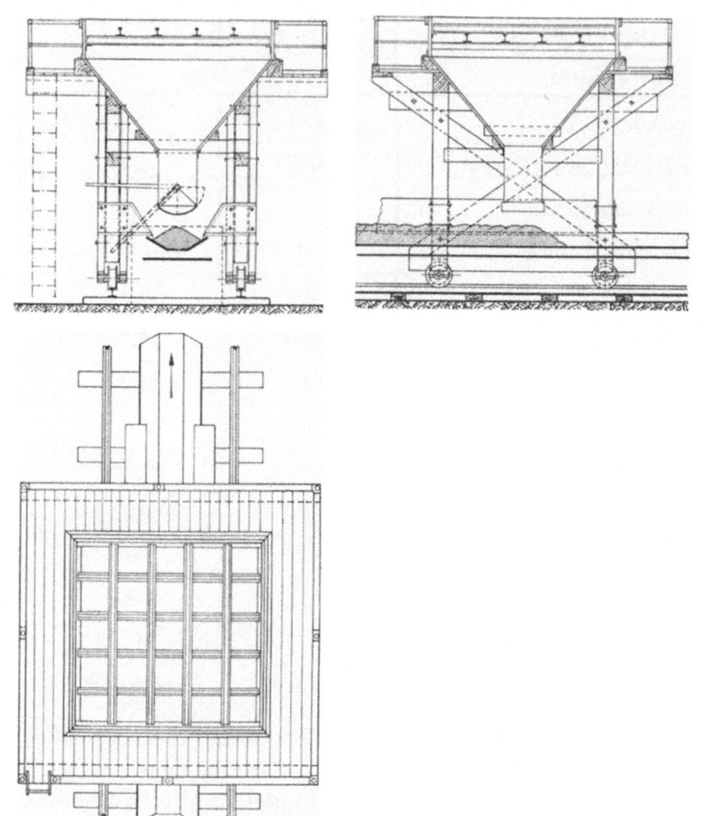

Abb. 38. Skizze für eine Aufgabevorrichtung zur Beladung durch Löffelbagger oder Greifbagger

Abb. 39. Beladung einer Bandstraße der BBI durch Greifbagger (BBI)

Der Behälter hat ein Fassungsvermögen von etwa 6 cbm und um denselben führt ein durch Geländer zu sichernder Laufsteg, auf welchem 1 bis 2 Leute postiert sind, um die über dem Schienenrost liegenbleibenden größeren Klumpen Förderguts zu zerkleinern und darauf zu achten, daß keine Verstopfung am Übergang von Trichter in den senkrecht abwärts führenden Fortsatz eintritt.

Die Führungsfläche (Einlauftrichter) über dem Förderband ist in einer einfachen Eisenkonstruktion eingehängt, welche auf den 4 Standsäulen in der richtigen Höhe festgeklemmt wird.

Auf Gummipolsterrollen unter einer solchen Übergabe kann verzichtet werden, weil erstens die Fallhöhe nicht groß ist und zweitens die Menge des abzulassenden Förderguts durch den Mann, der die Verschlußklappe bedient, leicht reguliert werden kann.

Das Gewicht einer derartigen Konstruktion beträgt je nach Bandbreite 3000 bis 5000 kg; der Preis bei Neubeschaffung des dazu nötigen Materials etwa 4000 bis 6000 DM.

Bei den Bauunternehmungen kann wohl in den meisten Fällen ein großer Teil des Materials aus Altbeständen entnommen werden.

b) Aufgabewagen. Aufgabewagen für die Beladung durch Löffelbagger oder Greifbagger sollten grundsätzlich folgende Bedingungen erfüllen:

1. Sie sollten auf einem mit Raupenfahrwerk versehenen Unterwagen sitzen und auf einem Drehkranz nach jeder gewünschten Richtung eingestellt werden können.

2. Der Oberwagen soll in der Richtung von oben nach unten aus folgenden 3 Teilen bestehen:

einem sich auf 3 Seiten nach unten verengenden, dagegen auf der vierten Seite mit einer senkrechten Wand versehenen Behälter von etwa 6 cbm Fassungsvermögen. Die Verengung der Seitenwände auf etwa 50 cm hat den Zweck, große Klumpen zurückzuhalten und die senkrechte Wand soll eine entsprechende Öffnung haben, um dieselben nötigenfalls von da aus zu zertrümmern oder herausholen zu können. Bei Anfall von sehr grobem Material wäre in Erwägung zu ziehen, ob man nicht den Fülltrichter auch hier mit einem seitlich geneigten Rost aus alten Rollbahnschienen abdecken will, um es gar nicht erst zu Störungen durch zu große Brocken kommen zu lassen.

unter dem Fülltrichter einer Schüttelrutsche, welche zuerst das feinere Material nach unten abgibt und an ihrem Ende erst die gröberen Stücke und

unter der Schüttelrutsche einem Förderband von 20 bis 30 m Länge, welches das von der Schüttelrutsche übernommene Material zum Zubringerband oder auch Haupttransportband übergibt.

Die Übergabeschurre dieses Förderbandes ist mit einem zu einem Schlitz in der Mitte geneigten Boden zu versehen, damit auch hier zunächst das feinere Material auf das übernehmende Band kommt und auf diese Weise schon ein Bett für die nachfolgenden großen Stücke bildet. Unterlagen über Gewichte und Richtpreise für solche oder ähnliche Aufgabewagen waren von den Herstellerfirmen nicht zu erhalten, da deren Anfertigung immer nur den jeweiligen Bedürfnissen entsprechend erfolgt.

10. Maßnahmen zum Einbau des geförderten Materials. Die hierfür zu treffenden Maßnahmen sind je nach der Art des betreffenden Materials und dem

Einbauzweck sehr verschieden. Keine besondere Vorkehrung ist notwendig, wenn das Material zwecks Weiterverwendung in Silos od. dgl. abgegeben wird.

Handelt es sich dagegen um die Förderung von Material, das beispielsweise in Dämme oder größere Ablagerungen verbracht werden soll, so ist die einfachste Lösung die, daß das letzte Förderband zum Aufnahmetrichter eines Absetzers läuft, dort das Material abgibt und dann über eine Bandschleife herunter zum Antrieb dieses Kippenbandes weitergeführt wird. Der Absetzer kann auf diese

Abb. 40. Kippenband mit Absetzer (BBI-Wasow)

Weise mit seiner Bandschleife die ganze Länge des Kippenbandes durchfahren und mittels seines schwenkbaren Auslegers das Material an der gewünschten Stelle abgeben (Abb. 40).

Abb. 41. Kippenband mit Abwurfwagen (Eickhoff-Werkphoto)

Handelt es sich dabei um den Einbau des Materials in Dämme, so muß die Abgabe in der Weise erfolgen, daß eine Planierraupe ungestört die weitere Verteilung und damit den endgültigen Einbau übernehmen kann.

Steht ein solcher Absetzer zur Materialaufnahme und Verteilung nicht zur Verfügung, so könnte an dessen Stelle evtl. ein Bandwagen mit einem schwenkbaren Ausleger (Abwurfwagen) treten und das Material in gleicher Weise zur Verwendungsstelle weiterleiten (Abb. 41).

Bei kleineren Mengen müßte evtl. diese Arbeit durch kurze Verteilungsbänder vorgenommen werden, welche das Material der Planierraupe zuführen.

III. Hilfseinrichtungen und Hilfsgeräte

Hierzu gehören

1. beim elektrischen Antrieb: a) die Transformatorstationen, b) die Stromzuführungskabel, c) die notwendigen Schaltanlagen und d) falls nötig, die Freileitungen für die Herstellung der Verbindung mit dem Hochspannungsnetz.

Die Verhältnisse sind von Fall zu Fall immer wieder andere und viel zu verschieden, als daß dafür auch nur einigermaßen brauchbare Angaben gemacht werden könnten.

2. Beim dieselelektrischen Antrieb: Hier sind mit Ausnahme der Trafostationen und der Freileitungen die gleichen zusätzlichen Einrichtungen erforderlich wie beim elektrischen Antrieb.

3. eine Bandwaage für den Fall, daß es nötig oder wünschenswert ist, die Transportmenge des Förderguts aus irgendwelchen Gründen auf diese Weise zu ermitteln.

Nähere Angaben darüber sind im Bedarfsfall zu erhalten von der Firma Carl Schenk, Maschinenfabrik GmbH., Darmstadt, Landwehrstraße 55.

4. die Maßnahmen zur Kreuzung von Verkehrswegen. Handelt es sich dabei um Wasserläufe, Hauptstraßen oder Eisenbahnen, so kommen im allgemeinen nur Überführungen in Frage; bei kleineren Nebenstraßen und Feldwegen erfolgt die Kreuzung, sofern es die Grundwasserverhältnisse erlauben, einfacher durch Unterführungen.

a) Überführungen (Abb. 42 u. 43). Die Herstellung von Überführungen erfolgt in denkbar einfacher Weise, indem das Förderbandtraggerüst auf Böcke

Abb. 42. Straßenüberführung (BBI-Schaffer)

aus Holz in einem der Länge der verwendeten Streckbalken entsprechenden Abstand voneinander verlagert wird. Die Böcke sind durch Kreuzstreben versteift. Auf beiden Seiten des Förderbandtraggerüsts ist ein etwa 80 cm breiter Belag von Gerüstbrettern sowie eine Sicherung desselben durch einfache Holzgeländer vorzusehen.

Der Verkehrsweg selbst wird in gleicher Weise entweder durch kräftige Streckbalken oder durch I-Träger überbrückt.

Wesentlich ist dabei, daß am Anfang der Rampen, deren Steigung im allgemeinen 30% nicht überschreiten sollte, angemessene Übergänge in die Haupt-

Abb. 43. Eisenbahnüberführung (BBI-Schaffer)

steigung vorgesehen werden. Diese Übergänge sind nötig, um ein Abheben des Bandes aus den Muldentragrollen im Knick zu vermeiden und ihre Art wird bestimmt durch die verwendeten Antriebe. Bei Zweitrommelantrieben mit ihren geringeren Bandzügen genügen schon kurze Übergänge, während bei Eintrommelantrieben größere Längen notwendig werden.

Das Material für die Herstellung solcher Überführungen kann wohl in den meisten Fällen aus Beständen an Rüst- und Schalmaterial entnommen werden, und die Herstellung bedarf für Baubetriebe keiner weiteren Erörterung.

Abb. 44. Straßenunterführung (BBI-Schaffer)

b) Unterführungen (Abb. 44 u. 45). Bei der Unterführung von Verkehrswegen geringerer Bedeutung und Breite wird es im allgemeinen genügen, wenn der notwendige Lichtraum senkrecht ausgeschachtet und die beiderseitigen Erdkörper durch eine sorgfältig hergestellte Verschalung mit Bohlen von 60 mm Dicke gesichert werden. Diese Bohlen werden an beiden Enden je mit einer und bei 4 m Länge mit einer, bei 6 m Länge mit 2 weiteren Laschen mit gleichen Abständen

Abb. 45. Eisenbahnunterführung (BBI-Schaffer)

dazwischen zusammengefaßt und durch zweiseitig geschnittene Hölzer gegeneinander abgesteift. Als Laschen können Bohlen von entsprechend größerer Dicke oder auch 2 aufeinandergelegte und zusammengenagelte Bohlen normaler Dicke verwendet werden. Wichtig ist eine sorgfältige Verklammerung von Bohlen und Sprießen.

Als Auflage für die Überbrückungshölzer oder I-Träger genügen je nach der Belastung 1 bis 2 Unterlagsbohlen und als Belag für die Fahrbahn 2 Lagen Bohlen von 60 bis 80 mm Dicke, welche durch Bordschwellen gegen Verrutschen zu sichern und außerdem mit soliden Geländern zu versehen sind.

Als lichte Höhe der Unterführung genügen etwa 1,80 bis 2 m und darnach ergeben sich auch die Rampen, für deren Ausbildung an den unteren Knickpunkten die gleichen Richtlinien gelten, wie für die unteren Rampenknickpunkte bei den Überführungen.

Im übrigen gilt auch für die Herstellung von derartigen Unterführungen das gleiche wie für die Herstellung von Überführungen.

5. Hilfsgeräte für Montage und Planierungsarbeiten. Hierfür wurde von der BBI mit bestem Erfolg ein Tournadozer verwendet.

Der Tournadozer ist ein geländegängiges Erdbaugerät amerikanischer Bauart, das in Deutschland von der Generalvertretung „Technica", Höllerer & Co., München, Theatinerstr. 23, und Düsseldorf, Kasernenstr. 18, vertrieben wird.

Es ist ausgerüstet mit einem 208 PS-Dieselmotor, hat 4 Vorwärtsgänge mit 2,6/6/13,5/31 km/h und 2 Rückwärtsgänge mit 5,7/13 km/h Geschwindigkeit und läuft auf 4 Niederdruck-Gummireifen, die statt 7 atü nur noch weniger als 2,5 atü brauchen. Die Reifen sind deshalb sehr groß und haben nur spez. Bodendrücke $<2,8$ kg/qcm gegen 6 bis 7 kg/qcm bei Hochdruckreifen.

Die Anbringung eines A-förmigen Rahmens und eines $3,45 \times 1,09$ m großen Planierschildes oder eines $3,96 \times 1,04$ m großen Schrägschildes ermöglicht die Durchführung auch der schwersten Planierarbeiten. Abb. 46 zeigt den Tournadozer bei der Arbeit als Planierschlepper. Er ist mit voller Ladung mehr als

Abb. 46. Tournadozer als Planiergeräte (BBI-Schaffer)

doppelt so schnell wie ein Raupenschlepper und die hohe Rückwärtsgeschwindigkeit erhöht das Arbeitstempo ganz beträchtlich. Geschwindigkeit und Beweglichkeit sind ein Hauptvorteil dieses Gerätes.

Abb. 47. Tournadozer mit Seitenkran beim Anheben einer Bandtrommel (BBI-Schaffer)

Wesentlich wertvoller wird es noch durch einen Seitenauslegerkran mit einer Tragkraft von 5 t bei 3,65 m Ausladung und einer Maximaltragkraft von etwa 13 t bei eingezogenem Ausleger. Die Bedienung des Krans erfolgt elektrisch durch

Druckknopfsteuerung, er manövriert sehr leicht und setzt Ladungen genauestens
ab. Er kann überall hinfahren und trägt seine Ladungen auch durch schwieriges
Gelände. Abb. 47 zeigt ihn mit einer angehängten Bandtrommel von mehr als
5 t Gewicht.

Das Gerät ist, wie Abb. 48 zeigt, auch bei der Umlegung von Bandstraßen
sehr vorteilhaft und auf den Gruben der BBI in Wackersdorf schon nach kurzer
Zeit ein unentbehrlicher Helfer im Bandstraßenbetrieb geworden.

Abb. 48. Tournadozer mit Seitenkran beim Umbau von Bandstraßen (BBI-Schaffer)

Zu diesen vielseitigen Einsatzmöglichkeiten des Tournadozers mit Seitenkran
kommt neuerdings noch ein Verfahren zum Gleisrücken hinzu, über welches
in einem Aufsatz von H. GOERGEN, Frechen bei Köln, in der Zeitschrift
„Braunkohle, Wärme und Energie", Jahrg. 1956, Heft 13/14, S. 249—257 aus-
führlich berichtet wird und aus dem folgendes zu entnehmen ist:

Das Verfahren wurde entwickelt von der RAG in Zusammenarbeit mit der
Firma Fried. Krupp und beruht im wesentlichen darauf, daß ein an dem
Seitenkran des Tournadozers oder eines ähnlichen schweren Planiergeräts mit
Seitenkran aufgehängter und zum Planiergerät hin abgestützter Rückkopf eine
Schiene der zu rückenden Bandstraße aufnimmt. Nach kurzem Anheben des
Rückkopfes befährt der Tournadozer die Gleisfront in beiden Richtungen.
Durch leichtes Steuern vom Gleis weg zum Gleis hin wird ein Zug bzw. ein
Druck auf die Schiene ausgeübt und dadurch der Rückvorgang bewerkstelligt.

Der Rückvorgang ist dabei auf zweierlei Art möglich: als „stoßendes"
Rücken oder als „ziehendes" Rücken. Der weitaus häufigere Rückvorgang
ist das „ziehende" Rücken.

Beim Rücken mit Tournadozer wird das Schienenmaterial im Gegensatz
zum Rücken mit Gleisrückmaschine in senkrechter Richtung, also in der für
die Schiene kritischen Richtung, weit weniger beansprucht. Während nämlich
der Tournadozer das Gleis lediglich frei anhebt, liegt das Gewicht der Gleisrückmaschine zu beiden Seiten der zu rückenden, also angehobenen Schienen-

länge voll auf. Dagegen kann bei einer sehr großen Rückbreite beim Rücken mit Tournadozer die Beanspruchung in waagrechter Richtung zu Schienenbrüchen und vor allem zu Laschenbrüchen führen.

Abb. 49. Gleisloses Rücken einer Bandanlage

Es hat sich als richtig erwiesen, folgende optimale Rückbreiten einzuhalten:

1. bei gut abgezogenem, trockenem Planum 1,50—2,00 m,
2. bei gut abgezogenem, feuchtem Planum 1,20—1,60 m,
3. bei nicht planiertem, trockenem Planum 1,00—1,20 m,
4. bei nicht planiertem, feuchtem Planum 0,80—1,00 m.

Bei Frostwetter sind die Rückbreiten nicht größer als 0,50 m je Durchgang zu wählen. Diese Zahl gilt aber nicht für die ersten Durchgänge, weil das Gleis zunächst vorsichtig ohne größeren Rückvorgang aus dem Frost gelöst werden muß. Das gleiche gilt auch für alle Rückarbeiten. Die beiden ersten und auch die beiden letzten Durchgänge sollten nur mit einer kleinen Rückbreite durchfahren werden.

Als Hilfsmittel beim Rücken von Bandanlagen dient hauptsächlich der von der Fa. Fried. Krupp entwickelte *Rückkopf* mit den sog. Hilfsrückköpfen, die auf beiden Seiten zusätzlich angeschraubt werden können.

Interessant ist dabei, daß nach genauen Feststellungen des „Zentraltagebau Frechen" die Rückleistung beim Rücken mit Tournadozer 3,94 mal so groß ist, wie die Rückleistung mit einer Arbenz-Kammerer-Gleisrückmaschine; die Kosten je qm Rückfläche betragen bei dem gleislosen Betrieb mit Tournadozer 0,22 Pf., bei Verwendung einer Arbenz-Kammerer-Gleisrückmaschine dagegen 1,16 Pf., d. h. das mehr als Fünffache.

Das Gewicht dieses Tournadozers beträgt etwa 17,8 t und sein Richtpreis einschließlich Kran etwa DM 140000.

Das Gerät wird für kurzfristige Einsätze auch *leihweise* zur Verfügung gestellt gegen einen Mietsatz von

etwa 40 DM pro Stunde ohne Fahrer und Treibstoff und

Abb. 50. Rückkopf mit Hilfsrückköpfen (Fa. Fried. Krupp)

50 DM pro Stunde einschließlich Fahrer und Treibstoff je nach Art der zu leistenden Arbeit.

Bei ausreichender Beschäftigungsmöglichkeit stellen sich die Gesamtkosten bei Selbstbeschaffung eines Tournadozers auf etwa 20 bis 25 DM pro Stunde.

Abb. 51. Rathgeber-*Famo*-Planierraupe (Famo, München)

Durch die Höhe der Beschaffungskosten ist der Verwendung dieses ausgezeichneten Hilfsmittels im Baubetrieb eine Grenze gesetzt und es sollen deshalb auch noch andere Möglichkeiten für die Ausführung derartiger Arbeiten aufgezeigt werden.

Als Planiergerät zur Vorbereitung der Bandstraßentrasse und Verteilung des Fördergutes an den Einbaustellen, sowie als Zugmaschine zum Transport der Antriebe beim Umbau der Bandanlagen, kämen für den Baubetrieb auch die von der *Famo*-Vertriebsgesellschaft m. b. H., München 45, Buhlstr. 5—11, vertriebenen „Rathgeber-*Famo*-Planierraupen" (Abb. 51) in Betracht.

Die Rathgeber-*Famo*-Planierraupen werden in 2 Typen hergestellt, deren wesentlichste Daten nebst Angabe von Gewicht und Richtpreis aus der Tab. 20 zu entnehmen sind.

Der Transport der Bandtrommeln bei der Umlegung von Bandstraßen kann bei nicht zu großen Transportweiten meist auch von den auf derartigen Baustellen vorhandenen Greif- oder Löffelbaggern mitübernommen werden.

Tabelle 20. *Rathgeber-Famo-Raupenschlepper*

Bauart	G 36	Boxer
Motor: Vierzylinder Dieselmotor Normalleistung . . . PS	36	52
Leistung am Zughaken PS	27	41
Kraftstoffverbrauch g/PSh	190	190
Schaltgetriebe: I. Gang . . . . km/h	2,69	2,80
II. Gang . . . . km/h	4,02	4,00
III. Gang . . . . km/h	5,11	5,20
IV. Gang . . . . km/h	9,11	7,20
I. Rückwärtsgang . . . . km/h	3,68	3,60
II. Rückwärtsgang . . . . km/h	5,44	—
Zughakenkräfte: I. Gang . . . . kg	2950	4000
II. Gang . . . . kg	1950	2750
III. Gang . . . . kg	1460	2100
IV. Gang . . . . kg	810	1500
I. Rückwärtsgang . . . . kg	2100	2100
II. Rückwärtsgang . . . . kg	1370	—
Kraftstoffvorrat im Behälter l	60	80
Schmierölmenge im Motor l	15	13
Schmierölmenge im Getriebe l	30	50
Wassermenge im Kühler l	17	22
Gewicht ohne Planiergerät . . . . kg	3100	4300
Gewicht mit Planiergerät . . . . kg	4200	5600
Richtpreis mit angebautem Querschild		
1800 mm Arbeitsbreite, 650 mm Schildhöhe DM	27 125,—	
2200 mm Arbeitsbreite, 750 mm Schildhöhe DM		33 400,—
Richtpreis mit angebautem Schwenkschild		
2300 mm Arbeitsbreite, 650 mm Schildhöhe DM	27 645,—	
2700 mm Arbeitsbreite, 750 mm Schildhöhe DM		34 100,—
Zuschläge für Einbau eines luftgekühlten Motors . . . DM	975,—	
für Anhängekupplung, System Rockinger . DM	164,—	225,—
für Klapp-Allwetterverdeck . . . . DM	430,—	470,—
für elektr. Scheibenwischer . . . . . DM/Stck.	37,40	37,40

Sämtliche Preise sind freibleibend und verstehen sich ab Werk München-Moosach ohne Verpackung.

Handelt es sich um weitere Transporte auf Wegen oder tragfähigem Untergrund, so können dafür auch die bewährten MIAG-Kräne der MIAG Mühlenbau und Industrie GmbH., Abt. Fahrzeugbau Braunschweig, gute Dienste leisten.

In Betracht kämen je nach der verlangten Leistung und den örtlichen Verhältnissen in erster Linie der MIAG-Kran Typ K 5 D, verstärkt auf eine maximale Tragkraft von 6,5 t und das MIAG-Schwenkkranmobil, Typ MSK 5.

Der MIAG-Kran K 5 D hat eine Hubkraft von 6500 kg bei 1,10 m lichter Ausladung und von 5000 kg bei 1,50 m lichter Ausladung, und der Antrieb erfolgt durch ein diesel-elektrisches Aggregat mit einem luftgekühlten Motor von 22/24 PS.

Die Fahrgeschwindigkeit beträgt 6,5 bis 8,5 km/h; die Räder haben Elastikbereifung.

Das Betriebsgewicht beträgt etwa 8000 kg, der Richtpreis ab Werk Braunschweig etwa DM 33 500.

Das MIAG-Schwenkkranmobil Typ MSK 5 hat eine Hubkraft von 5000 kg bei 1,10 m lichter Ausladung und als Antrieb einen luftgekühlten Dieselmotor von 36 PS.

Es kann geliefert werden mit Fahrgeschwindigkeiten von

3,25—5,75—10 und 15 km/h in den Vorwärtsgängen und 2,6 km/h im Rückwärtsgang, oder

4,3—7,6—13,2 und 20 km/h in den Vorwärtsgängen und 3,5 km/h im Rückwärtsgang.

Das Steigungsvermögen ist dabei leer 15 bzw. 12% und bei 5 t-Last 11 bzw. 8%.

Als Bereifung stehen wahlweise zur Verfügung Luftreifen oder Elastikreifen; bei letzteren beträgt die gesetzlich zulässige Höchstgeschwindigkeit 16 km/h.

Das Betriebsgewicht ist etwa 11 300 kg, der Richtpreis ab Werk Braunschweig etwa DM 55 000.

6. Das Bandmagazin. Das Bandmagazin für eine Baustelle setzt sich zweckmäßig aus zwei Teilen zusammen:

a) einer doppelwandigen, zerlegbaren Baracke von etwa 4,5 × 7,5 m l. W. mit je 2 Fenstern an den Langseiten, um eine gute Durchlüftung zu gewährleisten und

b) einem sich anschließenden offenen Teil von 4,50 m Breite und einer der Anzahl der dort unterzustellenden Bandtrommeln entsprechenden Länge. Für 5 Bandtrommeln wären dies rd. 12 m.

Die geschlossene Baracke erhält an den beiden kürzeren Seiten Regale mit Fächern von etwa 50 × 50 × 50 cm, einen Schrank 200 × 150 × 75 cm für Geräte und Werkzeuge, eine Werkbank 300 × 75 cm, 80 cm hoch, mit Schraubstock und einen kräftigen Arbeitstisch 200 × 100 cm, ebenfalls 80 cm hoch.

7. Bandtrommeln. Zweckmäßig werden dafür Größen gewählt, die jeweils 2 Bänder von 100 m Normallänge, also die Bandausstattung für rd. 100 m Bandstraße aufzunehmen vermögen. Die Maße in Abb. 52 sind darauf abgestellt und können für die Herstellung im Eigenbetrieb übernommen werden. *Wichtig ist* *dabei die Versteifung der beiderseitigen Bordscheiben durch kräftige Bleche, weil sonst bei dem rauhen Baubetrieb zu leicht Brüche derselben vorkommen würden.*

Ebenso empfiehlt es sich, auf dem Laufrand der Bordscheiben einen Flacheisenreif zum Schutz des Holzes aufzuziehen.

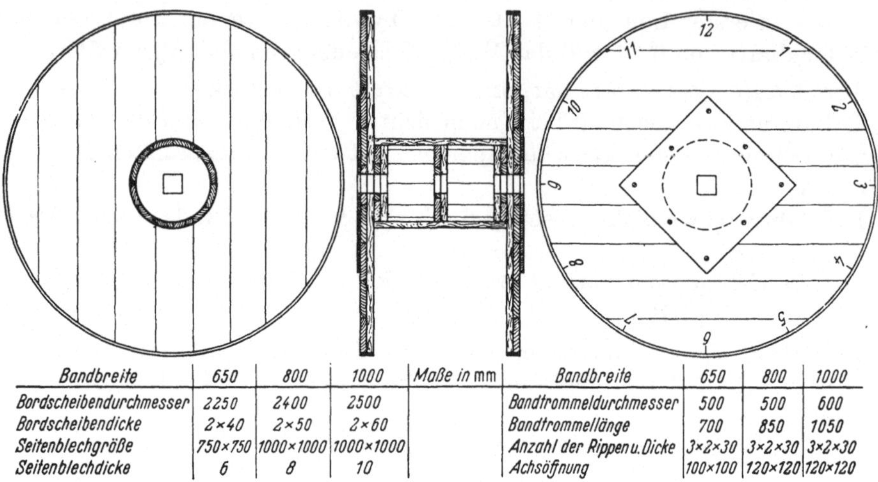

Bandbreite	650	800	1000	Maße in mm	Bandbreite	650	800	1000
Bordscheibendurchmesser	2250	2400	2500		Bandtrommeldurchmesser	500	500	600
Bordscheibendicke	2×40	2×50	2×60		Bandtrommellänge	700	850	1050
Seitenblechgröße	750×750	1000×1000	1000×1000		Anzahl der Rippen u. Dicke	3×2×30	3×2×30	3×2×30
Seitenblechdicke	6	8	10		Achsöffnung	100×100	120×120	120×120

Abb. 52. Skizze für Bandtrommeln

Gewichte und Gestehungskosten solcher Bandtrommeln sind

bei   650 mm Bandbreite etwa   516 kg DM 320,—
bei   800 mm Bandbreite etwa   770 kg DM 450,—
bei 1000 mm Bandbreite etwa 1000 kg DM 550,—

8. Magazin für Ersatzteile anderer Art. Eine eigene Werkstätte für die Vornahme von Reparaturen an den maschinellen Teilen der Bandanlagen und Bandtragegerüsten wird im allgemeinen nicht nötig sein, weil diese Arbeiten in der auf jeder größeren Baustelle ohnehin vorhandenen Bauwerkstätte mitübernommen werden können.

Dagegen ist unbedingt zu empfehlen, daß die zur Bandstraße gehörigen Ersatzteile in einem gesonderten Magazin oder zumindest in einer eigenen Abteilung untergebracht werden, wenn ein größeres Ersatzteilmagazin auf der Baustelle vorhanden ist.

Abschließend seien hier auch noch einige

Hinweise für die Montage und laufende Überwachung der Bandanlagen gegeben, welche unbedingt Beachtung verdienen:

a) Der Antrieb ist unter allen Umständen auf eine absolut ebene, waagerechte Fläche zu stellen. Sind aus irgendwelchen Gründen Balken oder Bohlen als Unterlage erforderlich, so sind dieselben senkrecht zur Förderrichtung zu verlegen.

b) Der Antrieb muß jedesmal ganz genau ausgerichtet werden. Antriebstrommeln und Abwurftrommel müssen in der Waage und parallel zueinander liegen. Das gleiche gilt für die Umkehrtrommel.

c) Beim Spannkopf ist darauf zu achten, daß derselbe sorgfältig verankert wird, und zwar auf alle Fälle rechts und links unter Zuhilfenahme von Zugapparaten, Ketten und Spannschlössern.

Zur Verankerung wird zweckmäßig ein entsprechend tiefes Loch ausgehoben, in das eine kräftige Baggerschwelle od. dgl. versenkt wird, an welcher die Ketten festgemacht sind. Das Loch wird dann wieder zugefüllt und gut festgestampft.

d) Die Antriebe müssen regelmäßig gereinigt werden. Dabei ist besonderes Augenmerk auf die Abstreifer und Abkratzer zu richten.

e) Die Tragrollen sind laufend zu kontrollieren und schadhafte Rollen raschestens auszuwechseln. Die Rollen sind stets schonend zu behandeln, sie laufen auf Kugellagern und sind deshalb sehr empfindlich gegen Stoß.

f) Die Behandlung des Bandes wurde bereits in den Ausführungen über Bandpflege auf S. 13ff. erörtert und es wird hier noch einmal auf deren Wichtigkeit für einen störungsfreien Betrieb hingewiesen. Besondere Sorgfalt ist auf die Überwachung der Hakenverbindungen zu verwenden.

g) Der Bandlauf ist dauernd zu beobachten. Unregelmäßigkeiten müssen jeweils sofort behoben werden. Besonders wichtig ist dies bei Nässe und Frost.

h) Die Abstreifer sind laufend zu kontrollieren und bei Bedarf nachzustellen. Die Gummistreifen sind stets so rechtzeitig auszuwechseln, daß immer eine vollwertige Ersatzgarnitur zur Verfügung steht.

Es ist dringend zu empfehlen, zur Überwachung der Bandanlagen einen *Bandmeister* zu bestellen, dessen sachgemäße Unterweisung zweckmäßig bei Kaufabschluß mit den betreffenden Hersteller- oder Lieferfirmen vereinbart bzw. zur Auflage gemacht wird.

Anhang

Ich habe schon in der Einleitung darauf hingewiesen, wie wichtig für das einwandfreie Funktionieren einer Bandstraße eine ausreichende Ersatzteilhaltung ist und will deshalb hier noch 2 Aufstellungen als Anhaltspunkt dafür anfügen, was ein gut ausgestattetes Bandmagazin sowohl, als ein ebensolches Magazin für Ersatzteile anderer Art enthalten soll.

Ausstattung der Bandmagazine. Die angegebenen Preise können auch hier nur als Richtpreise gelten.

1. *650 mm-Bandstraße*

a) für Bandmontage

1 vollständiger Nilos-Spanner	DM 614,—
1 Nilos-V-Kasten, Größe 3	DM 115,—
	DM 729,—

b) für Hakenverbindungen

1 Nilos-Gurtverbindungszange SBV	DM 505,—
1 Paar Reserve-Preßbacken	DM 41,—
10 Schachteln Nilos-Haken, Größe 11 à 8,—	DM 80,—
30 Bandnadeln à 0,60	DM 18,—
2 Nilos-Kombi-Zangen à 19,60	DM 39,20
2 Nilos-Nadel-Zangen à 3,50	DM 7,—
2 Nilos-Messer à 3,—	DM 6,—
	DM 696,20

c) für Endlosverbindungen

α) Tip Top-Kaltvulkanisation

1 Rauhmotor mit biegsamer Welle, Handstück und Werkzeugträger, Drehstrom 0,75 PS, 220/380 V . . . . . . DM 255,—
Desgl. Wechselstrom 0,75 PS, 110 oder 220 V DM 305,—

			Übertrag	DM	255,—
2 Schleifscheiben, flach, à 6,50				DM	13,—
2 Schleifscheiben, ballig, à 6,50				DM	13,—
1 Föhn				DM	38,—
3 Anroller à 3,—				DM	9,—
2 Kneipp à 5,60				DM	11,20
2 Lagenritzmesser à 5,80				DM	11,60
2 lange Messer à 3,60				DM	7,20
2 Kneifzangen à 2,20				DM	4,40
2 Aufrauhkratzen à 3,50				DM	7,—
2 Ersatzbänder dazu à 1,10				DM	2,20
2 Scheren à 6,—				DM	12,—
8 Pinsel à 1,50				DM	12,—
20 Grünrand-Abdeckbänder, 50 × 950 mm, à 2,50				DM	50,—
2 Rollen rote Vulkanisierplatten à 6,80				DM	13,60
2 kg Leinenkleber L 4 mit Härter à 12,20				DM	24,40
5 Flaschen Gummi-Vulkanisierflüssigkeit à 5,—				DM	25,—
1 Gewebeplatte doppelseitig gummiert 500 × 950 mm				DM	28,—
2 Säckchen Talkum S à 0,85				DM	1,70
				DM	538,30

β) Tip Top-Warmvulkanisation

wie Kaltvulkanisation	DM	538,30
dazu 1 Förderbandpresse	DM	1150,—
20 Folienpakete à 8,20	DM	164,—
2 Tuben Befestigungspaste à 2,80	DM	5,60
	DM	1857,90

γ) Heißvulkanisation
Zur Auswahl

einfache rechteckige Vulkanisierpresse	DM	1180,—
Spezialausführung in Stahl	DM	1549,—
Spezialausführung in Leichtmetall	DM	1931,—
Montagegeräte in Stahl	DM	2077,—
Montagegeräte in Leichtmetall	DM	2650,—
Gummilösung, 20 kg, à 2,—	DM	40,—
Rohgummi-Folie, 5 kg, à 5,60	DM	28,—

d) Tip Top-Reparaturmaterial

50 Flicken für Tragseite, ⌀ 50 mm, à 0,30	DM	15,—
40 Flicken für Tragseite, ⌀ 60 mm, à 0,42	DM	16,80
25 Flicken für Tragseite, ⌀ 80 mm, à 0,53	DM	13,25
20 Flicken für Tragseite, ⌀ 100 mm, à 0,75	DM	15,—
20 Flicken für Tragseite, ⌀ 120 mm, à 0,94	DM	18,80
20 Flicken für Laufseite, 55 × 115 mm, à 0,40	DM	8,—
20 Flicken für Laufseite, 40 × 140 mm, à 0,45	DM	9,—
1 Satz Rautenschablonen (6 Stück)	DM	12,—
1 Satz Rautenschablonen, Größe 7—11	DM	36,—
5 Rautenflicken, 110 × 135 mm, à 1,20	DM	6,—
10 Rautenflicken, 190 × 245 mm, à 2,50	DM	25,—
10 Rautenflicken, 270 × 345 mm, à 3,95	DM	39,50
25 Rautengewebe, 54 × 73 mm, à 0,35	DM	8,75
25 Rautengewebe, 92 × 124 mm, à 0,50	DM	12,50
20 Rautengewebe, 129 × 174 mm, à 1,—	DM	20,—
10 Rautengewebe, 165 × 224 mm, à 1,60	DM	16,—
5 Rautengewebe, 206 × 278 mm, à 2,60	DM	13,—
20 Reparaturbänder, 50 × 950 mm, à 2,50	DM	50,—
10 Reparaturbänder, 100 × 240 mm, à 1,30	DM	13,—
	Übertrag DM	347,60

Übertrag DM   347,60

3 Reparaturbänder, 100 × 400 mm, à 2,35 . . . . . DM	7,05
2 Reparaturbänder, 100 × 500 mm, à 2,65 . . . . . DM	5,30
6 Reparaturbänder, 100 × 960 mm, à 5,20 . . . . . DM	31,20
10 Reparaturbänder, 150 × 240 mm, à 1,80 . . . . . DM	18,—
2 Reparaturbänder, 150 × 500 mm, à 4,90 . . . . . DM	9,80
2 Reparaturbänder, 220 × 500 mm, à 5,50 . . . . . DM	11,—
2 Reparaturbänder, 250 × 300 mm, à 4,20 . . . . . DM	8,40
1 Reparaturband, 300 × 500 mm . . . . DM	7,65

Hierzu Werkzeug und Material wie bei der Tip Top-Kaltvulkanisation für Endlosverbindungen . . . . DM   538,30

DM   984,30

Empfohlen wird

Werkzeug für Bandmontage . . . . DM	729,—
Werkzeug und Material für Hakenverbindungen . . . DM	696,20
Werkzeug und Material für Tip Top-Warmvulkanisation DM	1857,90
Tip Top-Reparaturmaterial . . . . DM	446,—

DM 2729,10

2. *800 mm- und 1000 mm-Bandstraße*

	800 mm	1000 mm
a) für Bandmontage		
1 vollständiger Nilos-Spanner	636,—	666,—
2 Nilos-V-Kasten, Größe 3, à 115,—	230,—	230,—
	866,—	896,—
b) für Hakenverbindungen		
1 Nilos-Gurtverbindungszange NBV . . . . DM 541,—		
1 Nilos-Gurtverbindungszange ABV		643,—
2 Paar Reserve-Preßbacken à 41,— . . . . DM	82,—	82,—
10/12 Schachteln Nilos-Haken, Größe 11, à 8,—. . . . DM	80,—	96,—
25 Bandnadeln à 0,65/0,80 . . . . DM	16,25	20,—
3 Nilos-Kombi-Zangen à 19,60 . . . . DM	58,80	58,80
3 Nilos-Nadel-Zangen à 3,50 . . . . DM	10,50	10,50
3 Nilos-Messer à 3,— . . . . DM	9,—	9,—
	DM 797,55	919,30

c) für Endlosverbindungen

α) Tip Top-Kaltvulkanisation

1 Rauhmotor Drehstrom 1,1 PS, 220/380 V	DM 295,—	
1 Rauhmotor Wechselstrom, 1,1 PS, 110 und 220 V DM		
DM 332,—		
Werkzeug und Material sonst wie Ziffer 1 c	DM 283,30	
	DM 578,30	

β) Tip Top-Warmvulkanisation

	800 mm	1000 mm
wie Kaltvulkanisation . . . . DM	578,30	578,30
dazu 1 Förderbandpresse . . . . DM	2350,—	2350,—
30 Folienpakete à 11,36/16,65 . . . . DM	340,80	499,50
5 Tuben Befestigungspaste à 2,80 . . . . . . DM	14,—	14,—
	DM 3283,10	3441,80

γ) Heißvulkanisation

	800 mm	1000 mm
Einfache, rechteckige Vulkanisierpresse. . . . . . . DM	1550,—	2300,—
Spezialausführung in Stahl . . . . DM	1945,—	2704,—
Spezialausführung in Leichtmetall . . . . DM	2409,—	3673,—
Montagegeräte in Stahl. . . . . DM	1945,—	2625,—
Montagegeräte in Leichtmetall . . . . DM	2409,—	3271,—
Gummilösung, 25 kg, à 2,—	DM 50,—	
Rohgummi-Folie, 8 kg, à 5,60	DM 44,80	

d) Tip Top-Reparaturmaterial

50 Flicken für Tragseite, ⌀ 50 mm, à 0,30	DM	15,—
50 Flicken für Tragseite, ⌀ 60 mm, à 0,42	DM	21,—
30 Flicken für Tragseite, ⌀ 80 mm, à 0,53	DM	15,90
30 Flicken für Tragseite, ⌀ 100 mm, à 0,75	DM	22,50
30 Flicken für Tragseite, ⌀ 120 mm, à 0,94	DM	28,20
30 Flicken für Laufseite, 55 × 115 mm, à 0,40	DM	12,—
30 Flicken für Laufseite, 40 × 140 mm, à 0,45	DM	13,50
2 Satz Rautenschablonen (6 Stück) à 12,—	DM	24,—
2 Satz Rautenschablonen, Größe 7 bis 11, à 36,—	DM	72,—
10 Rautenflicken, 110 × 135 mm, à 1,20	DM	12,—
20 Rautenflicken, 190 × 245 mm, à 2,50	DM	50,—
20 Rautenflicken, 270 × 345 mm, à 3,95	DM	79,—
2 Rautenflicken, 370 × 480 mm, à 7,30	DM	14,60
2 Rautenflicken, 475 × 630 mm, à 9,10	DM	18,20
30 Rautengewebe, 54 × 73 mm, à 0,35	DM	10,50
30 Rautengewebe, 92 × 124 mm, à 0,50	DM	15,—
30 Rautengewebe, 129 × 174 mm, à 1,—	DM	30,—
20 Rautengewebe, 165 × 225 mm, à 1,60	DM	32,—
10 Rautengewebe, 206 × 278 mm, à 2,60	DM	26,—
2 Rautengewebe, 240 × 323 mm, à 3,30	DM	6,60
2 Rautengewebe, 277 × 374 mm, à 4,50	DM	9,—
2 Rautengewebe, 314 × 424 mm, à 5,70	DM	11,40
2 Rautengewebe, 353 × 475 mm, à 7,10	DM	14,20
2 Rautengewebe, 398 × 285 mm, à 8,60	DM	17,20
10 Reparaturbänder, 50 × 950 mm, à 2,50	DM	25,—
10 Reparaturbänder, 100 × 240 mm, à 1,30	DM	13,—
5 Reparaturbänder, 100 × 320 mm, à 1,70	DM	8,50
5 Reparaturbänder, 100 × 400 mm, à 2,35	DM	11,75
3 Reparaturbänder, 100 × 500 mm, à 2,65	DM	7,95
2 Reparaturbänder, 100 × 600 mm, à 3,40	DM	6,80
2 Reparaturbänder, 100 × 800 mm, à 4,10	DM	8,20
10 Reparaturbänder, 100 × 960 mm, à 5,20	DM	52,—
10 Reparaturbänder, 150 × 240 mm, à 1,80	DM	18,—
5 Reparaturbänder, 150 × 320 mm, à 2,90	DM	14,50
3 Reparaturbänder, 150 × 500 mm, à 4,90	DM	14,70
2 Reparaturbänder, 150 × 960 mm, à 8,45	DM	16,90
5 Reparaturbänder, 220 × 320 mm, à 3,50	DM	17,50
2 Reparaturbänder, 220 × 500 mm, à 5,50	DM	11,—
2 Reparaturbänder, 220 × 960 mm, à 10,60	DM	21,20
4 Reparaturbänder, 250 × 300 mm, à 4,20	DM	16,80
2 Reparaturbänder, 300 × 500 mm, à 7,65	DM	15,30
2 Reparaturbänder, 300 × 960 mm, à 16,90	DM	33,80
1 Reparaturband, 400 × 500 mm, à 13,40	DM	13,40
1 Reparaturband, 400 × 960 mm, à 23,90	DM	23,90
1 Reparaturband, 500 × 500 mm, à 17,05	DM	17,05
1 Reparaturband, 500 × 960 mm, à 30,60	DM	30,60
Hierzu Werkzeug und Material wie Ziffer 2c	DM	578,30
	DM	1545,95

Empfohlen wird	800 mm	1000 mm
Werkzeug für Bandmontage	DM 866,—	896,—
Werkzeug und Material für Hakenverbindungen	DM 797,55	919,30
Werkzeug und Material für Tip Top-Warmvulkanisation	DM 3283,10	3441,80
Tip Top-Reparaturmaterial	DM 967,65	967,65
Summa	DM 5914,30	6224,75

Zu dieser Bandausstattung kommen dann noch die bereits bei den Ausführungen über die Bandpflege auf S. 13 u. S. 81/82 erwähnten Bandtrommeln. Es ist unbedingt zu empfehlen, mit Rücksicht auf die hohen Kosten der Förderbänder und die im Baubetrieb meist nur in zeitlichen Abständen von verschiedener Länge vorhandene Einsatzmöglichkeit derselben, solche Bandtrommeln in genügender Zahl bereitzuhalten.

Ausstattung des Ersatzteilmagazins. Eine Aufstellung in der Art, wie sie für die Förderbänder gegeben wurde, ist für die maschinellen Anlagen infolge ihrer Vielfältigkeit nicht möglich.

Es können deshalb nur folgende Anhaltspunkte dafür gegeben werden:

1. Für Antriebe und Umkehrstationen je ein Satz Lager für Trommeln und Getriebe jeder vorhandenen Type. Wechselräder für Änderung der Bandgeschwindigkeit nach Bedarf.

2. Für Übergabestellen mindestens je eine gewölbte Klappe für jede verstellbare Übergabeschurre. Je nach der Zahl der Übergabestellen 1 bis 2 BBI-Abstreifer, 1 bis 2 Vorabstreifer, 1 Pflugabstreifer, 1 bis 2 Flachrollen mit Flacheisenspiralen, 1 Muldentragrollensatz mit Gummibelag und 2 bis 3 Muldentragrollensätze mit Wico-Speichen-Ringen.

3. Für Traggerüste 2 bis 3 vollständige Reservetraggerüste mit allem Zubehör, etwa 3% der eingesetzten Muldentragrollen, etwa 6% der eingesetzten Flachrollen und etwa 6% der vorhandenen Flachrollenhalterungen.

Die Erfassung der Kosten erfolgt zweckmäßig in Form eines prozentualen Zuschlags zu den Beschaffungskosten in Höhe von 3 bis 4%.

Verzeichnis von Lieferfirmen

Bandtragekonstruktionen

Eickhoff Gebr., Maschinenfabrik und Eisengießerei GmbM., Bochum, Postfach 403
Frölich & Klüpfel, Maschinenfabrik, Wuppertal-Barmen, Fuchsstr. 28
Fried. Krupp, Maschinen- und Stahlbau, Rheinhausen
A. Müller & Sohn, Maschinenfabrik GmbH., München 8, Sedanstr. 35—37
Weserhütte Otto Wolff GmbH., Bad Oeynhausen

Bandverbindungen

Hakenverbinder:
Kurt Matthaei, Metallwarenfabrik, Offenbach/Main, Biebererstr. 215
Nilos GmbH., Förderband-Ausrüstung, Düsseldorf, Achenbachstr. 26
„Ka-Ri-Fix" auch „Püppchenverbindung" genannt:
Karl Richelshagen, Bergwerks- und Industriebedarf, Köln/Rhein
Tip Top-Kaltvulkanisation und Tip Top-Schnell-Warmvulkanisation:
Stahlgruber, Gummiwarenfabrik, München 8, Rosenheimer Str. 17
Vulkanisierpressen:
Otto Dremann Fabrikation elektrischer Spezialapparate, Gütersloh i. W., Oststraße 40
Künneth & Knöchel, technische Spezialfabrikate, Neuß/Rhein, Krefelder Str. 47
Wagener & Co., Maschinenfabrik und Apparatebau, Schwelm i. W., Viktoriastr. 16

Bandwaagen

Carl Schenk, Darmstadt, Landwehrstr. 55

Bandwagen

Orenstein-Koppel und Lübecker Maschinenbau Aktiengesellschaft, Lübeck, Postfach 270
Weserhütte Otto Wolff GmbH., Bad Oeynhausen

Dieselmotoren

Klöckner-Humboldt-Deutz AG., Köln-Deutz

Diesel-Drehstrom-Zentralen

AEG, Berlin-Frankfurt/Main und deren Filialen
Bauscher & Co., K.G., Hamburg 11, Schaarsteinweg 4—6
Modag Motorenfabrik Darmstadt GmbH., Darmstadt, Landwehrstr. 75
Ad. Strüver GmbH., Apparatebau, Hamburg 20, Niendorfer Weg 11

Elektromotoren

Allgemeine Elektricitäts Gesellschaft (AEG), Berlin-Frankfurt/Main und deren Filialen
Brown, Boveri & Co., A.G., Mannheim (BBC) und deren Filialen
Siemens-Schuckertwerke, Berlin-Erlangen (SSW) und deren Filialen

Förderbänder

Franz Clouth, Rheinische Gummiwarenfabrik Aktiengesellschaft, Köln-Nippes, Postschließfach Nr. 67
Continental Gummi-Werke Aktiengesellschaft, Hannover, Postschließfach Nr. 707
Phoenix Gummiwerke Aktiengesellschaft, Hamburg-Harburg

Gummipolsterrollen

Wico-Speichen-Ringe:
I. Witt & Co., Kom.-Ges., Junkersdorf (Krs. Köln), Vogelsanger Weg 39

Hebezeuge

BKS Gesellschaft mbH., Abteilung Hebe- und Transportgeräte, Velbert Rhld.)
Demag-Zug GmbH., Wetter/Ruhr
Gebr. Dickertmann, Hebezeugfabrik A.G., Bielefeld, Jöllenbecker Str. 13
MIAG GmbH., Mühlenbau und Industrie GmbH., Abteilung Fahrzeugbau, Braunschweig

Klein-Schaufelradbagger

Orenstein-Koppel und Lübecker Maschinenbau Aktiengesellschaft (LMG) Lübeck, Postfach 270

Planierpflüge

Demag Aktiengesellschaft, Duisburg, Werthauser Str. 64
Famo-Vertriebsgesellschaft mbH., München 45, Buhlstr. 5—11
Menck & Hambrock GmbH., Hamburg-Altona, Große Brunnenstraße 78.
„Technica", Höllerer & Co., München, Theatinerstr. 23, und Düsseldorf, Kasernenstr. 18

Zweiter Teil

Kostenermittlung

Grundbedingung für eine richtige Ermittlung der Kosten ist eine zuverlässige

I. Dimensionierung der Anlage

A. Rechnungsunterlagen

Hier ist es vor allen Dingen nötig, daß man sich vollkommen klar darüber
wird, mit welchem

Füllquerschnitt

man praktisch rechnen kann.

DIN 22101 geben zur Zeit als einzigen Anhaltspunkt dafür die nebenstehende
Skizze und für die hier in Frage kommenden Bandbreiten als theoretische Fördermenge in cbm/h $Q_m = (F_1 + F_2) \cdot 3600 \cdot v = \sim 440 \cdot v \cdot (0{,}9\,B - 0{,}05)$.

Daraus ergeben sich für die hier in Frage kommenden Bandbreiten bei einer Bandgeschwindigkeit $v = 1$ m/s folgende Werte:

Bandbreite mm	650	800	1000
Q_m . . . . cbm/h	126	197	318

mit der zusätzlichen Bemerkung, daß die theoretische Fördermenge Q_m ein Rechnungswert ist, der praktisch nur unter den günstigsten Verhältnissen, und zwar bei waagrechten Gurten und ganz gleichmäßiger Beschickung erreicht werden kann. Bei geneigten Gurten verringert sich die wirkliche Fördermenge entsprechend der Neigung des Gurtes und errechnet sich zu

$$Q = Q_m \cdot k,$$

wobei der Wert k nachstehender Tabelle zu entnehmen ist:

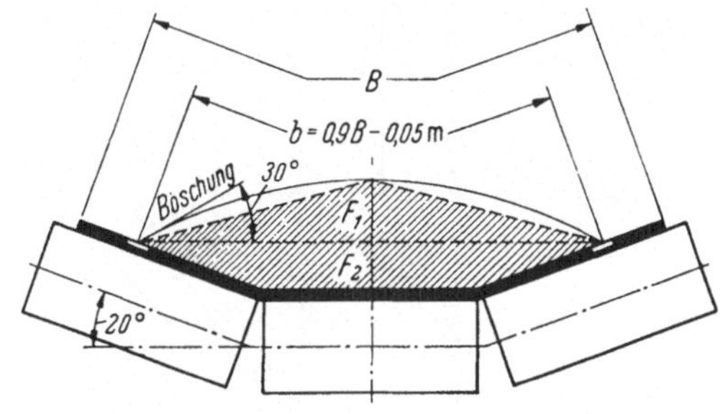

Abb. 53

°	2	4	6	8	10	12	14	16	18	20
%	3,5	7	10,5	14	17,6	21,3	24,9	28,7	32,5	36,4
k	1,0	0,99	0,98	0,97	0,95	0,93	0,91	0,89	0,85	0,81

°	21	22	23	24	25	26	27	28	29	30
%	38,4	40,4	42,5	44,5	46,6	48,8	51	53,2	55,4	57,7
k	0,78	0,76	0,73	0,71	0,68	0,66	0,64	0,61	0,59	0,56

Je nach der Ungleichförmigkeit der Beschickung und Beschaffenheit des Fördergutes ist mit einer weiteren Verringerung um 1 bis 50% zu rechnen.

Danach würden sich als maximale Füllquerschnitte rechnerisch folgende Werte ergeben:

Bei   650 mm Bandbreite 126 : 3600 = 0,035 qm
bei   800 mm Bandbreite 197 : 3600 = 0,0548 qm
bei 1000 mm Bandbreite 318 : 3600 = 0,0883 qm.

Demgegenüber führt Herr Dipl.-Ing H. Pelzer in einem Aufsatz über „Lange Förderbandanlagen (Ergebnisse einer Studienreise durch die USA)"[1] hinsichtlich des Füllquerschnitts wörtlich folgendes aus:

„Füllquerschnitt des Fördergurts.

Wegen der hohen Anlagekosten großer Förderbänder muß außer der Bandgeschwindigkeit auch der erreichbare Füllquerschnitt des Gurtes voll ausgenutzt werden, um einen möglichst schmalen Gurt verwenden zu können. Dabei scheinen die in Europa angewandten Beladequerschnitte — eine sorgfältige Durchbildung der Anlage vorausgesetzt — zu vorsichtig eingesetzt zu sein. In den USA werden weit höhere Werte zugrunde gelegt und auch bei geneigtem Gurt nicht vermindert. Allerdings sind dort die zulässigen Neigungswinkel des Bandes für die

---

[1] Zeitschrift „Fördern und Heben", Heft 3, März 1952.

verschiedenen Güter ziemlich niedrig angesetzt. Als Beispiele seien genannt . . . . .
lose Erde 20°, gewaschener Kies 12°, trockener Sand 15°. Außerdem sieht die
Link-Belt Co. in Chicago vor, die Füllquerschnitte dem Fließverhalten des Gurtes
anzupassen, wie dies aus der Abb. 54 zu ersehen ist. Daneben sind auch
die amerikanischen Fördergut-
ströme zum Vergleich mit den
deutschen DIN-Werten auf-
getragen. Der Gedanke, das
Fließverhalten des Gutes dem
Beladequerschnitt zugrunde zu
legen, scheint den Verhältnissen
am besten zu entsprechen, zu-
mal die ständige innere Auf-
rüttelung des Gutes bei der
Förderung auf einem langen
Band das Auseinanderfließen
des Gutes unterstützt."

Leistungsversuche, welche
im Mai 1952 auf den Wackersdorfer Gruben der BBI durchgeführt wurden, haben nach
den Ausführungen von Herrn
Ob.-Ing. Böer in seinem diesbezüglichen Aufsatz (s. „Braunkohle, Wärme und Energie",

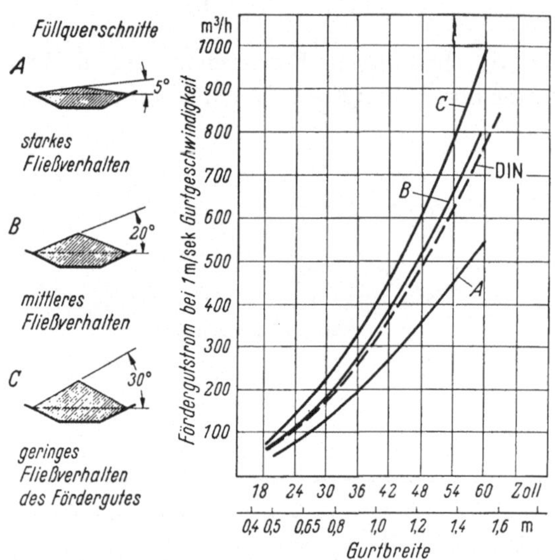

Abb. 54. Füllquerschnitte und Fördergutströme nach ameri-
kanischen Angaben. Zum Vergleich Fördergutstrom nach
DIN 22101. (Aus H. Pelzer: Lange Förderbandanlagen. Ztschr.
Fördern und Heben 1952, H. 3.)

Heft 7/8, Jahrgang 1953) ergeben, daß an Stelle der nach DIN 22101 sich errechnenden Fördermenge von rd. 1270 cbm/h an verschiedenen Stellen des
Bandes bis zu 1600 cbm/h gemessen wurden.

Ich glaube bei dieser Sachlage nicht fehlzugehen, wenn ich die nun folgenden Untersuchungen über die Füllquerschnitte bei Förderbändern zur Erzielung
eines besseren Überblicks zunächst für die sich nach DIN 22101 und nach den
amerikanischen Annahmen ergebenden Grenzfälle, außerdem aber auch noch
für eine dazwischen liegende eigene Annahme durchführe, die mir der Wirklich-
keit am nächsten zu kommen scheint. Die untersuchten Füllquerschnittformen
sind aus Abb. 55 ersichtlich, das Ergebnis der Untersuchungen aus Tab. 21, S. 92.

Es ergibt sich eindeutig, daß die tiefgemuldeten Förderbänder mit verkürzter
Mitteltragrolle die günstigsten Füllquerschnitte haben und demgemäß die größten
Leistungen zu erzielen vermögen. Es hat sich aber in der Praxis gezeigt, daß
unerläßliche Voraussetzung dafür ist, daß alle Vorkehrungen getroffen werden,
die eine mittige Beladung des Bandes gewährleisten. Die Auflagebreite des Gurtes
auf der Mitteltragrolle ist bei verkürzter Rolle insbesondere bei den für den Baubetrieb in erster Linie in Betracht kommenden Bandbreiten von 650 und auch
800 mm ziemlich knapp, was im Falle einseitiger Beladung des Förderbandes
leichter zum Auswandern des Bandes und damit zu Betriebsstörungen führt,
welche oft den ohnehin nur etwa 4 bis 5% im Durchschnitt gegenüber dem Band
auf gleich langen Muldentragrollen betragenden Unterschied erheblich mindern,
ja unter Umständen sogar ganz zunichte machen.

Diese Gefahr ist weniger groß bei solchen Betrieben, welche bereits über gut geschultes und erfahrenes Bandpersonal verfügen. Im Baubetrieb wird das wegen der stark intermittierenden Einsatzmöglichkeit für solche Bänder selten der Fall

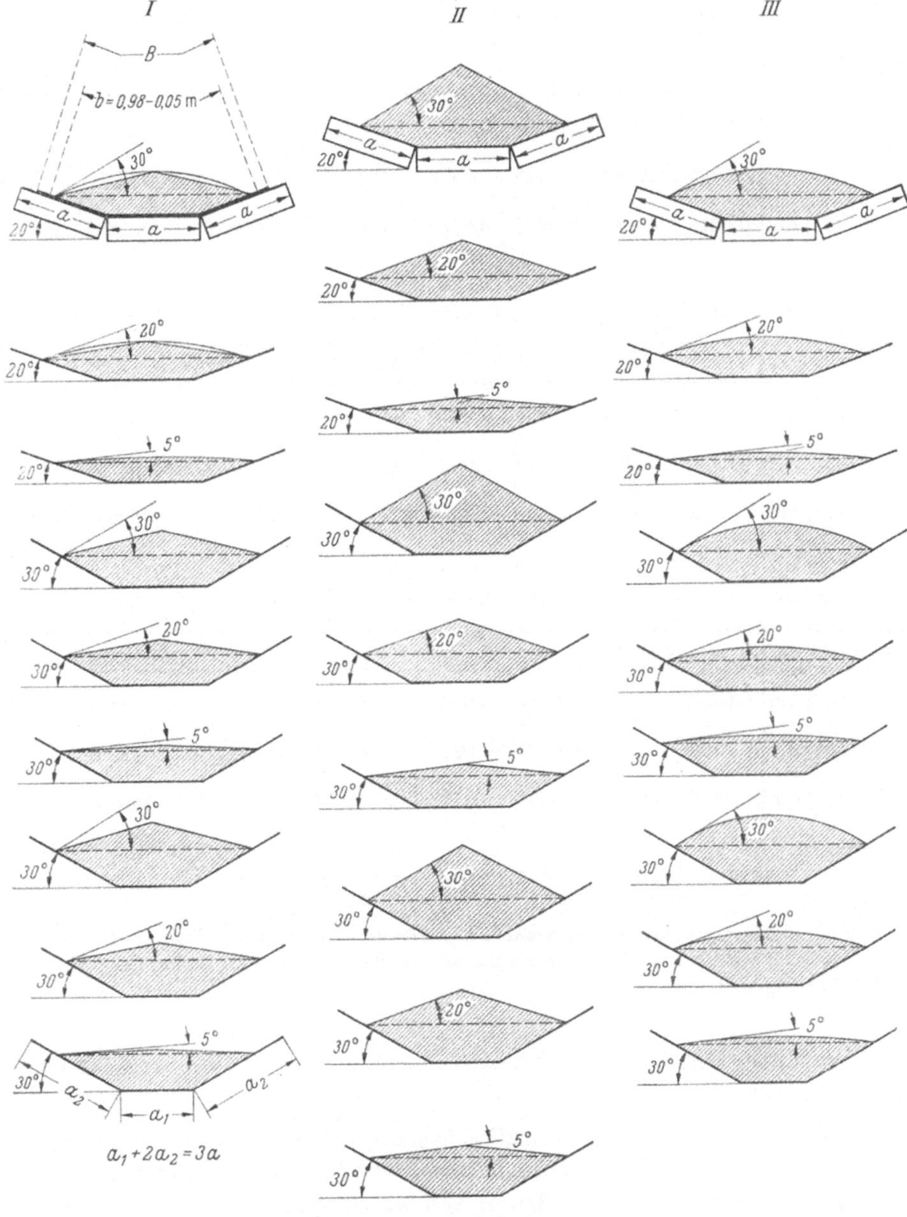

Abb. 55. Füllquerschnittsformen

sein, und wenn man dazuhin berücksichtigt, daß verschiedene Rollenlängen auch die vermehrte Haltung von Ersatzteilen bedingen, so erscheint es doch recht erwägenswert, ob man im Baubetrieb aus diesen Gründen nicht besser auf die

Tabelle 21. *Füllquerschnitte*

1. für nach DIN 22101 gemuldete Förderbänder

Bandbreite mm	650			800			1000		
Muldentragrollen mm	3×250	3×240	3×250	3×315	3×290	3×315	3×380	3×360	3×380
Füllquerschnitts-form [1]	I	II	III	I	II	III	I	II	III
gering (30°) qm	0,0361	0,0577	0,0430	0,0574	0,0908	0,0674	0,0933	0,1464	0,1091
mittel (20°) qm	0,0305	0,0434	0,0345	0,0478	0,0684	0,0541	0,0776	0,1105	0,0880
stark (5°) qm	0,0216	0,0249	0,0227	0,0339	0,0395	0,0354	0,0556	0,0641	0,0580

(Zeilenbeschriftung: Fließverhalten)

2. für tiefgemuldete Förderbänder mit Tragrollen wie Ziffer 1

Muldentragrollen mm	3×250	3×240	3×250	3×315	3×290	3×315	3×380	3×360	3×380
gering (30°) qm	0,0432	0,0625	0,0489	0,0676	0,0984	0,0767	0,1100	0,1588	0,1247
mittel (20°) qm	0,0375	0,0494	0,0412	0,0587	0,0779	0,0645	0,0959	0,1259	0,1052
stark (5°) qm	0,0293	0,0324	0,0302	0,0458	0,0514	0,0472	0,0732	0,0837	0,0775

(Zeilenbeschriftung: Fließverhalten)

3. für tiefgemuldete Förderbänder mit verkürzter Mitteltragrolle

Muldentragrollen mm	2×290 + 170			2×368,5 + 210			2×440 + 260		
gering (30°) qm	0,0457	0,0640	0,0513	0,0718	0,1003	0,0805	0,1158	0,1617	0,1298
mittel (20°) qm	0,0403	0,0518	0,0439	0,0636	0,0806	0,0689	0,1022	0,1300	0,1111
stark (5°) qm	0,0325	0,0350	0,0333	0,0513	0,0550	0,0524	0,0825	0,0890	0,0847

(Zeilenbeschriftung: Fließverhalten)

[1] Die einzelnen Füllquerschnittsformen sind aus der Skizze, Abb. 55, zu ersehen.

Für die Füllquerschnittsform II wurden sicherheitshalber nicht die Tragrollenlängen nach DIN 22107 für Übertagebänder, sondern die höhere Werte ergebenden Tragrollenlängen nach DIN 22111 zugrunde gelegt.

verkürzte Mitteltragrolle zugunsten des tiefgemuldeten Bandes mit gleich langen Muldentragrollen verzichtet.

Ich lege aus diesen Gründen bei allen folgenden Untersuchungen stets tiefgemuldete Förderbänder mit gleich langen Muldentragrollen gemäß Ziffer 2 der Tab. 21 zugrunde, und komme damit zu den in Tab. 22 verzeichneten Leistungen solcher Bänder.

Ist man sich an Hand der Tab. 22 schlüssig geworden, welche Bandbreite und Bandgeschwindigkeit für den jeweiligen Zweck am geeignetsten ist, dann ist als nächstes die Tonnenzahl zu ermitteln, welche bei der verlangten Leistung der Berechnung des Antriebs zugrunde gelegt werden muß.

Tabelle 22. *Leistungen tiefgemuldeter Förderbänder mit gleichen Muldentragrollen*

Fließverhalten	Füllquerschnittsform I						Bandgeschwindigkeit m/Sek	Füllquerschnittsform III					
	Bandbreite							Bandbreite					
	650 mm		800 mm		1000 m			650 mm		800 mm		1000 mm	
	Fördermengen in cbm/h							Fördermengen in cbm/h					
	theoretisch	praktisch	theoretisch	praktisch	theoretisch	praktisch		theoretisch	praktisch	theoretisch	praktisch	theoretisch	praktisch
gering	156	120	244	192	396	320	1,00	176	136	276	216	450	360
	195	150	305	240	495	400	1,25	220	170	345	270	563	450
	234	180	366	288	594	480	1,50	264	204	414	324	675	540
			415	326	673	544	1,70			470	367	765	612
	280	216	440	346	713	576	1,80	317	245	497	388	810	648
			464	365	752	608	1,90			524	410	855	684
	312	240	488	384	792	640	2,00	352	272	552	432	900	720
	390	300	610	480	990	800	2,50	440	340	690	540	1125	.900
			732	576	1188	960	3,00			828	648	1350	1080
			854	672	1386	1120	3,50			966	756	1575	1260
			976	768	1584	1280	4,00			1104	864	1800	1440
mittel	135	104	212	168	346	280	1,00	148	112	232	184	380	304
	170	130	265	210	432	350	1,25	185	140	290	230	475	380
	203	156	318	252	519	420	1,50	222	168	348	276	570	456
			360	285	588	476	1,70			394	313	646	517
	243	187	382	302	623	504	1,80	266	202	418	331	684	547
			403	319	657	532	1,90			441	349	722	577
	270	208	424	336	692	560	2,00	296	224	464	368	760	608
	338	260	530	420	865	700	2,50	370	280	580	460	950	760
			636	504	1038	840	3,00			696	552	1140	912
			742	588	1211	980	3,50			812	644	1330	1064
			848	672	1384	1120	4,00			928	736	1520	1216
stark	105	80	164	128	264	208	1,00	109	88	170	136	280	224
	131	100	205	160	330	260	1,25	136	110	212	170	350	280
	157	120	246	192	396	312	1,50	163	132	255	204	420	336
			279	218	449	353	1,70			289	232	476	381
	189	144	295	230	475	374	1,80	196	158	306	244	504	403
			311	243	502	395	1,90			323	258	532	425
	210	160	328	256	528	416	2,00	218	176	340	272	560	448
	263	200	410	320	660	520	2,50	272	220	425	340	700	560
			492	384	792	624	3,00			510	408	840	672
			574	448	924	728	3,50			595	476	980	784
			656	512	1056	832	4,00			680	544	1120	896

Auszugehen ist dabei von der Füllquerschnittsform II in Tab. 21 als Höchstleistungsquerschnitt und dem Schüttgewicht des Förderguts. Für letzteres kann mit folgenden Werten gerechnet werden:

Lockere Dammerde trocken. . . . . 1400 kg/cbm
lockere Lehmerde trocken . . . . 1500 kg/cbm
lockere Lehmerde naturfeucht . . . . 1550 kg/cbm
lockere Dammerde naturfeucht . . . . 1600 kg/cbm
Sand trocken. . . . . 1650 kg/cbm
lockere Dammerde naß, Sand naturfeucht, Kies und Geröll
    trocken . . . . 1800 kg/cbm
Kies naß und lockere Dammerde gesättigt naß . . . . 1900 kg/cbm
Sand gesättigt naß, Betonmaterial . . . . 2000 kg/cbm

Es ergeben sich dann die folgenden aus den Tabellen 23 bis 25 zu entnehmenden Tonnenzahlen, welche der Berechnung des Antriebs jeweils zugrunde zu legen sind.

Tabelle 23. *Berechnungsgrundlagen für Antriebe von tiefgemuldeten Förderbändern von 650 mm Breite*

Fließverhalten	Bandgeschwindigkeit m/s	Maximale Fördermenge cbm/h	Anzahl der Tonnen, welche der Antriebsberechnung zugrunde zu legen sind bei einem Gewicht des Förderguts von t/cbm								
			1,0	1,4	1,5	1,6	1,7	1,8	1,9	2,0	2,2
gering	1,00	225	225	315	338	360	383	405	428	450	495
	1,25	282	282	395	423	450	479	507	535	563	620
	1,50	338	338	473	507	540	575	608	642	675	743
	1,80	405	405	567	608	648	689	729	770	810	891
	2,00	450	450	630	675	720	765	810	855	900	990
	2,50	563	563	788	844	900	957	1013	962	1013	1114
mittel	1,00	178	178	249	267	285	303	321	338	356	392
	1,25	223	223	312	335	356	379	401	423	445	490
	1,50	267	267	374	401	428	454	481	507	534	588
	1,80	320	320	448	480	513	544	576	608	640	705
	2,00	356	356	498	534	570	605	641	677	712	784
	2,50	445	445	623	668	713	757	801	845	890	980
stark	1,00	117	117	164	176	188	199	211	223	234	258
	1,25	147	147	206	221	235	249	264	279	293	324
	1,50	176	176	246	264	282	299	317	334	352	387
	1,80	210	210	294	315	336	357	378	399	420	462
	2,00	234	234	328	351	375	398	422	445	468	516
	2,50	293	293	410	440	469	498	527	557	585	645

B. Graphische Ermittlung des Kraftbedarfs

Mit Hilfe der Tab. 23 bis 25 und der Diagramme 1 und 2 ist es möglich, die Größe des benötigten Antriebs und den Kraftbedarf am Motor in denkbar einfacher Weise zu ermitteln.

Dazu sollen die folgenden Beispiele dienen:

1. Beispiel. Verlangte Leistung 300 cbm/h Material von mittlerem Fließverhalten sollen auf eine Länge von 300 m gefördert werden. Die einzig mögliche Linienführung kreuzt eine Straße mit lebhaftem Verkehr, welche nicht unterfahren werden soll und kann, so daß für die Überführung der Bandstraße ein Bockgerüst erstellt werden muß.

Zur *Dimensionierung der Bandanlage und Ermittlung von Antrieb und Motorleistung* verfährt man in diesem Fall wie folgt:

1. 300 cbm/h festes Material ergeben bei Annahme von 20% Auflockerung[1] eine geschüttete Fördermenge von 360 cbm/h.

---

[1] Als Auflockerungskoeffizienten kann man annehmen

bei leichtem Boden 1,12
bei mittelschwerem Boden 1,20
bei schwerem Boden . . . . 1,30 und
bei sehr schwerem Boden bis . . . . 1,50.

Tabelle 24. *Berechnungsgrundlagen für Antriebe tiefgemuldeter Förderbänder von 800 mm Breite*

Fließverhalten	Bandgeschwindigkeit m/s	Maximale Fördermenge cbm/h	Anzahl der Tonnen, welche der Antriebsberechnung zugrunde zu legen sind bei einem Gewicht des Förderguts von t/cbm								
			1,0	1,4	1,5	1,6	1,7	1,8	1,9	2,0	2,2
gering	1,00	354	354	496	531	566	602	637	673	708	779
	1,25	443	443	620	664	708	753	797	841	886	975
	1,50	531	531	744	797	849	903	956	1009	1062	1168
	1,70	602	602	843	903	962	1023	1083	1144	1204	1324
	1,80	637	637	892	956	1019	1084	1147	1210	1274	1401
	1,90	673	673	942	1009	1076	1144	1210	1278	1346	1480
	2,00	708	708	992	1062	1132	1204	1274	1345	1416	1558
	2,50	885	885	1240	1328	1415	1505	1593	1682	1770	1947
	3,00	1062	1062	1488	1593	1698	1806	1911	2018	2124	2336
	3,50	1239	1239	1736	1859	1981	2107	2230	2354	2478	2726
	4,00	1416	1416	1984	2124	2266	2408	2548	2690	2832	3115
mittel	1,00	280	280	392	420	448	476	504	532	560	616
	1,25	350	350	490	525	560	595	630	665	700	770
	1,50	420	420	588	630	672	714	756	798	840	924
	1,70	476	476	667	714	761	809	857	905	952	1047
	1,80	504	504	706	756	806	857	908	958	1008	1109
	1,90	532	532	745	798	851	904	958	1011	1064	1170
	2,00	560	560	784	840	896	952	1008	1064	1120	1232
	2,50	700	700	980	1050	1120	1190	1260	1330	1400	1540
	3,00	840	840	1176	1260	1344	1428	1512	1596	1680	1848
	3,50	980	980	1372	1470	1568	1666	1764	1862	1960	2156
	4,00	1120	1120	1568	1680	1792	1904	2016	2128	2240	2464
stark	1,00	185	185	259	278	296	315	333	352	370	407
	1,25	231	231	324	347	370	393	416	439	462	509
	1,50	278	278	389	417	444	473	500	528	556	611
	1,70	315	315	440	472	503	536	567	599	630	693
	1,80	333	333	466	500	533	567	600	633	666	733
	1,90	352	352	492	528	563	598	633	669	704	774
	2,00	370	370	518	556	592	629	666	703	740	814
	2,50	463	463	648	695	740	787	833	880	926	1017
	3,00	555	555	777	834	888	944	999	1055	1110	1221
	3,50	648	648	907	972	1036	1101	1166	1231	1296	1426
	4,00	740	740	1036	1110	1184	1258	1332	1406	1480	1628

2. Für diese Leistung kommt nach Tab. 22 ein Förderband von 800 mm Breite mit einer Bandgeschwindigkeit $v = 2\,\text{m/s}$ in Betracht, das praktisch eine Durchschnittsleistung von **368 cbm/h** erzielt.

3. Die Anzahl der Tonnen, welche für die Berechnung des Antriebs zugrunde zu legen ist, beträgt bei Annahme eines Fördergutgewichts von 1,8 t/cbm nach Tab. 24 für mittleres Fließverhalten und $v = 2\,\text{m/s}$ 1008 t (strichpunktierte Linie).

4. Nach diesen Feststellungen wird auf Diagramm 1 für Kraftbedarf bei horizontaler Förderung links unten die Linie für $v = 2\,\text{m/s}$ verfolgt bis zum Schnitt mit der G_m-Linie des gewählten leichteren 800 mm-Bandes auf Muldenrollen von 90 mm ⌀. Von dem Schnittpunkt dieser beiden Linien wird sodann senkrecht nach oben gegangen bis zum Schnittpunkt mit der interpolierten Linie für 1008 t/h, und von da eine Waagrechte gezogen bis zum

Schnitt mit dem 300 m-Strahl auf der rechten Seite des Diagramms. Senkrecht unter diesem Schnittpunkt kann dann als erstes Ergebnis abgelesen werden ein Bedarf von 52 PS.

5. Zu diesem Wert werden zugesetzt die Zuschläge für Band 800/90 und $v = 2$ m/s in Höhe von $2 \times 6{,}3 = 12{,}6$ PS.

6. Für die Kreuzung des Verkehrswegs muß das Band um rd. 4 m gehoben werden, welche wegen der Möglichkeit eines vollen Bandes in der Auffahrt und gleichzeitig eines

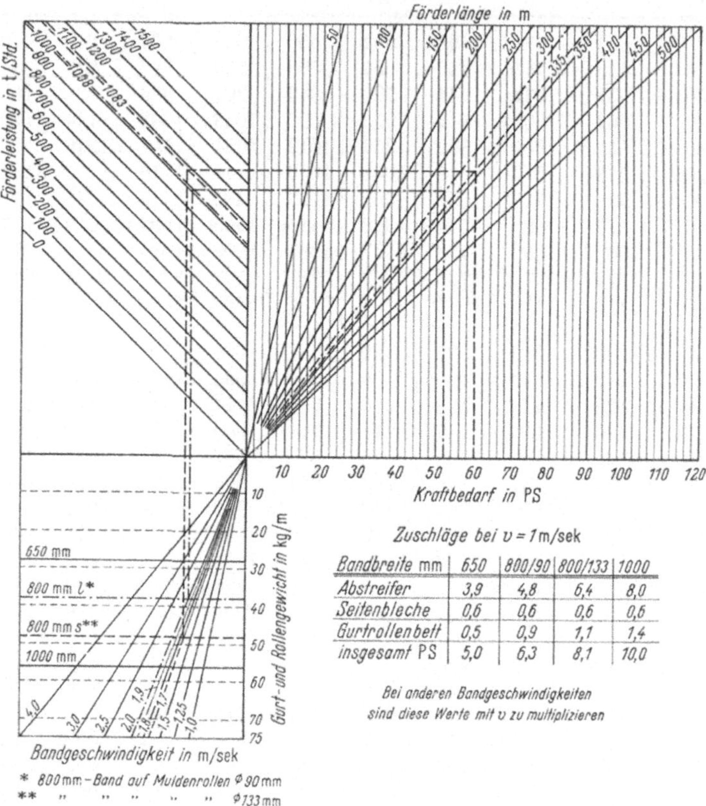

Bandbreite mm	650	800/90	800/133	1000
Abstreifer	3,9	4,8	6,4	8,0
Seitenbleche	0,6	0,6	0,6	0,6
Gurtrollenbett	0,5	0,9	1,1	1,4
insgesamt PS	5,0	6,3	8,1	10,0

Bei anderen Bandgeschwindigkeiten sind diese Werte mit v zu multiplizieren

Abb. 56. Diagramm 1 zur Ermittlung des Kraftbedarfs an der Triebwelle bei horizontaler Förderung

leeren Bandes in der Abfahrt in voller Höhe berücksichtigt werden müssen, so daß sie zusammen mit der Banderhöhung am Abwurf eine Hubhöhe von rd. 6 m ergibt. Die Hubleistung wird gefunden aus der Formel $\dfrac{Q \cdot H}{270}$ zu

$$\frac{Q_t \cdot H}{270} = \frac{1008 \cdot 6}{270} = 22{,}4 \text{ PS.}$$

Der Gesamtbedarf an der Triebwelle beträgt sohin

$$52 + 12{,}6 + 22{,}4 = 87{,}0 \text{ PS}$$

und als Motorstärke ergibt sich bei Annahme eines Wirkungsgrades

$$\eta = 0{,}75: \qquad\qquad 87{,}0 : 0{,}75 = 116 \text{ PS,}$$

d. h., *für die geforderte Leistung müßte ein Antrieb Eickhoff BEV mit 2×60 PS Leistung eingesetzt werden.*

Tabelle 25. *Berechnungsgrundlagen für Antriebe tiefgemuldeter Förderbänder von 1000 mm Breite*

Fließverhalten	Band-geschwindigkeit m/s	Maximale Fördermenge cbm/h	Anzahl der Tonnen, welche der Antriebsberechnung zugrunde zu legen sind bei einem Gewicht des Förderguts von t/cbm								
			1,0	1,4	1,5	1,6	1,7	1,8	1,9	2,0	2,2
gering	1,00	572	572	801	858	915	973	1030	1087	1144	1259
	1,25	715	715	1001	1073	1144	1216	1288	1359	1430	1573
	1,50	858	858	1202	1287	1373	1459	1545	1631	1716	1888
	1,70	973	973	1362	1459	1556	1654	1751	1849	1946	2141
	1,80	1030	1030	1442	1544	1647	1752	1854	1957	2060	2266
	1,90	1087	1087	1522	1630	1739	1849	1957	2066	2174	2391
	2,00	1144	1144	1602	1716	1830	1946	2060	2174	2288	2517
	2,50	1430	1430	2002	2145	2288	2433	2575	2718	2860	3146
	3,00	1716	1716	2403	2574	2745	2919	3090	3261	3432	3776
	3,50	2002	2002	2704	3003	3202	3405	3605	3805	4004	4404
	4,00	2288	2288	3204	3432	3660	3892	4120	4348	4576	5034
mittel	1,00	453	453	635	680	725	770	816	861	906	997
	1,25	567	567	794	870	907	964	1020	1077	1134	1248
	1,50	680	680	952	1020	1088	1155	1224	1292	1360	1496
	1,70	770	770	1080	1156	1233	1309	1387	1464	1540	1594
	1,80	816	816	1143	1224	1305	1386	1469	1550	1632	1796
	1,90	861	861	1207	1292	1378	1463	1551	1636	1722	1895
	2,00	906	906	1270	1360	1450	1540	1632	1722	1812	1994
	2,50	1133	1133	1587	1700	1813	1925	2040	2153	2266	2494
	3,00	1359	1359	1905	2040	2175	2310	2448	2583	2718	2990
	3,50	1586	1586	2218	2380	2538	2695	2856	3014	3172	3489
	4,00	1812	1812	2540	2720	2900	3080	3264	3444	3624	3988
stark	1,00	301	301	422	452	482	512	542	572	602	662
	1,25	376	376	527	565	602	640	678	715	752	827
	1,50	452	452	633	678	723	768	813	858	903	993
	1,70	512	512	718	769	820	871	922	973	1024	1126
	1,80	542	542	760	814	868	922	976	1030	1084	1193
	1,90	572	572	802	859	916	973	1030	1087	1144	1258
	2,00	602	602	844	904	964	1024	1084	1144	1204	1324
	2,50	753	753	1155	1130	1205	1280	1355	1430	1505	1656
	3,00	903	903	1266	1356	1446	1536	1626	1716	1806	1986
	3,50	1054	1054	1477	1582	1687	1792	1897	2002	2107	2318
	4,00	1204	1204	1688	1808	1928	2048	2168	2288	2408	2648

2. Beispiel. Verlangte Leistung: 300 cbm/h Material von geringem Fließverhalten sollen gefördert werden, wobei ein Höhenunterschied von 4 m auf etwa 100 Länge zu überwinden ist. Bandgeschwindigkeit und maximale Förderlänge sollen ermittelt werden, wenn eine Bandstraße mit 800 Bandbreite auf schwerem Traggerüst und Antriebe BE IV mit 2 × 45 PS und BE V mit 2 × 60 PS vorhanden sind. In einem solchen Fall geht man zweckmäßig folgendermaßen vor:

1. 300 cbm/h festes Material ergeben bei Annahme von 20% Auflockerung eine geschüttete Fördermenge von 360 cbm/h.

2. Für diese Leistung kommt nach Tab. 22 bei einem Förderband von 800 mm Bandbreite und geringem Fließverhalten eine *Bandgeschwindigkeit von 1,7 m/s* in Betracht.

3. Die Anzahl der Tonnen, welche der Berechnung zugrunde zu legen ist, beträgt bei Annahme eines Fördergewichts von 1,8 t/cbm nach Tab. 24 für geringes Fließverhalten und $v = 1,7$ m/s $= 1083$ t (gestrichelte Linie).

4. Dafür kommt im Hinblick auf $v = 1{,}7$ m/s in erster Linie die Verwendung eines Antriebs BEV mit 2×60 PS Motorleistung in Frage.

5. Von dieser Motorleistung stehen bei einem Wirkungsgrad $\eta = 0{,}75$ an der Triebwelle zur Verfügung $0{,}75 \times 120 = 90$ PS.

6. Von diesen 90 PS werden verbraucht

für Zuschläge bei $v = 1{,}7$ m/s	$1{,}7 \times 8{,}1 =$	13,77 PS
für Hubarbeit $\dfrac{Q_t \cdot H}{270} = \dfrac{1083 \cdot 4}{270} =$		16,04 PS
	Sa.	29,81 PS.

7. Demnach stehen für die Längenförderung noch zur Verfügung

$$90{,}00 - 29{,}91 = 60{,}19 \text{ PS}$$

8. Bringt man in dem Diagramm 1 für Kraftbedarf bei horizontaler Förderung die Senkrechte über 60,19 PS (gestrichelte Linie) mit der Schlußwaagerechten eines Linienzuges (ebenfalls gestrichelte Linie), der ausgeht von der 1,7 m/s-Linie links unten, fortgesetzt wird mit der Senkrechten im Schnittpunkt der Bandgeschwindigkeitslinie mit der G_m-Linie für 800 mm-Bänder auf schwerem Traggerüst (800 mm/s-Bänder) mit der interpolierten Linie für 1083 t und von diesem Punkt weitergeführt wird mit der oben erwähnten Schlußwaagerechten, so ergibt sich die *maximale Förderlänge* für diesen Fall 335 m (vgl. hierzu Tab. 50, welche für solche Bänder bei 320 m Förderlänge und $v = 1{,}7$ m/s eine Hubhöhe H von 4,35 m ergibt).

3. Beispiel. Verlangte Leistung: 540 cbm/h Material von geringem Fließverhalten sollen gefördert werden, wobei insgesamt Höhenunterschiede von 9 m zu überwinden sind. Vorhanden ist eine Bandstraße mit 800 mm breitem Förderband auf schwerem Traggerüst (800 mm/s) mit Antrieben BEIV mit 2×50 PS und Antrieben BEV mit 2×75 PS.

Bandgeschwindigkeit und maximale Förderlänge sind zu ermitteln. Dies geschieht wie folgt:

1. 540 cbm/h festes Material ergeben bei 20% Auflockerung eine geschüttete Fördermenge von 648 cbm/h.

2. Für diese Leistung kommt nach Tab. 22 bei 800 mm Bandbreite eine *Bandgeschwindigkeit v = 3,0 m/s* in Betracht.

3. Die Anzahl der Tonnen, welche in diesem Fall der Berechnung zugrunde gelegt werden muß, beträgt bei Annahme eines Fördergutgewichts von 1,9 t/cbm nach Tab. 24 für geringes Fließverhalten 2018 t (strichpunktierte Linie).

4. Im Hinblick auf die verlangte Leistung wird man in einem solchen Fall die Antriebe nicht auf Einzelbändern laufen lassen, sondern jeweils 2 Stück als Doppelantrieb zusammenfassen. Hierfür bestehen drei Möglichkeiten, nämlich

a) die Verwendung von 2 Antrieben BEIV mit je $2 \times 2 \times 50$ PS,

b) die Verwendung von 1 Antrieb BEV mit 2×75 PS und 1 Antrieb BEIV mit 2×50 PS und

c) die Verwendung von 2 Antrieben BEV mit $2 \times 2 \times 75$ PS.

Unter Annahme eines Wirkungsgrades $\eta = 0{,}75$ stehen dann an den Triebwellen der Antriebe insgesamt zur Verfügung:

	a	b	c
$0{,}75 \times 2 \times 2 \times 50 \ldots \ldots \ldots \ldots = $ PS	150,00		
$0{,}75 \times (2 \times 75 + 2 \times 50) \ldots \ldots \ldots =$		187,50	
$0{,}75 \times 2 \times 2 \times 75 \ldots \ldots \ldots \ldots =$			225,00
Davon werden verbraucht:			
Für Zuschläge bei $v = 3$ m/s $= 3 \times 8{,}1 = 24{,}30$			
Für Hubarbeit $\dfrac{Q_t \cdot H}{270} = \dfrac{2018 \times 9}{270} = 67{,}27$	91,57	91,57	91,57
so daß für die horizontale Förderarbeit noch zur Verfügung stehen $\ldots \ldots \ldots \ldots$	58,43	95,93	133,43

5. Bringt man nun auf dem Diagramm 2 für Kraftbedarf bei horizontaler Förderung
und hoher Leistung die Senkrechten über 58,43/95,93/133,43 PS zum Schnitt mit der Schlußwaagerechten eines Linienzuges, der ausgeht von der 3,0 m/s-Linie links unten, fortgesetzt
wird mit einer Senkrechten im Schnittpunkt der 3,0 m/s-Linie mit der G_m-Linie für 800 mm-

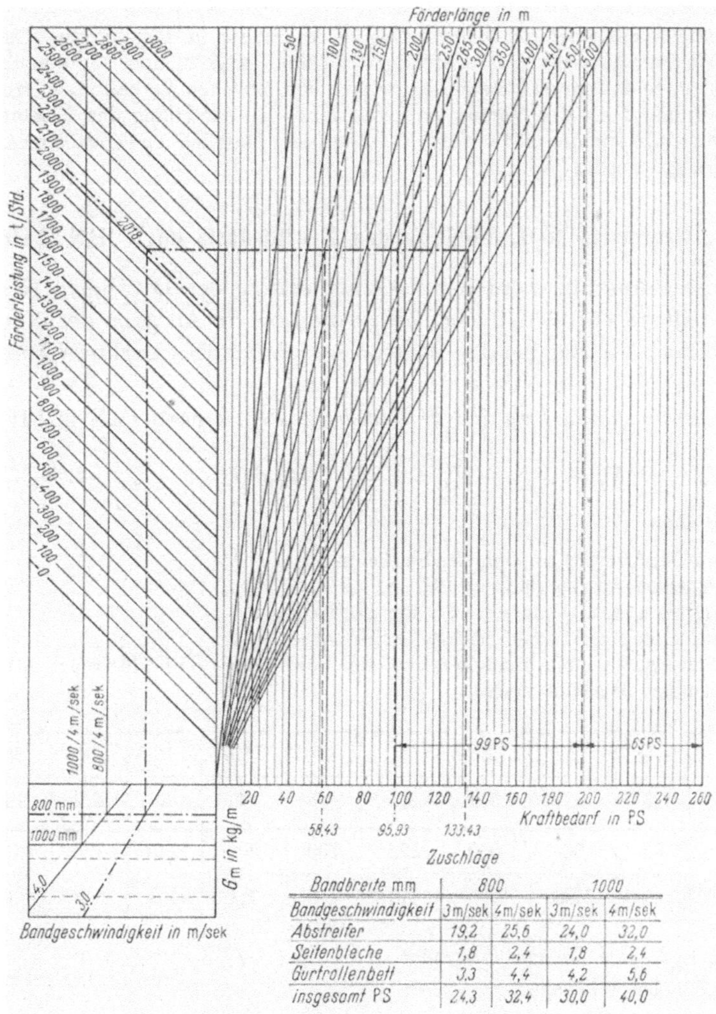

Abb. 57. Diagramm 2 zur Ermittlung des Kraftbedarfs an der Triebwelle bei horizontaler Förderung und
hoher Leistung

Band auf schwerem Traggerüst (800 mm/s) bis zum Schnittpunkt mit der interpolierten
Linie für 2018 t und von da weitergehend als die oben erwähnte Schlußwaagerechte, so ergeben sich als

maximale Förderlänge bei Verwendung von

a) *2 Antrieben BEIV mit 2 × 2 × 50 PS* . . . . *130 m*

b) *1 BEV mit 2 × 75 PS + 1 BEIV mit 2 × 50 PS* . . . . *265 m*

c) *2 Antrieben BV mit 2 × 2 × 75 PS* . . . . *440 m*

7*

Sind je 2 Antriebe BEIV mit $2 \times 2 \times 50$ PS und 2 Antriebe BEV mit $2 \times 2 \times 75$ PS vorhanden, so ergeben sich damit folgende Möglichkeiten:

$$a + c = 130 + 440 \quad = 570 \text{ m} \quad \text{oder}$$

$$2 \times b = \quad 2 \times 265 \, m = 530 \text{ m.}$$

Der günstigste Fall wäre also längenmäßig die Anordnung $(a + c)$ mit einer Gesamtlänge von 570 m; sie hätte aber zur Voraussetzung, daß 440 m davon in einer Geraden überwunden werden können, so daß unter Umständen je nach den örtlichen Verhältnissen trotzdem die andere Anordnung $2 \times b$ den Vorzug verdient, wenn eine Aufteilung der Gesamtstrecke in gleich große Stücke leichter möglich ist. Es sollten hier lediglich die verschiedenen Möglichkeiten aufgezeigt werden.

C. Rechnerische Ermittlung des Kraftbedarfs nach DIN 22101

Auch diese Auszüge werden mit Genehmigung des Deutschen Normenausschusses wiedergegeben. Maßgebend war die neueste Ausgabe des Normblattes im Normformat A 4, das bei der Beuth-Vertrieb GmbH., Berlin W 15 und Köln erhältlich ist.

Der Gesamtkraftbedarf an der Triebwelle in PS ist nach DIN 22101

$$N_a = C(N_1 + N_2) + N_3 = \frac{C \cdot f \cdot L}{270} \cdot (3,6 \, G_m \cdot v + Q_t) + \frac{Q_t \cdot H}{270},$$

worin bedeuten

N_a Gesamtkraftbedarf an der Triebwelle in PS
N_1 Kraftbedarf für Leerlauf in PS,
N_2 zusätzlicher Kraftbedarf in PS für Förderung,
N_3 zusätzlicher Kraftbedarf in PS für Hubarbeit,
C ein Beiwert, welcher abhängig ist von der Förderlänge L und für welchen DIN 22101 die nachstehenden Angaben macht:

L	3	4	5	6	8	10	12,5	16	20	25	32
C	9	7,6	6,6	5,9	5,1	4,5	4	3,6	3,2	2,9	2,6

40	50	63	80	100	125	160	200	250	320	400	500
2,4	2,2	2	1,85	1,7	1,6	1,5	1,4	1,3	1,2	1,1	1,05

f Reibungszahlen an den Tragrollen
   $= 0,025$ bei Wälzlagern,
   $= 0,05$ bei Gleitlagern.

Bei einem Leerlaufversuch der BBI wurde dafür ein Wert $f = 0,0295$ ermittelt, was mich veranlaßt, in meinen Berechnungen $f = 0,03$ einzusetzen. Der in DIN 22101 angegebene Wert 0,025 ist zweifellos ein guter Durchschnittswert, der sogar durch die technische Weiterentwicklung bereits bis um 10% gesenkt werden konnte, während der Leerlaufversuch der BBI an einer schon länger in schwerem Betrieb laufenden Bandstraße durchgeführt wurde. Ich halte es jedoch für richtig und vertretbar, den Wert 0,03 zu nehmen, weil die im Baubetrieb zu erwartenden Verhältnisse sehr unübersichtlich sind und dieser Ansatz eine berechtigte Reserve als Vorbeugungsmaßnahme gegen unliebsame Überraschungen darstellt.

L Förderlänge des Bandes in m.

G_m Gurtgewicht + Rollengewicht in kg/m des oberen und unteren Gurttrums, wobei unter Rollengewicht nur die Gewichte der sich drehenden Teile des Tragrollenstuhls zu verstehen sind.

Für die folgenden Berechnungen wurden für G_m nachstehende Werte zugrunde gelegt:

	Verschleißbänder	*Normalbänder*
650 mm-Bänder	32 kg/m	28 kg/m
800 mm l-Bänder	43,5 kg/m	38 kg/m
800 mm s-Bänder	53,5 kg/m	48 kg/m
1000 mm-Bänder	62,5 kg/m	56 kg/m

Als Unterlage zur Ermittlung der Einsatzgewichte für die verschiedenen Möglichkeiten kann die Tab. 26 dienen.

Tabelle 26. *Unterlagen für Einsatzgewichte*

Bandbreite		650 mm		800 mm		1 000 mm	
a) Gurtgewichte (G_g)		kg/m		kg/m		kg/m	
1 Gewebeeinlage B 60 .		1,072		1,32		1,65	
1 Gewebeeinlage B 80 .		1,25		1,54		1,92	
1 Gewebeeinlage B 110 .		—		—		2,16	
1 Gewebeeinlage KP 140		1,41		1,74		2,17	
1 Gewebeeinlage KP 225		1,43		1,76		2,20	
1 mm Gummideckschicht		0,715		0,88		1,10	
Profil für Steilförderbänder		0,60		0,66		0,66	

b) Rollengewichte (G_r)	Ø mm	Länge mm	kg/Stck.	Länge mm	kg/Stck.	Länge mm	kg/Stck.
Muldentragrollen	90	250	3,808	315	4,208		
	108			315	5,358		
	133			315	8,158	380	8,978
Flachrollen	65	750	4,318	950	5,218		
	90			950	8,718	1150	9,718

G_r für	650 mm	800 mm	1 000 mm
1,5/3,0/3,0× 90/65 kg/m	9,06		
1,2/1,8/3,6× 90/65 kg/m		13,42	
1,2/1,8/3,6×108/90 kg/m		18,24	
1,2/1,8/3,6×133/90 kg/m		25,24	27,84

v Bandgeschwindigkeit in m/s,

Q_t theoretische Fördermenge in t/h,

H senkrechte Förderhöhe des Gurtes in m.

Daraus ergibt sich der Kraftbedarf für Leerlauf bei $v = 1,0$ m/s. Zu diesem Kraftbedarf sind nach DIN 22101 für jeden voll im Eingriff stehenden Abstreifer oder Abwurfwagen bis zu 1000 mm Gurtbreite 2 PS und bei Anordnung von Führungsleisten mindestens 0,1 PS/m hinzuzuschlagen.

In sinngemäßer Anwendung dieser Bestimmungen wurden zugrunde gelegt: für 650 mm Bandbreite bei Annahme eines Doppelabstreifers DBP 942497 der BBI, eines nicht voll eingreifenden Vorabstreifers an der Abwurftrommel und

eines ebenfalls als nicht voll eingreifend anzusehenden Pflugabstreifers vor dem
Einlauf des Untertrums auf der Umkehrtrommel, sowie 2×3 m Führungsleisten

$$3 \times 2 \times 0,65 + 6 \times 0,1 = 4,5 \text{ PS};$$

für 800 mm Bandbreite auf den leichteren Muldentragrollen von 90 mm $\varnothing$
(800 l) bei der gleichen Ausrüstung

$$3 \times 2 \times 0,8 + 6 \times 0,1 = 5,4 \text{ PS};$$

für 800 mm Bandbreite auf den schwereren Muldentragrollen von 133 mm $\varnothing$
(800 s) für hohe Leistungen bei Annahme eines weiteren Abstreifers und im
übrigen der gleichen Ausrüstung wie für 800 l

$$4 \times 2 \times 0,8 + 6 \times 0,1 = 7,0 \text{ PS};$$

Für 1000 mm Bandbreite bei der gleichen Ausrüstung wie für 800 s

$$4 \times 2 + 6 \times 0,1 = 8,6 \text{ PS}.$$

Dazuhin hat es sich als vorteilhaft erwiesen, die Bänder im Bereich der Abwurfparabel zu ihrer Schonung über ein Gummipolsterrollenbett aus dicht bei-
einander angeordneten Rollen mit Gummiringbelag laufen zu lassen, was einen
weiteren Zuschlag bedingt, für welchen angesetzt wurde

für 650 mm-Band   0,5 PS;
für Band 800 l   0,9 PS;
für Band 800 s   1,1 PS   und
für 1000 mm-Band 1,4 PS.

Der insgesamt hinzuzuschlagende Betrag ist sohin

für 650 mm-Bandbreite   4,5 + 0,5 =   5   PS,
für Band 800 l   5,4 + 0,9 =   6,3 PS,
für Band 800 s   7,0 + 1,1 =   8,1 PS,
für 1000 mm Bandbreite 8,6 + 1,4 = 10   PS,

und es ergibt sich damit als Kraftbedarf im Leerlauf bei $v = 1$ m/s und Verschleißbändern

Förderlänge m	Bandbreite mm				Förderlänge m	Bandbreite mm			
	650 PS	800 l PS	800 s PS	1000 PS		650 PS	800 l PS	800 s PS	1000 PS
20	5,82	7,41	9,46	11,60	63	6,62	8,49	10,78	13,15
25	5,93	7,56	9,64	11,81	80	6,84	8,79	11,14	13,58
32	6,07	7,75	9,87	12,08	100	7,18	9,26	11,72	14,25
40	6,23	7,97	10,14	12,40	125	7,57	9,78	12,36	15,00
50	6,41	8,22	10,44	12,75	160	8,08	10,48	13,21	16,00

und als *Kraftbedarf im Leerlauf bei $v = 1$ m/s und Normalbändern*

Förderlänge m	Bandbreite mm				Förderlänge m	Bandbreite mm			
	650 PS	800 l PS	800 s PS	1000 PS		650 PS	800 l PS	800 s PS	1000 PS
100	6,90	8,88	11,36	13,81	250	8,64	11,24	14,34	17,28
125	7,24	9,34	11,94	14,48	320	9,30	12,14	15,47	18,60
160	7,69	9,95	12,71	15,38	400	9,93	12,99	16,55	19,86
200	8,14	10,56	13,48	16,27	500	10,88	14,28	18,18	21,76

Für die Ermittlung des *zusätzlichen Kraftbedarfs bei Förderung* ist die Förder-menge zu multiplizieren mit $\dfrac{C \cdot f \cdot L}{270}$ und es ergibt sich dann für *je 100 t/h Förderung* bei

Verschleißbändern

20 m Förderlänge . . . . 0,71 PS	50 m Förderlänge . . . . 1,22 PS
25 m Förderlänge . . . . 0,81 PS	63 m Förderlänge . . . . 1,40 PS
32 m Förderlänge . . . . 0,93 PS	80 m Förderlänge . . . . 1,65 PS
40 m Förderlänge . . . . 1,07 PS	100 m Förderlänge . . . . 1,89 PS

und *für je 100 t/h Förderung* bei

Normalbändern

100 m Förderlänge . . . . 1,89 PS	250 m Förderlänge . . . . 3,61 PS
125 m Förderlänge . . . . 2,22 PS	320 m Förderlänge . . . . 4,27 PS
160 m Förderlänge . . . . 2,67 PS	400 m Förderlänge . . . . 4,88 PS
200 m Förderlänge . . . . 3,11 PS	500 m Förderlänge . . . . 5,83 PS

Der *zusätzliche Kraftbedarf für Hubleistung* ergibt sich aus der Formel $\dfrac{Q_t \cdot H}{270}$ und *beträgt für je 100 t/h Leistung und 1 m Hubhöhe 0,37 PS*.

Zusammengefaßt ergeben sich dann für die verschiedenen Arten der Bänder, Bandbreiten und Bandgeschwindigkeiten die Werte der Tab. 27 bis 34.

Der Kraftbedarf am Motor (N_m) in PS ist

$$N_m = \frac{N_a}{\eta},$$

wobei der Wirkungsgrad $\eta = 0,75$ angenommen werden kann.

Tabelle 27. *Kraftbedarf von Verschleißbändern mit 650 mm Breite*

Bandgeschwindigkeit	Kraftbedarf an der Triebwelle im Leerlauf in PS							
	Förderlänge m							
	20	25	32	40	50	63	80	100
$v = 1,00$ m/s	5,82	5,93	6,07	6,23	6,41	6,62	6,84	7,18
1,25 m/s	7,28	7,42	7,59	7,79	8,02	8,28	8,55	8,98
1,50 m/s	8,73	8,90	9,11	9,35	9,62	9,93	10,26	10,77
1,80 m/s	10,48	10,68	10,93	11,22	11,54	11,92	12,32	12,93
2,00 m/s	11,64	11,86	12,14	12,46	12,82	13,24	13,68	14,36
2,50 m/s	14,55	14,83	15,18	15,58	16,03	16,55	17,10	17,95
Für je 100 t/h Förderung	0,71	0,81	0,93	1,07	1,22	1,40	1,65	1,89

Tabelle 28. *Kraftbedarf von Normalbändern mit 650 mm Breite*

Bandgeschwindigkeit	Kraftbedarf an der Triebwelle im Leerlauf in PS							
	Förderlänge m							
	100	125	160	200	250	320	400	500
$v = 1,00$ m/s	6,90	7,24	7,69	8,14	8,64	9,30	9,93	10,88
1,25 m/s	8,63	9,05	9,61	10,18	10,80	11,63	12,42	13,60
1,50 m/s	10,35	10,86	11,54	12,21	12,96	13,95	14,90	16,32
1,80 m/s	12,42	13,03	13,84	14,66	15,56	16,74	17,88	19,59
2,00 m/s	13,80	14,48	15,38	16,28	17,28	18,60	19,86	21,76
2,50 m/s	17,25	18,10	19,23	20,35	21,60	23,25	24,83	27,20
Für je 100 t/h Förderung	1,89	2,22	2,67	3,11	3,61	4,27	4,88	5,83

Tabelle 29. *Kraftbedarf von Verschleißbändern 800 mm l*

Bandgeschwindigkeit	Kraftbedarf an der Triebwelle im Leerlauf in PS							
	Förderlänge m							
	20	25	32	40	50	63	80	100
$v = 1,00$ m/s	7,41	7,56	7,75	7,97	8,22	8,49	8,79	9,26
1,25 m/s	9,27	9,45	9,69	9,97	10,28	10,60	10,99	11,58
1,50 m/s	11,12	11,34	11,63	11,96	12,33	12,74	13,19	13,89
1,80 m/s	13,34	13,61	13,95	14,35	14,80	15,29	15,83	16,67
1,90 m/s	14,68	14,37	14,73	15,15	15,62	16,14	16,71	17,60
2,00 m/s	14,82	15,12	15,50	15,94	16,44	16,98	17,58	18,52
2,50 m/s	18,53	18,90	19,38	19,93	20,55	21,23	21,98	23,15
3,00 m/s	22,23	22,68	23,25	23,91	24,66	25,47	26,37	27,78
3,50 m/s	25,94	26,46	27,13	27,90	28,77	29,72	30,77	32,41
4,00 m/s	29,64	30,24	31,00	31,88	32,88	33,96	35,16	37,04
Für je 100 t/h Förderung	0,71	0,81	0,93	1,07	1,22	1,40	1,65	1,89

Tabelle 30. *Kraftbedarf von Normalbändern 800 mm l*

Bandgeschwindigkeit	Kraftbedarf an der Triebwelle im Leerlauf in PS							
	Förderlänge m							
	100	125	160	200	250	320	400	500
$v = 1,00$ m/s	8,88	9,34	9,95	10,56	11,24	12,14	12,99	14,28
1,25 m/s	11,10	11,78	12,44	13,20	14,05	15,18	16,24	17,85
1,50 m/s	13,32	14,01	14,93	15,84	16,86	18,21	19,49	21,42
1,80 m/s	15,99	16,81	17,91	19,01	20,24	21,85	23,39	25,71
1,90 m/s	16,88	17,75	18,91	20,07	21,36	23,07	24,69	27,14
2,00 m/s	17,76	18,68	19,90	21,12	22,48	24,28	25,98	28,56
2,50 m/s	22,20	23,35	24,88	26,40	28,10	30,35	32,48	35,70
3,00 m/s	26,64	28,02	29,85	31,68	33,72	36,42	38,97	42,84
3,50 m/s	31,08	32,69	34,83	36,96	39,34	42,49	45,47	49,98
4,00 m/s	35,52	37,36	39,80	42,24	44,96	48,56	51,96	57,12
Für je 100 t/h Förderung	1,89	2,22	2,67	3,11	3,61	4,27	4,88	5,83

Tabelle 31. *Kraftbedarf von Verschleißbändern 800 mm s*

Bandgeschwindigkeit	Kraftbedarf an der Triebwelle im Leerlauf in PS							
	Förderlänge m							
	20	25	32	40	50	63	80	100
$v = 1,00$ m/s	9,46	9,64	9,87	10,14	10,44	10,78	11,14	11,72
1,25 m/s	11,83	12,05	12,34	12,68	13,05	13,48	13,93	14,65
1,50 m/s	14,19	14,46	14,81	15,21	15,66	16,17	16,71	17,58
1,70 m/s	16,09	16,39	16,78	17,24	17,75	18,33	18,94	19,93
1,80 m/s	17,03	17,36	17,77	18,26	18,80	19,41	20,06	21,10
1,90 m/s	17,98	18,32	18,76	19,27	19,84	20,49	21,17	22,27
2,00 m/s	18,92	19,28	19,74	20,28	20,88	21,56	22,28	23,44
2,50 m/s	23,65	24,10	24,68	25,35	26,10	26,95	27,85	29,30
3,00 m/s	28,38	28,92	29,61	30,42	31,32	32,34	33,42	35,16
3,50 m/s	33,11	33,74	34,55	35,49	36,54	37,73	38,99	41,02
4,00 m/s	37,84	38,56	39,48	40,56	41,76	43,12	44,56	46,88
Für je 100 t/h Förderung	0,71	0,81	0,93	1,07	1,22	1,40	1,65	1,89

Tabelle 32. *Kraftbedarf von Normalbändern 800 mm s*

Bandgeschwindigkeit	Kraftbedarf an der Triebwelle im Leerlauf in PS							
	Förderlänge m							
	100	125	160	200	250	320	400	500
$v = 1,00$ m/s	11,36	11,94	12,71	13,48	14,34	15,47	16,55	18,18
1,25 m/s	14,20	14,93	15,89	16,85	17,93	19,34	20,69	22,73
1,50 m/s	17,04	17,91	19 03	20,22	21,51	23,21	24,83	27,27
1,70 m/s	19,32	20,30	21,61	22,92	24,38	26,30	28,14	30,91
1,80 m/s	20,45	21,49	22,88	24,27	25,82	27,85	29,79	32,73
1,90 m/s	21,59	22,69	24,15	25,62	27,25	29,39	31,45	34,55
2,00 m/s	22,72	23,88	25,42	26,96	28,68	30,94	33,10	36,36
2,50 m/s	28,40	29,85	31,78	33,70	35,85	38,68	41,38	45,45
3,00 m/s	34,08	35,82	38,13	40,44	43,02	46,41	49,65	54,54
3,50 m/s	39,76	41,79	44,49	47,18	50,19	54,15	57,93	63,63
4,00 m/s	45,44	47,76	50,84	53,92	57,36	61,88	66,20	72,72
Für je 100 t/h Förderung	1,89	2,22	2,67	3,11	3,61	4,27	4,88	5,83

Tabelle 33. *Kraftbedarf von Verschleißbändern mit 1000 mm Breite*

Bandgeschwindigkeit	Kraftbedarf an der Triebwelle im Leerlauf in PS							
	Förderlänge m							
	20	25	32	40	50	63	80	100
$v = 1,00$ m/s	11,60	11,81	12,08	12,40	12,75	13,15	13,58	14,25
1,25 m/s	14,50	14,76	15,10	15,50	15,94	16,44	16,98	17,81
1,50 m/s	17,40	17,72	18,12	18,60	19,13	19,73	20,37	21,38
1,70 m/s	19,72	20,08	20,54	21,08	21,68	22,36	23,09	24,23
1,80 m/s	20,88	21,26	21,75	22,32	22,95	23,67	24,45	25,65
1,90 m/s	22,04	22,44	22,96	23,56	24,23	24,99	25,81	27,08
2,00 m/s	23,20	23,62	24,16	24,80	25,50	26,30	27,16	28,50
2,50 m/s	29,00	29,53	30,20	31,00	31,88	32,88	33,95	35,63
3,00 m/s	34,80	35,43	36,24	37,20	38,25	39,45	40,74	42,75
3,50 m/s	40,60	41,34	42,28	43,40	44,63	46,03	47,53	49,88
4,00 m/s	46,40	47,24	48,32	49,60	51,00	52,60	54,32	57,00
Für je 100 t/h Förderung	0,71	0,81	0,93	1,07	1,22	1,40	1,65	1,89

Tabelle 34. *Kraftbedarf von Normalbändern mit 1000 mm Breite*

Bandgeschwindigkeit	Kraftbedarf an der Triebwelle im Leerlauf in PS							
	Förderlänge m							
	100	125	160	200	250	320	400	500
$v = 1,00$ m/s	13,81	14,48	15,38	16,27	17,28	18,60	19,86	21,76
1,25 m/s	17,26	18,10	19,23	20,34	21,60	23,25	24,83	27,20
1,50 m/s	20,72	21,72	23,07	24,41	25,92	27,90	29,79	32,64
1,70 m/s	23,48	24,62	26,15	27,66	29,38	31,62	33,77	37,00
1,80 m/s	24,86	26,06	27,68	29,29	31,11	33,48	35,76	39,18
1,90 m/s	26,24	27,51	29,22	30,92	32,84	35,34	37,74	41,35
2,00 m/s	27,62	28,96	30,76	32,54	34,56	37,20	39,72	43,52
2,50 m/s	34,53	36,20	38,45	40,68	43,20	46,50	49,65	54,40
3,00 m/s	41,43	43,44	46,14	48,81	51,84	55,80	59,58	65,28
3,50 m/s	48,34	50,68	53,83	56,95	60,48	65,10	69,51	76,16
4,00 m/s	55,24	57,92	61,52	65,08	69,12	74,40	79,44	87,04
Für je 100 t/h Förderung	1,89	2,22	2,67	3,11	3,61	4,27	4,88	5,83

Tabelle 35. *Werte*

Betriebs-zustand	α°	180	210	225	240	250	260	270	280	290	300	310
	μ						$e^{\mu\alpha}$					
1	0,10	1,37	1,44	1,48	1,52	1,55	1,57	1,60	1,63	1,66	1,69	1,72
2	0,15	1,60	1,73	1,80	1,87	1,92	1,975	2,03	2,08	2,14	2,19	2,25
3	0,20	1,87	2,08	2,19	2,31	2,39	2,48	2,57	2,66	2,75	2,85	2,95
4	0,25	2,19	2,50	2,67	2,85	2,98	3,11	3,25	3,39	3,54	3,70	3,88
5	0,30	2,57	3,00	3,25	3,51	3,70	3,90	4,11	4,33	4,565	4,81	5,07
6	0,35	3,00	3,60	3,95	4.33	4 60	4,89	5,20	5,53	5,88	6,25	6,64
7	0,40	3,51	4,33	4,81	5,34	5,73	6,14	6,59	7,06	7,57	8,12	8,71
8	0,50	4,81	6,25	7,12	8,12	8,86	9,67	11,15	11,51	12,56	13,71	14,96
9	0,60	6,58	9,01	11,08	12,345	13,71	15,21	16,90	18,77	20,84	23,14	25,695
	μ						$1 : (e^{\mu\alpha}-1)$					
1	0,10	2,71	2,26	2,08	1,92	1,83	1,74	1,66	1,59	1,52	1,45	1,39
2	0,15	1,66	1,37	1,25	1,15	1,08	1,03	0,97	0,925	0,88	0,84	0,80
3	0,20	1,15	0,93	0,84	0,76	0,72	0,68	0,64	0,60	0,57	0,54	0,51
4	0,25	0,84	0,67	0,60	0,54	0,51	0,48	0,45	0,42	0,39	0,37	0,35
5	0,30	0,64	0,50	0,44	0,40	0,37	0,34	0,32	0,30	0,28	0,26	0,25
6	0,35	0,50	0,38	0,34	0,30	0,28	0,26	0,24	0,22	0,20	0,19	0,18
7	0,40	0,40	0,30	0,26	0,23	0,21	0,19	0,18	0,165	0,15	0,14	0,13
8	0,50	0,26	0,19	0,16	0,14	0,13	0,115	0,10	0,095	0,09	0,08	0,07
9	0,60	0,18	0,12	0,10	0,09	0,08	0,07	0,06	0,055	0,05	0,045	0,04

Betriebszustände: 1 Blankgedrehte Trommel und nasser Betrieb.
2 Mit Holz oder Gewebe bekleidete Trommel und schlüpfrig-feuchter Betrieb.
3 Blankgedrehte Trommel und feuchter Betrieb.
4 Blankgedrehte Trommel, teils feuchter, teils trockener Betrieb (Bänder im Freien — Mittelwert).

D. Rechnerische Ermittlung der Bandkonfektion

Der Gurtzug in kg, der für die Ermittlung der Zahl und Art der Einlagen des Gurtes (Bandkonfektion) maßgebend ist, wird berechnet nach der Formel

$$T_1 = \frac{75 \cdot N_a}{v} \cdot \left(1 + \frac{1}{e^{\mu\alpha} - 1}\right),$$

worin bedeuten

e Basis der natürlichen Logarithmen = 2,718,

μ Reibungszahl zwischen Gurt und Antriebstrommel,

α umspannter Bogen an der Antriebstrommel.

Die Werte für $e^{\mu\alpha}$ und $\dfrac{1}{e^{\mu\alpha} - 1}$ können aus der Tab. 35 entnommen werden.

Einlagezahl des Gurtes $z = \dfrac{0,01 \cdot T_1 \cdot S}{B \cdot K_z}$.

In der Sicherheitszahl S (für 3 bis 5 Einlagen = 11, und für 6 bis 9 Einlagen = 12) sind berücksichtigt:

$$\text{für } e^{\mu\alpha} \text{ und } \frac{1}{e^{\mu\alpha}-1}$$

320	330	340	350	360	375	390	405	420	435	450
					$e^{\mu\alpha}$					
1,75	1,78	1,81	1,84	1,87	1,92	1,975	2,03	2,08	2,14	2,19
2,31	2,37	2,435	2,50	2,57	2,67	2,775	2,89	3,00	3,12	3,25
3,06	3,16	3,28	3,39	3,51	3,70	3,90	4,11	4,33	4,565	4,81
4,04	4,22	4,41	4,605	4,81	5,135	5,48	5,85	6,25	6,67	7,12
5,34	5,63	5,93	6,25	6,59	7,12	7,70	8,33	9,01	9,75	10,55
7,06	7,50	7,98	8,48	9,01	9,88	10,83	11,86	13,00	14,26	15,62
9,34	10,01	10,74	11,51	12,345	13,71	15,22	16,88	18,76	20,89	23,15
16,32	17,81	19,44	21,21	23,14	26,38	30,65	34,24	39,03	44,52	50,75
28,53	31,69	35,18	39,065	43,37	50,75	59,36	69,41	81,22	95,13	111,30
					$1:(e^{\mu\alpha}-1)$					
1,34	1,28	1,23	1,20	1,14	1,08	1,025	0,97	0,925	0,88	0,84
0,76	0,73	0,70	0,67	0,64	0,60	0,56	0,53	0,50	0,47	0,445
0,49	0,46	0,44	0,42	0,40	0,37	0,345	0,32	0,30	0,28	0,26
0,33	0,31	0,29	0,28	0,26	0,24	0,22	0,21	0,19	0,18	0,17
0,23	0,22	0,20	0,19	0,18	0,16	0,15	0,14	0,125	0,11	0,10
0,165	0,15	0,14	0,13	0,12	0,11	0,10	0,09	0,08	0,075	0,07
0,12	0,11	0,10	0,095	0,09	0,08	0,07	0,06	0,055	0,05	0,045
0,065	0,06	0,055	0,05	0,045	0,04	0,035	0,03	0,026	0,023	0,02
0,035	0,03	0,028	0,026	0,024	0,02	0,017	0,015	0,012	0,011	0,009

5 Blankgedrehte Trommel und trockener Betrieb.
6 Mit Holz bekleidete Trommel und trockener Betrieb.
7 Trommel mit Vulkollanbelag und trockener Betrieb.
8 u. 9 Trommel mit Micke-Combi-Belag und trockener Betrieb.
Mit Rücksicht auf die unvermeidliche Verschmierung auch bei Trommeln mit Belag empfiehlt es sich, *über $\mu = 0{,}4$ nicht hinauszugehen.*

1. die zusätzliche Beanspruchung durch Biegung,
2. Festigkeitsverluste, die dadurch entstehen, daß nicht alle Einlagen gleichmäßig tragen,
3. Festigkeitsverluste durch Stoßstellen und
4. Festigkeitsverluste durch Alterung.

K_z ist die Zerreißfestigkeit des Gurtes je Einlage in kg/cm, wobei zu beachten ist, daß bei Gurten mit Einlagen aus Kunstfaser, welche der Feuchtigkeit ausgesetzt sind, die Naßfestigkeit eingesetzt werden muß, die nach DIN 22102 nur halb so groß ist, wie die Zerreißfestigkeit im Trockenzustand.

Diese Bestimmungen sind aber meines Erachtens durch die Weiterentwicklung auf diesem Gebiet überholt und man kann ruhig auch die K-Bänder mit ihrem vollen Wert einsetzen, wenn im Betrieb streng darauf geachtet wird, daß etwaige Schäden in der Decklage, gleichviel ob auf der Tragseite oder auf der Laufseite, sofort behoben werden, um es gar nicht zu einem Eindringen von Feuchtigkeit in nennenswertem Maß kommen zu lassen.

Zur Zeit gilt als Mindestzahl der Einlagen

bis   0,8 m Bandbreite: 3 Einlagen und
über 0,8 m Bandbreite: 4 Einlagen.

Berechnungsbeispiel. Bestimmung der Bandkonfektion im 1. Beispiel für die Antriebsermittlung auf S. 94—96.

Es empfiehlt sich, die Bandkonfektion auf alle Fälle so zu wählen, daß sie auch noch bei der vollen Auslastung des Motors ausreicht. Im Gegensatz zur Berechnung des Antriebs, wo durch Annahme eines Wirkungsgrades $\eta = 0{,}75$ bei sorgfältig durchgebildeten Anlagen noch eine gewisse Reserve für außergewöhnliche Spitzenbelastungen geschaffen ist, tut man gut daran, bei der Ermittlung der Konfektion zur Erreichung des gleichen Zwecks mit der vollen Nennleistung des Motors zu rechnen.

Für den Antrieb BEV mit 2×60 PS Leistung ergäbe sich dann $N_a = 120$ PS und

$$\text{Gurtzug } T_1 = \frac{75 \cdot 120}{2} \cdot \left(1 + \frac{1}{e^{\mu \alpha} - 1} \right).$$

Für $\mu = 0{,}25$ und $\alpha = 450°$ ist dann nach Tab. 35 $\dfrac{1}{e^{\mu \alpha} - 1} = 0{,}17$ und

$$T_1 = \frac{75 \cdot 120}{2} \cdot 1{,}17 = 5265 \text{ kg}.$$

Bei Einlagen B 110 würde sich in diesem Fall die Zahl der Einlagen ergeben zu

$$z = \frac{0{,}01 \cdot 5265 \cdot 12}{0{,}8 \cdot 110} = \frac{631{,}8}{88} = 8 \, B \, 110,$$

während bei Einlagen KP 225 und gleicher Sicherheitszahl 12

$$z = \frac{631{,}8}{0{,}8 \cdot 225} = 4 \, KP \, 225$$

mehr als ausreichend ist.

Damit sind zur Dimensionierung von Bandanlagen für ganz bestimmte Fälle alle nötigen Unterlagen vorhanden.

E. Nutzanwendung für den Baubetrieb

Nun sind aber im Baubetrieb im Gegensatz etwa zum Abraumbetrieb die Verhältnisse insofern ganz anders gelagert, als eine solche Anlage heute hier und morgen unter grundverschiedenen Verhältnissen dort eingesetzt werden soll und darauf sollte man bei der Beschaffung von *Bandstraßen als Anlagegerät* von Anfang an Rücksicht nehmen. Dies kann aber meines Erachtens nur in der Weise geschehen, daß man tunlichst mit serienmäßig hergestellten Anlagen arbeitet und dieselben von vornherein so wählt, daß eine möglichst vielseitige Verwendbarkeit gewährleistet ist.

Es wurde bereits im ersten Teil des Buches zum Ausdruck gebracht, daß die Fabrikate der Fa. Gebr. Eickhoff, Bochum, für die Verwendung im Baubetrieb besonders geeignet erscheinen und es wurden deshalb für die folgenden Untersuchungen in erster Linie diese zugrundegelegt, ohne damit, was nochmals ausdrücklich betont werden soll, ein Werturteil über andere Erzeugnisse dieser Art abgeben zu wollen. Am Schluß des ersten Teils dieses Buches wurde deshalb ein Verzeichnis von Lieferfirmen angefügt, so daß sich Interessenten im Bedarfsfalle durch Einholung von Angeboten selbst ein Bild über die Vielfältigkeit des

Vorhandenen machen können. Es erscheint jedoch unzweckmäßig und würde auch viel zu weit führen, alle diese Fabrikate hier einzeln aufzuführen.

Für die Bedürfnisse des Baubetriebs wurde die

Leistungsfähigkeit der Serienfabrikate

in den nun folgenden Tab. 36 bis 68 zusammengestellt.

a) Antriebe. Die Berechnung der Leistungsfähigkeit serienmäßig hergestellter Antriebe in t/h bzw. cbm/h erfolgte unter Zugrundelegung eines Materials mit geringem Fließverhalten und eines Fördergutgewichts von 1,8 t/cbm. Die Hubhöhe H in m ist die Höhe, welche bei der betreffenden Leistung noch überwunden werden könnte.

Bei mittlerem Fließverhalten verringern sich die angegebenen Leistungen um etwa 15% und bei starkem Fließverhalten bis zu 40% (s. Tab. 22), während andererseits mit dem gleichen Antrieb diese verringerten Mengen wesentlich größere Höhenunterschiede zu überwinden vermögen. Für ein Förderband von 650 mm Breite und 100 m Förderlänge ergäben sich bei einer Bandgeschwindigkeit von 1,5 m/s und einem Antriebsmotor von 35 PS beispielsweise folgende Werte:

Fließverhalten	gering	mittel	stark
Fördermenge nach Tab. 22 . . . . . . cbm/h	204	168	132
Fördergutgewicht . . . . t/cbm	1,8	1,9	2,0
Leistungsgrundlage f. Antriebsberechnung nach Tab. 23 . . . . t/h	608	507	352
Hubhöhe . . . . m	1,96	3,38	7,12

Die Hubleistung steigt also in diesem Falle von 1,96 m bis zu 7,12 m. *Hinsichtlich der in den folgenden Tabellen mit * versehenen Hubhöhen ist zu beachten, daß es sich um rein theoretische Werte handelt, welche unter den betreffenden Verhältnissen praktisch überhaupt nicht erreichbar sind. Dies geht klar hervor aus der folgenden Übersicht, in welcher die bei den verschiedenen Förderlängen und dem jeweiligen Fließverhalten des Förderguts praktisch erzielbaren maximalen Hubhöhen zusammengestellt sind.*

Fließverhalten des Förderguts		gering	mittel	stark
Zulässige Steigungen oder Gefälle		20—22° 36—40%	16—18° 28—32%	12—14° 21—25%
Förderlängen in m	20	7,20— 8,00	5,60— 6,40	4,20— 5,00
	25	9,00—10,00	7,00— 8,00	5,25— 6,25
	32	11,52—12,80	8,96—10,24	6,72— 8,00
	40	14,40—16,00	11,20—12,80	8,40—10,00
	50	18,00—20,00	14,00—16,00	10,50—12,50
	63	22,68—25,20	17,64—20,16	13,23—15,75
	80	28,80—32,00	22,40—25,60	16,80—20,00
	100	36,00—40,00	28,00—32,00	21,00—25,00
	125	45,00—50,00	35,00—40,00	26,25—31,25
	160	57,60—64,00	44,80—51,20	33,60—40,00

Diese Werte gelten aber selbstverständlich nur für *gewöhnliche* Förderbänder; bei der Verwendung von *profilierten Steilförderbändern* können, wie die Ausführungen auf S. 11 zeigen, wesentlich größere Hubhöhen erzielt werden.

Bandbreite 650 mm — Zweitrommelantriebe

Tabelle 36a u. b. *Antrieb B I*

a) mit Elektromotor 22 PS

Verschleißbänder 650 mm

| Förder-länge | Leistungen bei einer Bandgeschwindigkeit von m/s | | | | | | | | | | | |
| | 1,0 | | | 1,25 | | | 1,50 | | | 1,80 | | |
	t/h	cbm/h	H (m)	t/h	cbm/h	H (m)	t/h	cbm/h	H (m)	t/h	cbm/h	H (m)
20 m	405	136	5,21	507	170	3,00	608	204	1,53	729	244	0.31
25 m	405	136	4,86	507	170	2,64	608	204	1,18	716	240	—
32 m	405	136	4,45	507	170	2,23	608	204	0,77			
40 m	405	136	3,95	507	170	1,74	608	204	0,28			
50 m	405	136	3,43	507	170	1,22	564	189	—			
63 m	405	136	2,80	507	170	0,59						
80 m	405	136	1,98	481	161	—						
100 m	405	136	1,10									

Normalbänder 650 mm

| Förder-länge | 1,0 | | | 1,25 | | | 1,50 | | | 1,80 | | |
	t/h	cbm/h	H (m)	t/h	cbm/h	H (m)	t/h	cbm/h	H (m)	t/h	cbm/h	H (m)
100 m	405	136	1,29	416	139	—	325	109	—	216	72	—
125 m	405	136	0,18									
160 m	397	133										

b) mit Dieselmotor 25 PS

Verschleißbänder 650 mm

| Förder-länge | Leistungen bei einer Bandgeschwindigkeit von m/s | | | | | | | | | | | |
| | 1,0 | | | 1,25 | | | 1,50 | | | 1,80 | | |
	t/h	cbm/h	H (m)	t/h	cbm/h	H (m)	t/h	cbm/h	H (m)	t/h	cbm/h	H (m)
20 m	405	136	6,71	507	175	4,19	608	204	2,53	729	244	1,15
25 m	405	136	6,36	507	175	3,85	608	204	2,18	729	244	0,80
32 m	405	136	5,95	507	175	3,43	608	204	1,76	729	244	0,38
40 m	405	136	5,45	507	175	2,94	608	204	1,28	703	236	—
50 m	405	136	4,93	507	175	2,42	608	204	0,76			
63 m	405	136	4,31	507	175	1,79	608	204	0,13			
80 m	405	136	3,48	507	175	0,98	514	173	—			
100 m	405	136	2,60	507	175	0,09						

Normalbänder 650 mm

| Förder-länge | 1,0 | | | 1,25 | | | 1,50 | | | 1,80 | | |
	t/h	cbm/h	H (m)	t/h	cbm/h	H (m)	t/h	cbm/h	H (m)	t/h	cbm/h	H (m)
100 m	405	136	2,79	507	175	0,28	444	149	—	335	112	—
125 m	405	136	1,68	363	122	—						
160 m	405	136	0,16									

Tabelle 37a u. b. *Antrieb B II*

a) mit Elektromotor 35 PS

Verschleißbänder 650 mm

| Förder-länge | Leistungen bei einer Bandgeschwindigkeit von m/s | | | | | | | | | | | |
| | 1,0 | | | 1,25 | | | 1,50 | | | 1,80 | | |
	t/h	cbm/h	H (m)	t/h	cbm/h	H (m)	t/h	cbm/h	H (m)	t/h	cbm/h	H (m)
20 m	405	136	11,71*	507	175	8,19*	608	204	5,87	729	244	3,93
25 m	405	136	11,37*	507	175	7,84	608	204	5,52	729	244	3,58
32 m	405	136	10,95	507	175	7,43	608	204	5,10	729	244	3,16
40 m	405	136	10,46	507	175	6,94	608	204	4,62	729	244	2,68
50 m	405	136	9,93	507	175	6,41	608	204	4,09	729	244	2,15
63 m	405	136	9,31	507	175	5,79	608	204	3,46	729	244	1,52
80 m	405	136	8,48	507	175	4,92	608	204	2,64	729	244	0,70
100 m	405	136	7,61	507	175	4,09	608	204	1,77	704	236	—

Normalbänder 650 mm

| Förder-länge | 1,0 | | | 1,25 | | | 1,50 | | | 1,80 | | |
	t/h	cbm/h	H (m)	t/h	cbm/h	H (m)	t/h	cbm/h	H (m)	t/h	cbm/h	H (m)
100 m	405	136	7,80	507	175	4,28	608	204	1,96	729	244	0,02
125 m	405	136	6,69	507	175	3,16	608	204	0,84	595	200	—
160 m	405	136	5,46	507	175	1,65	551	185	—			
200 m	405	136	3,67	507	175	0,16						
250 m	405	136	1,98	428	143	—						
320 m	397	133										

b) mit Dieselmotor 37,5 PS

Verschleißbänder 650 mm

| Förder-länge | Leistungen bei einer Bandgeschwindigkeit von m/s | | | | | | | | | | | |
| | 1,0 | | | 1,25 | | | 1,50 | | | 1,80 | | |
	t/h	cbm/h	H (m)	t/h	cbm/h	H (m)	t/h	cbm/h	H (m)	t/h	cbm/h	H (m)
20 m	405	136	12,96*	507	175	9,19*	608	204	6,70	729	244	4,62
25 m	405	136	12,62*	507	175	8,84	608	204	6,35	729	244	4,27
32 m	405	136	12,20	507	175	8,43	608	204	5,93	729	244	3,86
40 m	405	136	11,71	507	175	7,94	608	204	5,45	729	244	3,37
50 m	405	136	11,18	507	175	7,41	608	204	4,92	729	244	2,84
63 m	405	136	10,56	507	175	6,79	608	204	4,30	729	244	2,22
80 m	405	136	9,74	507	175	5,98	608	204	3,47	729	244	1,38
100 m	405	136	8,86	507	175	5,09	608	204	2,60	729	244	0,52

Normalbänder 650 mm

| Förder-länge | 1,0 | | | 1,25 | | | 1,50 | | | 1,80 | | |
	t/h	cbm/h	H (m)	t/h	cbm/h	H (m)	t/h	cbm/h	H (m)	t/h	cbm/h	H (m)
100 m	405	136	9,05	507	175	5,28	608	204	2,79	729	244	0,71
125 m	405	136	7,44	507	175	4,16	608	204	1,67	680	228	—
160 m	405	136	6,41	507	175	2,65	608	204	0,15			
200 m	405	136	4,92	507	175	1,16	511	171	—			
250 m	405	136	3,24	479	161	—						
320 m	405	136	1,01									
400 m	372	125	—									

Tabelle 38. *Antrieb B III*

Verschleißbänder 650 mm

v m/s	1,0			1,25			1,50		
Leistung	t/h	cbm/h	H (m)	t/h	cbm/h	H (m)	t/h	cbm/h	H (m)
20	405	136	21,72*	507	175	16,18*	608	204	12,54*
25	405	136	21,38*	507	175	15,84*	608	204	12,18*
32	405	136	20,96*	507	175	15,42*	608	204	11,77
40	405	136	20,47*	507	175	14,94	608	204	11,28
50	405	136	19,94	507	175	14,41	608	204	10,76
63	405	136	19,32	507	175	13,76	608	204	10,13
80	405	136	18,49	507	175	12,97	608	204	9,31
100	405	136	17,62	507	175	12,09	608	204	8,44

Förderlänge m

Normalbänder 650 mm

	t/h	cbm/h	H (m)	t/h	cbm/h	H (m)	t/h	cbm/h	H (m)
100	405	136	17,81*	507	175	12,27*	608	204	8,63*
125	405	136	16,70*	507	175	11,16*	608	204	7,50
160	405	136	15,17*	507	175	9,65	608	204	5,98
200	405	136	13,68	507	175	8,15	608	204	4,50
250	405	136	12,00	507	175	6,47	608	204	2,81
320	405	136	9,77	507	175	4,25	608	204	0,59
400	405	136	7,70	507	175	2,17	540	181	—
500	405	136	4,50	475	159	—			

Förderlänge m

Tabelle 39. *Antrieb B III*

Verschleißbänder 650 mm

v m/s	1,0			1,25			1,50		
Leistung	t/h	cbm/h	H (m)	t/h	cbm/h	H (m)	t/h	cbm/h	H (m)
20	405	136	19,22*	507	175	14,18*	608	204	10,87*
25	405	136	18,88*	507	175	13,84*	608	204	10,53*
32	405	136	18,46*	507	175	13,42*	608	204	10,11
40	405	136	17,97*	507	175	12,94	608	204	9,63
50	405	136	17,44	507	175	12,41	608	204	9,09
63	405	136	16,82	507	175	11,79	608	204	8,46
80	405	136	15,99	507	175	10,96	608	204	7,64
100	405	136	15,12	507	175	10,09	608	204	6,77

Förderlänge m

Normalbänder 650 mm

	t/h	cbm/h	H (m)	t/h	cbm/h	H (m)	t/h	cbm/h	H (m)
100	405	136	15,31	507	175	10,28	608	204	6,96
125	405	136	14,20	507	175	9,16	608	204	5,84
160	405	136	12,67	507	175	7,65	608	204	4,32
200	405	136	11,18	507	175	6,15	608	204	2,83
250	405	136	9,50	507	175	4,47	608	204	1,15
320	405	136	7,27	507	175	2,25	551	185	—
400	405	136	5,20	507	175	0,17			
500	405	136	2,00	452	152	—			

Förderlänge m

mit Elektromotor 55 PS

Verschleißbänder 650 mm

1,80			2,0			2,50		
t/h	cbm/h	H (m)	t/h	cbm/h	H (m)	t/h	cbm/h	H (m)
729	244	9,49*	810	272	7,96	1013	340	5,20
729	244	9,14	810	272	7,61	1013	340	4,86
729	244	8,72	810	272	7,20	1013	340	4,44
729	244	8,04	810	272	6,71	1013	340	3,95
729	244	7,71	810	272	6,18	1013	340	3,43
729	244	7,08	810	272	5,56	1013	340	2,80
729	244	6,28	810	272	4,73	1013	340	1,98
729	244	5,39	810	272	3,86	1013	340	1,10

Normalbänder 650 mm

729	244	5,58	810	272	4,04	1013	340	1,29
729	244	4,46	810	272	2,93	1013	340	0,18
729	244	2,94	810	272	1,41	825	277	—
729	244	1,44	803	269				
711	239	—						

mit Dieselmotor 50 PS

Verschleißbänder 650 mm

1,8			2,0			2,5		
t/h	cbm/h	H (m)	t/h	cbm/h	H (m)	t/h	cbm/h	H (m)
729	244	8,10*	810	272	6,71	1013	340	4,20
729	244	7,75	810	272	6,36	1013	340	3,86
729	244	7,33	810	272	5,95	1013	340	3,44
729	244	6,85	810	272	5,46	1013	340	2,95
729	244	6,32	810	272	4,93	1013	340	2,43
729	244	5,69	810	272	4,31	1013	340	1,80
729	244	4,87	810	272	3,48	1013	340	0,98
729	244	4,00	810	272	2,61	1013	340	0,10

Normalbänder 650 mm

729	244	4,19	810	272	2,79	1013	340	0,29
729	244	3,07	810	272	1,68	874	293	—
729	244	1,55	810	272	0,16			
729	244	0,05	682	229	—			
607	204	—						

Tabelle 40. *Antrieb BE IV*

Verschleißbänder 650 mm

v m/s	1,5			1,9			2,5		
Leistung	t/h	cbm/h	H (m)	t/h	cbm/h	H (m)	t/h	cbm/h	H (m)
Förderlänge m 20	608	240	24,20*	770	258	17,89*	1013	340	12,20*
25	608	204	23,85*	770	258	17,54*	1013	340	11,86*
32	608	204	23,45*	770	258	17,12*	1013	340	11,44
40	608	204	22,95*	770	258	16,64*	1013	340	10,95
50	608	204	22,43*	770	258	16,12	1013	340	10,43
63	608	204	21,80	770	258	15,49	1013	340	9,80
80	608	204	20,98	770	258	14,67	1013	340	8,98
100	608	204	20,11	770	258	13,80	1013	340	8,11

Normalbänder 650 mm

Förderlänge m	t/h	cbm/h	H (m)	t/h	cbm/h	H (m)	t/h	cbm/h	H (m)
100	608	204	20,30	770	258	13,99	1013	340	8,30
125	608	204	19,18	770	258	12,86	1013	340	7,18
160	608	204	17,67	770	258	11,35	1013	340	5,68
200	608	204	16,17	770	258	9,85	1013	340	4,17
250	608	204	14,48	770	258	8,17	1013	340	2,48
320	608	204	12,26	770	258	5,95	1013	340	0,00
400	608	204	10,19	770	258	3,88			
500	608	204	6,99	770	258	0,67			

Tabelle 41. *Antrieb BE IV*

Verschleißbänder 650 mm

v m/s	1,5			1,9			2,5		
Leistung	t/h	cbm/h	H (m)	t/h	cbm/h	H (m)	t/h	cbm/h	H (m)
Förderlänge m 20	608	204	27,54*	770	258	20,52*	1013	340	14,20*
25	608	204	27,19*	770	258	20,17*	1013	340	13,86*
32	608	204	26,77*	770	258	19,75*	1013	340	13,44*
40	608	204	26,28*	770	258	19,27*	1013	340	12,95
50	608	204	25,76*	770	258	18,75	1013	340	12,43
63	608	204	25,13	770	258	18,12	1013	340	11,80
80	608	204	24,31	770	258	17,30	1013	340	10,98
100	608	204	23,44	770	258	16,42	1013	340	10,11

Normalbänder 650 mm

Förderlänge m	t/h	cbm/h	H (m)	t/h	cbm/h	H (m)	t/h	cbm/h	H (m)
100	608	204	23,63	770	258	16,61	1013	340	10,30
125	608	204	22,51	770	258	15,49	1013	340	9,18
160	608	204	21,00	770	258	13,98	1013	340	7,67
200	608	204	19,50	770	258	12,48	1013	340	6,17
250	608	204	17,82	770	258	10,80	1013	340	4,49
320	608	204	15,50	770	258	8,58	1013	340	2,00
400	608	204	13,52	770	258	6,51	1013	340	0,19
500	608	204	10,32	770	258	3,30	812	272	—

mit 2×45 PS-Elektromotoren

Verschleißbänder 650 mm

3,0			3,5			4,0		
t/h	cbm/h	H (m)	t/h	cbm/h	H (m)	t/h	cbm/h	H (m)
1215	408	9,21*	1418	476	7,06	1620	544	5,45
1215	408	8,87	1418	476	6,72	1610	544	5,11
1215	408	8,45	1418	476	6,30	1620	544	4,69
1215	408	7,96	1418	476	5,81	1620	544	4,20
1215	408	7,44	1418	476	5,29	1620	544	3,68
1215	408	6,81	1418	476	4,66	1620	544	3,05
1215	408	5,99	1418	476	3,84	1620	544	2,23
1215	408	5,11	1418	476	2,97	1620	544	1,36

Normalbänder 650 mm

3,0			3,5			4,0		
t/h	cbm/h	H (m)	t/h	cbm/h	H (m)	t/h	cbm/h	H (m)
1215	408	5,30	1418	476	3,16	1620	544	1,55
1215	408	4,18	1418	476	2,03	1620	544	0,43
1215	408	2,66	1418	476	0,52	1376	462	—
1215	408	1,16	1254	421	—			
1151	386	—						

mit 2×50 PS-Dieselmotoren

Verschleißbänder 650 mm

3,0			3,5			4,0		
t/h	cbm/h	H (m)	t/h	cbm/h	H (m)	t/h	cbm/h	H (m)
1215	408	10,88*	1418	476	8,49*	1620	544	6,70
1215	408	10,54*	1418	476	8,15	1620	544	6,36
1215	408	10,12	1418	476	7,73	1620	544	5,94
1215	408	9,63	1418	476	7,24	1620	544	5,46
1215	408	9,11	1418	476	6,72	1620	544	4,93
1215	408	8,48	1418	476	6,09	1620	544	4,30
1215	408	7,66	1418	476	5,27	1620	544	3,48
1215	408	6,78	1418	476	4,40	1620	544	2,61

Normalbänder 650 mm

3,0			3,5			4,0		
t/h	cbm/h	H (m)	t/h	cbm/h	H (m)	t/h	cbm/h	H (m)
1215	408	6,97	1418	476	4,59	1620	544	2,80
1215	408	5,85	1418	476	3,46	1620	544	1,68
1215	408	4,34	1418	476	1,95	1620	544	0,17
1215	408	2,84	1418	476	0,46	1364	458	—
1215	408	1,16	1240	416	—			
927	311	—						

Bandbreite 800 mm, leichtes Traggerüst (800 mm/l) — Zweitrommelantriebe

Tabelle 42a u. b. *Antrieb B I*

a) mit Elektromotor 22 PS

Verschleißbänder 800 mm/l

| Förder-länge | Leistungen bei einer Bandgeschwindigkeit von m/s | | | | | | | | | | | |
| | 1,0 | | | 1,25 | | | 1,50 | | | 1,80 | | |
	t/h	cbm/h	H (m)	t/h	cbm/h	H (m)	t/h	cbm/h	H (m)	t/h	cbm/h	H (m)
20 m	637	216	1,94	797	270	0,53	757	256	—	445	150	—
25 m	637	216	1,60	797	270	0,20						
32 m	637	216	1,19	732	248	—						
40 m	637	216	0,72									
50 m	637	216	0,21	.								
63 m	572	194	—									
80 m												
100 m												

Normalbänder 800 mm/l

	t/h	cbm/h	H (m)	t/h	cbm/h	H (m)						
100 m	403	136	—	285	97	—						

b) mit Dieselmotor 25 PS

Verschleißbänder 800 mm/l

| Förder-länge | Leistungen bei einer Bandgeschwindigkeit von m/s | | | | | | | | | | | |
| | 1,0 | | | 1,25 | | | 1,50 | | | 1,80 | | |
	t/h	cbm/h	H (m)	t/h	cbm/h	H (m)	t/h	cbm/h	H (m)	t/h	cbm/h	H (m)
20 m	637	216	2,89	797	270	1,29	956	324	0,23	762	258	—
25 m	637	216	2,56	797	270	0,96	914	310	—			
32 m	637	216	2,15	797	270	0,55						
40 m	637	216	1,68	797	270	0,08						
50 m	637	216	1,17	694	235	—						
63 m	637	216	0,56									
80 m	603	204	—									
100 m												

Normalbänder 800 mm/l

	t/h	cbm/h	H (m)	t/h	cbm/h	H (m)	t/h	cbm/h	H (m)			
100 m	522	177	—	405	137	—	287	97	—			

Tabelle 43a u. b. *Antrieb B II*

a) mit Elektromotor 35 PS

Verschleißbänder 800 mm/l

Förder-länge	Leistungen bei einer Bandgeschwindigkeit von m/s											
	1,00			1,25			1,50			1,80		
	t/h	cbm/h	H (m)	t/h	cbm/h	H (m)	t/h	cbm/h	H (m)	t/h	cbm/h	H (m)
20 m	637	216	6,07	797	270	3,83	956	324	2,35	1147	388	1,12
25 m	637	216	5,74	797	270	3,50	956	324	2,02	1147	388	0,78
32 m	637	216	5,33	797	270	3,10	956	324	1,61	1147	388	0,38
40 m	637	216	4,86	797	270	2,62	956	324	1,14	1112	377	—
50 m	637	216	4,35	797	270	2,12	956	324	0,63			
63 m	637	216	3,75	797	270	1,51	956	324	0,03			
80 m	637	216	2,94	797	270	0,71	791	268	—			
100 m	637	216	2,10	776	268	—						

Normalbänder 800 mm/l

	1,00			1,25			1,50			1,80		
100 m	637	216	2,26	797	270	0,03	684	231	—	543	184	—
125 m	637	216	1,17	656	222	—						
160 m	610	207	—									

b) mit Dieselmotor 37,5 PS

Verschleißbänder 800 mm/l

Förder-länge	Leistungen bei einer Bandgeschwindigkeit von m/s											
	1,00			1,25			1,50			1,80		
	t/h	cbm/h	H (m)	t/h	cbm/h	H (m)	t/h	cbm/h	H (m)	t/h	cbm/h	H (m)
20 m	637	216	6,87	797	270	4,47	956	324	2,88	1147	388	1,56
25 m	637	216	6,53	797	270	4,14	956	324	2,55	1147	388	1,23
32 m	637	216	6,12	797	270	3,73	956	324	2,15	1147	388	0,82
40 m	637	216	5,65	797	270	3,26	956	324	1,67	1147	388	0,35
50 m	637	216	5,14	797	270	2,75	956	324	1,16	1092	370	—
63 m	637	216	4,54	797	270	2,15	956	324	0,56			
80 m	637	216	3,74	797	270	1,34	905	306	—			
100 m	637	216	2,89	797	270	0,50						

Normalbänder 800 mm/l

	1,00			1,25			1,50			1,80		
100	637	216	3,05	797	270	0,66	783	265	—	642	218	—
125	637	216	1,97	740	251	—						
160	637	216	0,49									
200	564	191	—									

Tabelle 44. *Antrieb B III*

Verschleißbänder 800 mm/l

v m/s	1,00			1,25			1,50		
Leistung	t/h	cbm/h	H (m)	t/h	cbm/h	H (m)	t/h	cbm/h	H (m)
20	637	216	12,44*	797	270	8,92*	956	324	6,60
25	637	216	12,10*	797	270	8,59	956	324	6,26
32	637	216	11,70	797	270	8,18	956	324	5,86
40	637	216	11,22	797	270	7,71	956	324	5,38
50	637	216	10,71	797	270	7,20	956	324	4,87
63	637	216	10,11	797	270	6,60	956	324	4,27
80	637	216	9,30	797	270	5,79	956	324	3,47
100	637	216	8,46	797	270	4,94	956	324	2,62

Normalbänder 800 mm/l

Leistung	t/h	cbm/h	H (m)	t/h	cbm/h	H (m)	t/h	cbm/h	H (m)
100	637	216	8,62	797	270	5,10	956	324	2,78
125	637	216	7,55	797	270	4,02	956	324	1,70
160	637	216	6,06	797	270	2,55	956	324	0,22
200	637	216	4,61	797	270	1,10	817	277	—
250	637	216	2,97	753	255	—			
320	637	216	0,31						
400	579	196	—						
500									

Tabelle 45. *Antrieb B III*

Verschleißbänder 800 mm/l

v m/s	1,00			1,25			1,50		
Leistung	t/h	cbm/h	H (m)	t/h	cbm/h	H (m)	t/h	cbm/h	H (m)
20	637	216	10,85*	797	270	7,65	956	324	5,54
25	637	216	10,51*	797	270	7,32	956	324	5,20
32	637	216	10,11	797	270	6,91	956	324	4,80
40	637	216	9,63	797	270	6,44	956	324	4,32
50	637	216	9,12	797	270	5,93	956	324	3,81
63	637	216	8,52	797	270	5,33	956	324	3,21
80	637	216	7,71	797	270	4,52	956	324	2,41
100	637	216	6,87	797	270	3,67	956	324	1,56

Normalbänder 800 mm/l

Leistung	t/h	cbm/h	H (m)	t/h	cbm/h	H (m)	t/h	cbm/h	H (m)
100	637	216	7,03	797	270	3,83	956	324	1,72
125	637	216	5,94	797	270	2,75	956	324	0,64
160	637	216	4,47	797	270	1,28	845	286	—
200	637	216	3,02	781	265	—			
250	637	216	1,38						
320	594	201	—						
400									
500									

mit Elektromotor 55 PS

Verschleißbänder 800 mm/l

1,80			2,00			2,50		
t/h	cbm/h	H (m)	t/h	cbm/h	H (m)	t/h	cbm/h	H (m)
1147	388	4,65	1274	432	3,69	1593	540	1,93
1147	388	4,32	1274	432	3,35	1593	540	1,60
1147	388	3,91	1274	432	2,94	1593	540	1,18
1147	388	3,44	1274	432	2,47	1593	540	0,72
1147	388	2,93	1274	432	1,96	1593	540	0,21
1147	388	2,33	1274	432	1,36	1430	485	—
1147	388	1,52	1274	432	0,55			
1147	388	0,68	1201	407	—			

Normalbänder 800 mm/l

1,80			2,00			2,50		
1147	388	0,83	1242	421	—	1008	342	—
1101	373	—						

mit Dieselmotor 50 PS

Verschleißbänder 800 mm/l

1,80			2,00			2,50		
t/h	cbm/h	H (m)	t/h	cbm/h	H (m)	t/h	cbm/h	H (m)
1147	388	3,76	1274	432	2,90	1593	540	1,30
1147	388	3,42	1274	432	2,56	1593	540	0,96
1147	388	3,02	1274	432	2,15	1593	540	0,56
1147	388	2.55	1274	432	1 68	1593	540	0,09
1147	388	2,04	1274	432	1,17	1390	470	—
1147	388	1,44	1274	432	0,57			
1147	388	0,63	1207	409	—			
1102	373	—						

Normalbänder 800 mm/l

1,80			2,00			2,50		
1138	386	—	1044	354	—	810	274	—

Tabelle 46. *Antrieb BE IV*

Verschleißbänder 800 mm/l

v m/s	1,50			1,90			2,50		
Leistung	t/h	cbm/h	H (m)	t/h	cbm/h	H (m)	t/h	cbm/h	H (m)
Förderlänge m 20	956	324	14,02*	1210	410	10,01*	1593	540	6,38
25	956	324	13,69*	1210	410	9,68	1593	540	6,05
32	956	324	13,27*	1210	410	9,27	1593	540	5,65
40	956	324	12,80	1210	410	8,80	1593	540	5,18
50	956	324	12,29	1210	410	8,29	1593	540	4,67
63	956	324	11,69	1210	410	7,69	1593	540	4,07
80	956	324	10,89	1210	410	6,88	1593	540	3,26
100	956	324	10,04	1210	410	6,03	1593	540	2,41

Normalbänder 800 mm/l

v m/s	1,50			1,90			2,50		
Förderlänge m 100	956	324	10,20	1210	410	6,19	1593	540	2,57
125	956	324	9,15	1210	410	5,11	1593	540	1,49
160	956	324	7,67	1210	410	3,64	1593	540	0,01
200	956	324	6,20	1210	410	2,18	1321	448	—
250	956	324	4,55	1210	410	0,54			
320	956	324	2,42	1040	352	—			
400	956	324	0,38						
500	790	268	—						

Tabelle 47. *Antrieb BE IV*

Verschleißbänder 800 mm/l

v m/s	1,50			1,90			2,50		
Leistung	t/h	cbm/h	H (m)	t/h	cbm/h	H (m)	t/h	cbm/h	H (m)
Förderlänge m 20	956	324	16,14*	1210	410	11,68*	1593	540	7,66
25	956	324	15,81*	1210	410	11,35*	1593	540	7,33
32	956	324	15,40*	1210	410	10,94	1593	540	6,92
40	956	324	14,93	1210	410	10,47	1593	540	6,45
50	956	324	14,42	1210	410	9,96	1593	540	5,94
63	956	324	13,82	1210	410	9,36	1593	540	5,34
80	956	324	13,02	1210	410	8,56	1593	540	4,53
100	956	324	12,17	1210	410	7,71	1593	540	3,67

Normalbänder 800 mm/l

v m/s	1,50			1,90			2,50		
Förderlänge m 100	956	324	12,33	1210	410	7,87	1593	540	3,84
125	956	324	11,24	1210	410	6,78	1593	540	2,76
160	956	324	9,76	1210	410	5,31	1593	540	1,29
200	956	324	8,31	1210	410	3,86	1562	530	—
250	956	324	6,67	1210	410	2,22			
320	956	324	4,51	1210	410	0,06			
400	956	324	2,50	1125	381	—			
500	931	311	—						

mit 2×45 PS-Elektromotoren

Verschleißbänder 800 mm/l

3,00			3,50			4,00		
t/h	cbm/h	H (m)	t/h	cbm/h	H (m)	t/h	cbm/h	H (m)
1911	648	4,48	2230	756	3,11	2548	864	2,09
1911	648	4,15	2230	756	2,78	2548	864	1,76
1911	648	3,74	2230	756	2,38	2548	864	1,35
1911	648	3,27	2230	756	1,91	2548	864	1,88
1911	648	2,76	2230	756	1,40	2548	864	0,37
1911	648	2,16	2230	756	0,80	2395	812	—
1911	648	1,35	2226	754	—			
1911	648	0,50						

Normalbänder 800 mm/l

3,00			3,50			4,00		
1911	648	0,67	1922	651	—	1688	572	—
1779	603	—						

mit 2×50 PS-Dieselmotoren

Verschleißbänder 800 mm/l

3,00			3,50			4,00		
t/h	cbm/h	H (m)	t/h	cbm/h	H (m)	t/h	cbm/h	H (m)
1911	648	5,54	2230	756	4,02	2548	864	2,89
1911	648	5,21	2230	756	3,69	2548	864	2,56
1911	648	4,80	2230	756	3,28	2548	864	2,15
1911	648	4,33	2230	756	2,81	2548	864	1,68
1911	648	3,82	2230	756	2,30	2548	864	1,17
1911	648	3,22	2230	756	1,70	2548	864	0,57
1911	648	2,41	2230	756	0,90	2414	818	—
1911	648	1,56	2230	756	0,05			

Normalbänder 800 mm/l

3,00			3,50			4,00		
1911	648	1,73	2230	756	0,21	2089	708	—
1911	648	0,63	1906	646	—			
1691	573	—						

Bandbreite 800 mm, schweres Traggerüst

Tabelle 48. *Antrieb BE IV*

Verschleißbänder 800 mm/s

v m/s		1,50			1,90			2,50	
Leistung	t/h	cbm/h	H (m)	t/h	cbm/h	H (m)	t/h	cbm/h	H (m)
20	956	324	13,15*	1210	410	9,13*	1593	540	5,52
25	956	324	12,80*	1210	410	8,78	1593	540	5,18
32	956	324	12,38	1210	410	8,37	1593	540	4,76
40	956	324	11,90	1210	410	7,87	1593	540	4,26
50	956	324	11,35	1210	410	7,34	1593	540	3,73
63	956	324	10,72	1210	410	6,71	1593	540	3,10
80	956	324	9,89	1210	410	5,88	1593	540	2,27
100	956	324	9,00	1210	410	4,99	1593	540	1,38

(Förderlänge m)

Normalbänder 800 mm/s

Förderlänge m	t/h	cbm/h	H (m)	t/h	cbm/h	H (m)	t/h	cbm/h	H (m)
100	956	324	9,15	1210	410	5,14	1593	540	1,53
125	956	324	8,00	1210	410	3,99	1593	540	0,38
160	956	324	6,47	1210	410	2,45	1327	453	—
200	956	324	4,96	1210	410	0,94			
250	956	324	3,24	1115	378	—			
320	956	324	0,97						
400	874	296	—						

Tabelle 49. *Antrieb BE IV*

Verschleißbänder 800 mm/s

v m/s		1,50			1,90			2,50	
Leistung	t/h	cbm/h	H (m)	t/h	cbm/h	H (m)	t/h	cbm/h	H (m)
20	956	324	15,27*	1210	410	10,81*	1593	540	6,79
25	956	324	14,92*	1210	410	10,46*	1593	540	6,45
32	956	324	14,50*	1210	410	10,05	1593	540	6,03
40	956	324	14,02	1210	410	9,55	1593	540	5,53
50	956	324	13,47	1210	410	9,02	1593	540	5,00
63	956	324	12,84	1210	410	8,39	1593	540	4,37
80	956	324	12,01	1210	410	7,56	1593	540	3,54
100	956	324	11,12	1210	410	6,67	1593	540	2,65

(Förderlänge m)

Normalbänder 800 mm/s

Förderlänge m	t/h	cbm/h	H (m)	t/h	cbm/h	H (m)	t/h	cbm/h	H (m)
100	956	324	11,27	1210	410	6,82	1593	540	2,80
125	956	324	10,13	1210	410	5,67	1593	540	1,65
160	956	324	8,59	1210	410	4,13	1593	540	0,10
200	956	324	7,08	1210	410	2,62	1327	450	—
250	956	324	5,36	1210	410	0,90			
320	956	324	3,09	1068	362	—			
400	956	324	0,99						
500	818	277	—						

(800 mm/s) — Zweitrommelantriebe

mit 2×45 PS-Elektromotoren

Verschleißbänder 800 mm/s

3,00			3,50			4,00		
t/h	cbm/h	H(m)	t/h	cbm/h	H(m)	t/h	cbm/h	H(m)
1911	648	3,61	2230	756	2,24	2548	864	1,22
1911	648	3,27	2230	756	1,90	2548	864	0,87
1911	648	2,84	2230	756	1,47	2548	864	0,45
1911	648	2,35	2230	756	0,98	2517	853	—
1911	648	1,82	2230	756	0,45			
1911	648	1,19	2126	721	—			
1911	648	0,36						
1711	580	—						

Normalbänder 800 mm/s

1768	600	—	1467	498	—	1167	395	—

mit 2×50 PS-Dieselmotoren

Verschleißbänder 800 mm/s

3,00			3,50			4,00		
t/h	cbm/h	H(m)	t/h	cbm/h	H(m)	t/h	cbm/h	H(m)
1911	648	4,67	2230	756	3,15	2548	864	2,02
1911	648	4,33	2230	756	2,81	2548	864	1,67
1911	648	3,90	2230	756	2,38	2548	864	1,25
1911	648	3,41	2230	756	1,89	2548	864	0,76
1911	648	2,88	2230	756	1,36	2548	864	0,23
1911	648	2,25	2230	756	0,73	2277	772	—
1911	648	1,42	2182	740	—			
1911	648	0,53						

Normalbänder 800 mm/s

1911	648	0,68	1805	612	—	1495	507	—
1764	594	—						

Tabelle 50. *Antrieb BE V*

Verschleißbänder 800 mm/s

v m/s	1,50			1,70			1,90		
Leistung	t/h	cbm/h	H (m)	t/h	cbm/h	H (m)	t/h	cbm/h	H (m)
20	956	324	19,51*	1083	367	16,52*	1210	410	14,16*
25	956	324	19,16*	1083	367	16,18*	1210	410	13,81*
32	956	324	18,74*	1083	367	15,76*	1210	410	13,40*
40	956	324	18,26*	1083	367	15,26	1210	410	12,90
50	956	324	17,71	1083	367	14,73	1210	410	12,37
63	956	324	17,08	1083	367	14,10	1210	410	11,74
80	956	324	16,25	1083	367	13,26	1210	410	10,91
100	956	324	15,36	1083	367	12,37	1210	410	10,02

Normalbänder 800 mm/s

v m/s	1,50			1,70			1,90		
100	956	324	15,51	1083	367	12,52	1210	410	10,17
125	956	324	14,36	1083	367	11,38	1210	410	9,02
160	956	324	12,84	1083	367	9,85	1210	410	7,48
200	956	324	11,32	1083	367	8,33	1210	410	5,97
250	956	324	9,60	1083	367	6,61	1210	410	4,25
320	956	324	7,34	1083	367	4,35	1210	410	2,00
400	956	324	5,23	1083	367	2,24	1199	406	—
500	956	324	1,80	1013	354	—			

Tabelle 51. *Antrieb BE V*

Verschleißbänder 800 mm/s

v m/s	1,50			1,70			1,90		
Leistung	t/h	cbm/h	H (m)	t/h	cbm/h	H (m)	t/h	cbm/h	H (m)
20	956	324	25,87*	1083	367	22,14*	1210	410	19,19*
25	956	324	25,52*	1083	367	21,80*	1210	410	18,84*
32	956	324	25,10*	1083	367	21,38*	1210	410	18,43*
40	956	324	24,62*	1083	367	20,88*	1210	410	17,93*
50	956	324	24,07*	1083	367	20,35*	1210	410	17,40
63	956	324	23,44	1083	367	19,72	1210	410	16,77
80	956	324	22,61	1083	367	18,88	1210	410	15,94
100	956	324	21,72	1083	367	17,99	1210	410	15,05

Normalbänder 800 mm/s

v m/s	1,50			1,70			1,90		
100	956	324	21,87	1083	367	18,14	1210	410	15,20
125	956	324	20,74	1083	367	17,01	1210	410	14,05
160	956	324	19,20	1083	367	15,46	1210	410	12,51
200	956	324	17,68	1083	367	13,95	1210	410	11,00
250	956	324	15,96	1083	367	12,23	1210	410	9,28
320	956	324	13,70	1083	367	9,97	1210	410	7,02
400	956	324	11,59	1083	367	7,86	1210	410	4,91
500	956	324	8,33	1083	367	4,60	1210	410	1,65

mit 2×60 PS-Elektromotoren

Verschleißbänder 800 mm/s

2,50			3,00			3,50			4,00		
t/h	cbm/h	H(m)	t/h	cbm/h	H(m)	t/h	cbm/h	H(m)	t/h	cbm/h	H(m)
1593	540	9,33*	1911	648	6,79	2230	756	4,97	2548	864	3,61
1593	540	8,99	1911	648	6,45	2230	756	4,63	2548	864	3,26
1593	540	8,57	1911	648	6,02	2230	756	4,20	2548	864	2,84
1593	540	8,07	1911	648	5,53	2230	756	3,71	2548	864	2,35
1593	540	7,54	1911	648	5,00	2230	756	3,18	2548	864	1,82
1593	540	6,91	1911	648	4,37	2230	756	2,55	2548	864	1,19
1593	540	6,08	1911	648	3,54	2230	756	1,72	2548	864	0,36
1593	540	5,19	1911	648	2,65	2230	756	0,83	2281	773	—

Normalbänder 800 mm/s

2,50			3,00			3,50			4,00		
t/h	cbm/h	H(m)	t/h	cbm/h	H(m)	t/h	cbm/h	H(m)	t/h	cbm/h	H(m)
1593	540	5,34	1911	648	2,80	2230	756	0,98	2357	799	—
1593	540	4,20	1911	648	1,65	2171	736	—			
1593	540	2,65	1911	648	0,12						
1593	540	1,17	1593	540	—						
1499	508	—									

mit 2×75 PS-Dieselmotoren

Verschleißbänder 800 mm/s

2,50			3,00			3,50			4,00		
t/h	cbm/h	H(m)	t/h	cbm/h	H(m)	t/h	cbm/h	H(m)	t/h	cbm/h	H(m)
1593	540	13,14*	1911	648	9,97*	2230	756	7,70	2548	864	6,00
1593	540	12,80	1911	648	9,63	2230	756	7,36	2548	864	5,65
1593	540	12,38	1911	648	9,20	2230	756	6,93	2548	864	5,23
1593	540	11,88	1911	648	8,71	2230	756	6,44	2548	864	4,74
1593	540	11,35	1911	648	8,18	2230	756	5,91	2548	864	4,21
1593	540	10,72	1911	648	7,55	2230	756	5,28	2548	864	3,58
1593	540	9,89	1911	648	6,72	2230	756	4,45	2548	864	2,75
1593	540	9,00	1911	648	5,83	2230	756	3,56	2548	864	1,86

Normalbänder 800 mm/s

2,50			3,00			3,50			4,00		
t/h	cbm/h	H(m)	t/h	cbm/h	H(m)	t/h	cbm/h	H(m)	t/h	cbm/h	H(m)
1593	540	9,15	1911	648	5,98	2230	756	3,71	2548	864	2,01
1593	540	8,02	1911	648	4,84	2230	756	2,56	2548	864	0,87
1593	540	6,47	1911	648	3,30	2230	756	1,02	2310	783	—
1593	540	4,95	1911	648	1,79	2100	712	—			
1593	540	3,23	1911	648	0,07						
1593	540	0,98	1547	524	—						
1457	494	—									

Bandbreite 1000 mm —

Tabelle 52. *Antrieb BE IV*

Verschleißbänder 1000 mm

v m/s	1,50			1,90			2,50		
Leistung	t/h	cbm/h	H (m)	t/h	cbm/h	H (m)	t/h	cbm/h	H (m)
20	1545	540	6,85	1957	684	4,35	2575	900	2,12
25	1545	540	6,52	1957	684	4,03	2575	900	1,79
32	1545	540	6,13	1957	684	3,63	2575	900	1,40
40	1545	540	5,66	1957	684	3,17	2575	900	0,94
50	1545	540	5,17	1957	684	2,67	2575	900	0,44
63	1545	540	4,57	1957	684	2,08	2473	865	—
80	1545	540	3,79	1957	684	1,29			
100	1545	540	2,96	1957	684	0,47			

(Förderlänge m)

Normalbänder 1000 mm

Förderlänge m	t/h	cbm/h	H (m)	t/h	cbm/h	H (m)	t/h	cbm/h	H (m)
100	1545	540	3,08	1957	684	0,59	1744	609	—
125	1545	540	2,00	1801	629	—			
160	1545	540	0,55						
200	1385	484	—						

Tabelle 53. *Antrieb BE IV*

Verschleißbänder 1000 mm

v m/s	1,50			1,90			2,50		
Leistung	t/h	cbm/h	H (m)	t/h	cbm/h	H (m)	t/h	cbm/h	H (m)
20	1545	540	8,16*	1957	684	5,39	2575	900	2,91
25	1545	540	7,83	1957	684	5,07	2575	900	2,58
32	1545	540	7,44	1957	684	4,67	2575	900	2,19
40	1545	540	6,97	1957	684	4,21	2575	900	1,73
50	1545	540	6,48	1957	684	3,71	2575	900	1,23
63	1545	540	5,88	1957	684	3,12	2575	900	0,64
80	1545	540	5,10	1957	684	2,33	2487	869	—
100	1545	540	4,27	1957	684	1,51			

(Förderlänge m)

Normalbänder 1000 mm

Förderlänge m	t/h	cbm/h	H (m)	t/h	cbm/h	H (m)	t/h	cbm/h	H (m)
100	1545	540	4,39	1957	684	1,63	2141	748	—
125	1545	540	3,31	1957	684	0,56			
160	1545	540	1,86	1714	599	—			
200	1545	540	0,45						
250	1359	475	—						

Zweitrommelantriebe

mit 2×45 PS-Elektromotoren

Verschleißbänder 1000 mm

3,00			3,50			4,00		
t/h	cbm/h	H(m)	t/h	cbm/h	H(m)	t/h	cbm/h	H(m)
3090	1080	0,94	3605	1260	0,09	2971	1038	—
3090	1080	0,61	3230	1128	—			
3090	1080	0,22						
2831	990	—						

Normalbänder 1000 mm

mit 2×50 PS-Dieselmotoren

Verschleißbänder 1000 mm

3,00			3,50			4,00		
t/h	cbm/h	H(m)	t/h	cbm/h	H(m)	t/h	cbm/h	H(m)
3090	1080	1,60	3605	1260	0,66	4028	1408	—
3090	1080	1,27	3605	1260	0,34			
3090	1080	0,88	3518	1230	—			
3090	1080	0,42						
3012	1052	—						

Normalbänder 1000 mm

Tabelle 54. *Antrieb BE V*

Verschleißbänder 1000 mm

v m/s	1,50			1,70			1,90		
Leistung	t/h	cbm/h	H(m)	t/h	cbm/h	H(m)	t/h	cbm/h	H(m)
20	1545	540	10,78*	1751	612	8,93*	1957	684	7,46
25	1545	540	10,45*	1751	612	8,60	1957	684	7,14
32	1545	540	10,05	1751	612	8,20	1957	684	6,74
40	1545	540	9,59	1751	612	7,74	1957	684	6,28
50	1545	540	9,10	1751	612	7,24	1957	684	5,78
63	1545	540	8,50	1751	612	6,65	1957	684	5,19
80	1545	540	7,72	1751	612	5,87	1957	684	4,40
100	1545	540	6,89	1751	612	5,04	1957	684	3,58

(Förderlänge m)

Normalbänder 1000 mm

v m/s	1,50			1,70			1,90		
Leistung	t/h	cbm/h	H(m)	t/h	cbm/h	H(m)	t/h	cbm/h	H(m)
100	1545	540	7,01	1751	612	5,16	1957	684	3,70
125	1545	540	5,94	1751	612	4,08	1957	684	2,62
160	1545	540	4,49	1751	612	2,63	1957	684	1,17
200	1545	540	3,07	1751	612	1,21	1899	664	—
250	1545	540	1,45	1675	587	—			
320	1454	508	—						

(Förderlänge m)

Tabelle 55. *Antrieb BE V*

Verschleißbänder 1000 mm

v m/s	1,50			1,70			1,90		
Leistung	t/h	cbm/h	H(m)	t/h	cbm/h	H(m)	t/h	cbm/h	H(m)
20	1545	540	14,71*	1751	612	12,40*	1957	684	10,57*
25	1545	540	14,38*	1751	612	12,07*	1957	684	10,25*
32	1545	540	13,99*	1751	612	11,67	1957	684	9,85
40	1545	540	13,52	1751	612	11,21	1957	684	9,39
50	1545	540	13,03	1751	612	10,71	1957	684	8,89
63	1545	540	12,43	1751	612	10,12	1957	684	8,30
80	1545	540	11,65	1751	612	9,34	1957	684	7,51
100	1545	540	10,82	1751	612	8,51	1957	684	6,69

(Förderlänge m)

Normalbänder 1000 mm

v m/s	1,50			1,70			1,90		
Leistung	t/h	cbm/h	H(m)	t/h	cbm/h	H(m)	t/h	cbm/h	H(m)
100	1545	540	10,94	1751	612	8,63	1957	684	6,81
125	1545	540	9,87	1751	612	7,55	1957	684	5,73
160	1545	540	8,42	1751	612	6,10	1957	684	4,28
200	1545	540	7,00	1751	612	4,68	1957	684	2,86
250	1545	540	5,38	1751	612	3,06	1957	684	1,24
320	1545	540	3,25	1751	612	0,93	1807	631	—
400	1545	540	1,27	1613	563	—			
500	1369	478	—						

(Förderlänge m)

mit 2×60 PS-Elektromotoren

Verschleißbänder 1000 mm

2,50			3,00			3,50			4,00		
t/h	cbm/h	H (m)	t/h	cbm/h	H (m)	t/h	cbm/h	H (m)	t/h	cbm/h	H (m)
2575	900	4,48	3090	1080	2,91	3605	1260	1,78	4120	1440	0,94
2575	900	4,15	3090	1080	2,58	3605	1260	1,46	4120	1440	0,61
2575	900	3,76	3090	1080	2,19	3605	1260	1,07	4120	1440	0,22
2575	900	3,30	3090	1080	1,73	3605	1260	0,60	3775	1320	—
2575	900	2,80	3090	1080	1,23	3605	1260	0,10			
2575	900	2,21	3090	1080	0,63	3140	1097	—			
2575	900	1,42	2985	1043	—						
2575	900	0,60									

Normalbänder 1000 mm

2,50			3,00			3,50			4,00		
2575	900	0,71	2570	898	—	2204	770	—			
2413	847	—									

mit 2×75 PS-Dieselmotoren

Verschleißbänder 1000 mm

2,50			3,00			3,50			4,00		
t/h	cbm/h	H (m)	t/h	cbm/h	H (m)	t/h	cbm/h	H (m)	t/h	cbm/h	H (m)
2575	900	6,84	3090	1080	4,88	3605	1260	3,47	4120	1440	2,41
2575	900	6,51	3090	1080	4,55	3605	1260	3,15	4120	1440	2,08
2575	900	6,12	3090	1080	4,16	3605	1260	2,76	4120	1440	1,69
2575	900	5,66	3090	1080	3,70	3605	1260	2,29	4120	1440	1,22
2575	900	5,16	3090	1080	3,20	3605	1260	1,79	4120	1440	0,72
2575	900	4,57	3090	1080	2,60	3605	1260	1,18	4120	1440	0,12
2575	900	3,78	3090	1080	1,81	3605	1260	0,39	3526	1232	—
2575	900	2,96	3090	1080	0,99	3313	1158	—			

Normalbänder 1000 mm

2,50			3,00			3,50			4,00		
2575	900	3,07	3090	1080	1,11	3394	1186	—	3030	1059	—
2575	900	2,00	3090	1080	0,04						
2575	900	0,55	2485	868	—						
2310	807	—									

Tabelle 56. *Antrieb BE VI*

Bandbreite 1000 mm   Bandgeschwindigkeit 4,00 m/s

Motorstärke PS		2 × 100			2 × 130			2 × 150		
Förderleistung		t/h	cbm/h	H(m)	t/h	cbm/h	H(m)	t/h	cbm/h	H(m)
Förderlänge m	100	4120	1440	1,10	4120	1440	4,05	4120	1440	6,02
	125	4120	1440	0,04	4120	1440	2,99	4120	1440	4,96
	160	3313	1158	—	4120	1440	1,54	4120	1440	3,51
	200				4120	1440	0,11	4120	1440	2,08
	250				3487	1219	—	4120	1440	0,47
	320							3526	1232	—
	400									
	500									

Tabelle 57. *Eintrommelantrieb mit Mangeltrommel, Typ IV M*

Bandbreite 650 mm; Elektromotor 20 PS

Verschleißbänder

v m/s		1,0			1,25			1,50			1,80		
Leistung		t/h	cbm/h	H(m)	t/h	cbm/h	H(m)	t/h	cbm/h	H(m)	t/h	cbm/h	H(m)
Förderlänge m	20	405	136	4,21	507	175	2,20	608	204	0,86	636	213	—
	25	405	136	3,86	507	175	1,84	608	204	0,51			
	32	405	136	3,45	507	175	1,43	608	204	0,10			
	40	405	136	2,95	507	175	0,94	528	177	—			
	50	405	136	2,43	507	175	0,42						
	63	405	136	1,80	480	161	—						
	80	405	136	0,98									
	100	405	136	0,10									

Normalbänder

Förderlänge m													
	100	405	136	0,29	337	113	—						
	125	349	117	—									

Tabelle 58. *Eintrommelantrieb mit Mangeltrommel, Typ IV M*
Bandbreite 800 mm; Elektromotor 20 PS

Verschleißbänder

v m/s	1,0			1,25			1,50			1,80		
Leistung	t/h	cbm/h	H (m)	t/h	cbm/h	H (m)	t/h	cbm/h	H (m)	t/h	cbm/h	H (m)
Förderlänge m 20	637	216	1,30	797	270	0,02	546	185	—			
25	637	216	0,96	685	232	—						
32	637	216	0,56									
40	637	216	0,09									
50	555	188	—									
63												
80												
100												

Normalbänder

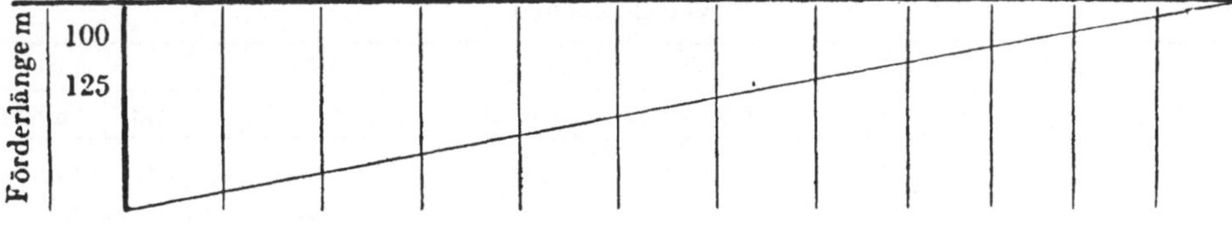

Förderlänge m												
100												
125												

Tabelle 59. *Eintrommelantrieb mit Mangeltrommel, Typ V M*

Bandbreite 650 mm; Elektromotor 32 PS

Verschleißbänder

v m/s	1,00			1,25			1,50			1,80			2,00		
Leistung	t/h	cbm/h	H(m)	t/h	cbm/h	H(m)	t/h	cbm/h	H(m)	t/h	cbm/h	H(m)	t/h	cbm/h	H(m)
20	405	136	10,21*	507	175	6,99	608	204	4,87	729	244	3,10	810	272	2,20
25	405	136	9,87	507	175	6,64	608	204	4,52	729	244	2,75	810	272	1,86
32	405	136	9,45	507	175	6,23	608	204	4,10	729	244	2,33	810	272	1,44
40	405	136	8,96	507	175	5,74	608	204	3,62	729	244	1,85	810	272	0,96
50	405	136	8,43	507	175	5,21	608	204	3,09	729	244	1,32	810	272	0,43
63	405	136	7,81	507	175	4,59	608	204	2,46	729	244	0,69	768	258	—
80	405	136	6,98	507	175	3,72	608	204	1,64	708	237	—			
100	405	136	6,11	507	175	2,89	608	204	0,77						

Förderlänge m (Verschleißbänder)

Normalbänder

Förderlänge m	t/h	cbm/h	H(m)	t/h	cbm/h	H(m)	t/h	cbm/h	H(m)	t/h	cbm/h	H(m)	t/h	cbm/h	H(m)
100	405	136	6,30	507	175	3,08	608	204	0,96	612	205	—	539	181	—
125	405	136	5,19	507	175	1,96	592	199	—						
160	405	136	3,66	507	175	0,45									
200	405	136	2,17	444	149										
250	405	136	0,48												
320	344	115	—												

Tabelle 60. *Eintrommelantrieb mit Mangeltrommel, Typ V M*

Bandbreite 800 mm; Elektromotor 32 PS

Verschleißbänder

v m/s	1,00			1,25			1,50			1,80			2,00		
Leistung	t/h	cbm/h	H(m)	t/h	cbm/h	H(m)	t/h	cbm/h	H(m)	t/h	cbm/h	H(m)	t/h	cbm/h	H(m)
20	637	216	5,12	797	270	3,07	956	324	1,71	1147	388	0,59	1274	432	0,03
25	637	216	4,79	797	270	2,74	956	324	1,38	1147	388	0,25	1096	372	—
32	637	216	4,38	797	270	2,34	956	324	0,97	1080	366	—			
40	637	216	3,91	797	270	1,86	956	324	0,50						
50	637	216	3,40	797	270	1,36	956	324	—						
63	637	216	2,80	797	270	0,75									
80	637	216	1,99	788	267	—									
100	637	216	1,15												

Normalbänder

Förderlänge m	t/h	cbm/h	H(m)	t/h	cbm/h	H(m)	t/h	cbm/h	H(m)	t/h	cbm/h	H(m)	t/h	cbm/h	H(m)
100	637	216	1,31	682	231	—	565	191	—	424	144	—	330	112	—
125	637	216	0,21												
160	526	178	—												

Tabelle 61. *Eintrommelantrieb mit Mangeltrommel, Typ VI M*
Bandbreite 650 mm; Elektromotor 50 PS

Verschleißbänder

v m/s	1,00			1,25			1,50			1,80			2,00		
Leistung	t/h	cbm/h	H(m)	t/h	cbm/h	H(m)	t/h	cbm/h	H(m)	t/h	cbm/h	H(m)	t/h	cbm/h	H(m)
20	405	136	19,22*	507	175	14,18*	608	204	10,87*	729	244	8,10*	810	272	6,71
25	405	136	18,88*	507	175	13,84*	608	204	10,53*	729	244	7,75	810	272	6,36
32	405	136	18,46*	507	175	13,42*	608	204	10,11	729	244	7,33	810	272	5,95
40	405	136	17,97*	507	175	12,94	608	204	9,63	729	244	6,85	810	272	5,46
50	405	136	17,44	507	175	12,41	608	204	9,09	729	244	6,32	810	272	4,93
63	405	136	16,82	507	175	11,79	608	204	8,46	729	244	5,69	810	272	4,31
80	405	136	15,99	507	175	10,96	608	204	7,64	729	244	4,87	810	272	3,48
100	405	136	15,12	507	175	10,09	608	204	6,77	729	244	4,00	810	272	2,61

(Förderlänge m)

Normalbänder

Leistung	t/h	cbm/h	H(m)	t/h	cbm/h	H(m)	t/h	cbm/h	H(m)	t/h	cbm/h	H(m)	t/h	cbm/h	H(m)
100	405	136	15,31	507	175	10,28	608	204	6,96	729	244	4,19	810	272	2,79
125	405	136	14,20	507	175	9,16	608	204	5,84	729	244	3,07	810	272	1,68
160	405	136	12,67	507	175	7,65	608	204	4,32	729	244	1,55	810	272	0,16
200	405	136	11,18	507	175	6,15	608	204	2,81	729	244	0,05	682	229	—
250	405	136	9,50	507	175	4,47	608	204	1,13	607	204	—			
320	405	136	7,27	507	175	2,25	551	185	—						
400	405	136	5,20	507	175	0,17									
500	405	136	2,00	410	137	—									

(Förderlänge m)

Tabelle 62. *Eintrommelantrieb mit Mangeltrommel, Typ VI M*
Bandbreite 800 mm; Elektromotor 50 PS

Verschleißbänder

v m/s	1,00			1,25			1,50			1,80			2,00		
Leistung	t/h	cbm/h	H(m)	t/h	cbm/h	H(m)	t/h	cbm/h	H(m)	t/h	cbm/h	H(m)	t/h	cbm/h	H(m)
20	637	216	10,85*	797	270	7,65	956	324	5,54	1147	388	3,76	1274	432	2,90
25	637	216	10,51*	797	270	7,32	956	324	5,20	1147	388	3,42	1274	432	2,56
32	637	216	10,11	797	270	6,91	956	324	4,80	1147	388	3,02	1274	432	2,15
40	637	216	9,63	797	270	6,44	956	324	4,32	1147	388	2,55	1274	432	1,68
50	637	216	9,12	797	270	5,93	956	324	3,81	1147	388	2,04	1274	432	1,17
63	637	216	8,52	797	270	5,33	956	324	3,21	1147	388	1,44	1274	432	0,57
80	637	216	7,71	797	270	4,52	956	324	2,41	1147	388	0,63	1207	409	—
100	637	216	6,87	797	270	3,67	956	324	1,56	1102	373	—			

(Förderlänge m)

Normalbänder

Leistung	t/h	cbm/h	H(m)	t/h	cbm/h	H(m)	t/h	cbm/h	H(m)	t/h	cbm/h	H(m)	t/h	cbm/h	H(m)
100	637	216	7,03	797	270	3,83	956	324	1,72	1138	386	—	1044	354	—
125	637	216	5,94	797	270	2,75	956	324	0,64						
160	637	216	4,47	797	270	1,28	845	216	—						
200	637	216	3,02	781	265	—									
250	637	216	1,38												
320	594	201	—												

(Förderlänge m)

Tabelle 63. *Eintrommelantrieb*

Verschleißbänder 650 mm

v m/s	1,50			1,90			2,50		
Leistung	t/h	cbm/h	H (m)	t/h	cbm/h	H (m)	t/h	cbm/h	H (m)
20	608	204	9,20*	770	258	6,04	1013	340	3,20
25	608	204	8,85	770	258	5,70	1013	340	2,86
32	608	204	8,43	770	258	5,28	1013	340	2,44
40	608	204	7,95	770	258	4,79	1013	340	1,95
50	608	204	7,43	770	258	4,27	1013	340	1,43
63	608	204	6,80	770	258	3,64	1013	340	0,80
80	608	204	5,98	770	258	2,82	1009	338	—
100	608	204	5,11	770	258	1,95			

(Förderlänge m)

Normalbänder 650 mm

Förderlänge m	t/h	cbm/h	H (m)	t/h	cbm/h	H (m)	t/h	cbm/h	H (m)
100	608	204	5,30	770	258	2,14	873	293	—
125	608	204	4,17	770	258	1,01			
160	608	204	2,65	717	240	—			
200	608	204	1,17						
250	576	193	—						

Tabelle 64. *Eintrommelantrieb*

Verschleißbänder 650 mm

v m/s	1,50			1,90			2,50		
Leistung	t/h	cbm/h	H (m)	t/h	cbm/h	H (m)	t/h	cbm/h	H (m)
20	608	204	10,87*	770	258	7,35	1013	340	4,20
25	608	204	10,52*	770	258	7,00	1013	340	3,86
32	608	204	10,10	770	258	6,58	1013	340	3,44
40	608	204	9,61	770	258	6,10	1013	340	2,95
50	608	204	9,09	770	258	5,58	1013	340	2,43
63	608	204	8,46	770	258	4,95	1013	340	1,80
80	608	204	7,64	770	258	4,13	1013	340	0,98
100	608	204	6,77	770	258	3,25	1013	340	0,11

(Förderlänge m)

Normalbänder 650 mm

Förderlänge m	t/h	cbm/h	H (m)	t/h	cbm/h	H (m)	t/h	cbm/h	H (m)
100	608	204	6,96	770	258	3,44	1013	340	0,30
125	608	204	5,84	770	258	2,33	875	294	—
160	608	204	4,32	770	258	0,82			
200	608	204	2,83	708	238	—			
250	608	204	1,15						
320	580	195	—						

BT IV mit Elektromotor 45 PS

Verschleißbänder 650 mm

3,00			3,50			4,00		
t/h	cbm/h	H(m)	t/h	cbm/h	H(m)	t/h	cbm/h	H(m)
1215	408	1,70	1418	476	0,63	1474	495	—
1215	408	1,36	1418	476	0,29			
1215	408	0,94	1344	451	—			
1215	408	0,46						
1190	400	—						

Normalbänder 650 mm

690	231	—						

BT IV mit Dieselmotor 50 PS

Verschleißbänder 650 mm

3,00			3,50			4,00		
t/h	cbm/h	H(m)	t/h	cbm/h	H(m)	t/h	cbm/h	H(m)
1215	408	2,54	1418	476	1,34	1620	544	0,44
1215	408	2,20	1418	476	1,00	1620	544	0,10
1215	408	1,78	1418	476	0,58	1421	477	—
1215	408	1,29	1418	476	0,09			
1215	408	0,77	1234	414	—			
1215	408	0,14						
1039	345	—						

Normalbänder 650 mm

889	298	—						

Tabelle 65. Eintrommelantrieb

Verschleißbänder 800 mm/l

v m/s	1,50			1,90			2,50		
Leistung	t/h	cbm/h	H(m)	t/h	cbm/h	H(m)	t/h	cbm/h	H(m)
20	956	324	4,48	1210	410	2,47	1593	540	0,66
25	956	324	4,14	1210	410	2,14	1593	540	0,33
32	956	324	3,73	1210	410	1,73	1545	524	—
40	956	324	3,26	1210	410	1,27			
50	956	324	2,75	1210	410	0,76			
63	956	324	2,15	1210	410	0,16			
80	956	324	1,35	1032	350	—			
100	956	324	0,50						

(Förderlänge m)

Normalbänder 800 mm/l

Förderlänge m	t/h	cbm/h	H(m)	t/h	cbm/h	H(m)			
100	956	324	0,66	892	302	—			
125	889	301	—						

Tabelle 66. Eintrommelantrieb

Verschleißbänder 800 mm/l

v m/s	1,50			1,90			2.50		
Leistung	t/h	cbm/h	H(m)	t/h	cbm/h	H(m)	t/h	cbm/h	H(m)
20	956	324	5,54	1210	410	3,30	1593	540	1,30
25	956	324	5,20	1210	410	2,96	1593	540	0,96
32	956	324	4,80	1210	410	2,56	1593	540	0,56
40	956	324	4,32	1210	410	2,09	1593	540	0,09
50	956	324	3,81	1210	410	1,58	1390	471	—
63	956	324	3,21	1210	410	0,98			
80	956	324	2,41	1210	410	0,18			
100	956	324	1,56	1052	357	—			

(Förderlänge m)

Normalbänder 800 mm/l

Förderlänge m	t/h	cbm/h	H(m)	t/h	cbm/h	H(m)			
100	956	324	1,73	1091	370	—			
125	956	324	0,64						
160	845	286	—						

BT IV mit Elektromotor 45 PS

Verschleißbänder 800 mm/l

3,00			3,50			4,00		
t/h	cbm/h	H(m)	t/h	cbm/h	H(m)	t/h	cbm/h	H(m)
1622	550	—	1100	373	—	579	196	—

Normalbänder 800 mm/l

BT IV mit Dieselmotor 50 PS

Verschleißbänder 800 mm/l

3,00			3,50			4,00		
t/h	cbm/h	H(m)	t/h	cbm/h	H(m)	t/h	cbm/h	H(m)
1911	648	0,23	1628	552				
1830	620	—						

Normalbänder 800 mm/l

Tabelle 67. *Eintrommelantrieb*

Verschleißbänder 800 mm/s

v m/s		1,50			1,70			1,90		
Leistung		t/h	cbm/h	H(m)	t/h	cbm/h	H(m)	t/h	cbm/h	H(m)
Förderlänge m	20	956	324	6,79	1083	367	5,30	1210	410	4,12
	25	956	324	6,44	1083	367	4,95	1210	410	3,77
	32	956	324	6,02	1083	367	4,53	1210	410	3,35
	40	956	324	5,54	1083	367	4,05	1210	410	2,87
	50	956	324	4,99	1083	367	3,50	1210	410	2,32
	63	956	324	4,36	1083	367	2,87	1210	410	1,69
	80	956	324	3,53	1083	367	2,04	1210	410	0,86
	100	956	324	2,64	1083	367	1,15	1202	408	—

Normalbänder 800 mm/s

Förderlänge m	100	956	324	2,79	1083	367	1,30	1210	410	0,12
	125	956	324	1,61	1083	367	0,12	1005	340	—
	160	956	324	0,09	876	297	—			
	200	797	270	—						

Tabelle 68. *Eintrommelantrieb*

Verschleißbänder 800 mm/s

v m/s		1,50			1,70			1,90		
Leistung		t/h	cbm/h	H(m)	t/h	cbm/h	H(m)	t/h	cbm/h	H(m)
Förderlänge m	20	956	324	9,97*	1083	367	8,07*	1210	410	6,62
	25	956	324	9,62	1083	367	7,72	1210	410	6,27
	32	956	324	9,20	1083	367	7,30	1210	410	5,85
	40	956	324	8,72	1083	367	6,82	1210	410	5,37
	50	956	324	8,17	1083	367	6,27	1210	410	4,82
	63	956	324	7,54	1083	367	5,64	1210	410	4,19
	80	956	324	6,71	1083	367	4,81	1210	410	3,36
	100	956	324	5,82	1083	367	3,92	1210	410	2,47

Normalbänder 800 mm/s

Förderlänge m	100	956	324	5,97	1083	367	4,07	1210	410	2,62
	125	956	324	4,84	1083	367	2,94	1210	410	1,49
	160	956	324	3,30	1083	367	1,40	1202	407	—
	200	956	324	1,78	1071	363	—			
	250	956	324	0,06						
	320	773	262	—						

BT V mit Elektromotor 60 PS

Verschleißbänder 800 mm/s

2,50			3,00			3,50			4,00		
t/h	cbm/h	H(m)	t/h	cbm/h	H(m)	t/h	cbm/h	H(m)	t/h	cbm/h	H(m)
1593	540	1,70	1911	648	0,42	1674	567	—			
1593	546	1,35	1911	648	0,07						
1593	540	0,93	1654	561	—						
1593	540	0,45									
1549	525	—									

Normalbänder 800 mm/s

2,50			3,00			3,50			4,00		
878	298	—									

BT V mit Dieselmotor 75 PS

Verschleißbänder 800 mm/s

2,50			3,00			3,50			4,00		
t/h	cbm/h	H(m)	t/h	cbm/h	H(m)	t/h	cbm/h	H(m)	t/h	cbm/h	H(m)
1593	540	3,59	1911	648	2,02	2230	756	0,88	2548	864	0,03
1593	540	3,25	1911	648	1,68	2230	756	0,54	2183	740	—
1593	540	2,83	1911	648	1,26	2230	756	0,12			
1593	540	2,35	1911	648	0,78	1940	658	—			
1593	540	1,80	1911	648	0,25						
1593	540	1,17	1707	579	—						
1593	540	0,34									
1425	483	—									

Normalbänder 800 mm/s

2,50			3,00			3,50			4,00		
1473	499	—	1173	397	—						

In den nun folgenden Tab. 69—71 sind die Ergebnisse der Tab. 36—68 für die verschiedenen Bandbreiten noch einmal kurz und übersichtlich zusammengefaßt.

Neu hinzugefügt ist in diesen Tabellen lediglich der Wert Q_{max} als die maximale Fördermenge in cbm/h, welche den Berechnungen zugrundegelegt wurde.

Die Förderhöhen wurden berechnet für die maximale Fördermenge und stellen sohin *Mindestwerte* dar, welche bei der praktischen Durchschnittsleistung von Q cbm/h erheblich überschritten werden können.

Tabelle 69. *Leistungen*

| Bandgeschwindigkeit m/s | | | | 1,0 | | | | 1,25 | | | |
| Leistungen Q_{max}/Q cbm/h | | | | 225/136 | | | | 282/170 | | | |
Tab.	Antriebe	PS		L m	H m	L m	H m	L m	H m	L m	H m
57	IV M	20	V	20	4,21	100	0,10	20	2,20	50	0,42
			N	100	0,29						
36a	B I	22	V	20	5,21	100	1,10	20	3,00	63	0,59
			N	100	1,29	125	0,18				
36b	B I	25	V	20	6,71	100	2,60	20	4,19	100	0,09
			N	100	2,79	160	0,16	100	0,28		
59	V M	32	V	20	8,00	100	6,11	20	6,99	100	2,89
			N	100	6,30	250	0,48	100	3,08	160	0,45
37a	B II	35	V	20	8,00	100	7,61	20	8,00	100	4,09
			N	100	7,80	250	1,98	100	4,28	200	0,16
37b	B II	37,5	V	20	8,00	100	8,86	20	8,00	100	5,09
			N	100	9,05	320	1,01	100	5,28	200	1,16
61,39	VI M B III	50	V	20	8,00	100	15,12	20	8,00	100	10,09
			N	100	15,31	500	2,00	100	10,28	400	0,17
38	B III	55	V	20	8,00	100	17,62	20	8,00	100	12,09
			N	100	17,81	500	4,50	100	12,27	400	2,17

| Bandgeschwindigkeit m/s | | | | 1,50 | | | | 1,90 | | | |
| Leistungen Q_{max}/Q cbm/h | | | | 338/204 | | | | 428/258 | | | |
Tab.	Antriebe	PS		L m	H m	L m	H m	L m	H m	L m	H m
63	BT IV	45	V	20	8,00	100	5,11	20	6,04	100	1,95
			N	100	5,30	200	1,17	100	2,14	125	1,01
64	BT IV	50	V	20	8,00	100	6,77	20	7,35	100	3,25
			N	100	6,96	250	1,15	100	3,44	160	0,72
40	BE IV	2×45	V	20	8,00	100	20,11	20	8,00	100	13,80
			N	100	20,30	500	6,99	100	13,99	500	0,67
41	BE IV	2×50	V	20	8,00	100	23,44	20	8,00	100	16,42
			N	100	23,63	500	10,32	100	16,61	500	3,30

Für die Förderlängen von 20 m wurde in diesen Tabellen jeweils nur die bei Verwendung von gewöhnlichen Förderbändern und Annahme von geringem Fließverhalten des Fördergutes praktisch erzielbare maximale Hubhöhe von 8,00 m (s. S. 109) eingesetzt. Bei Verwendung von *Steilförderbändern* erhöht sich dieser Wert um 75 bis 100 % (s. S. 11), wobei die überhaupt erzielbaren Werte nicht außer acht gelassen werden dürfen. Dieselben sind aus den in der 1. Spalte der Tab. 69 bis 71 angegebenen Tabellen zu ersehen und haben dort das Zeichen *.

von 650 mm-Förderbändern

1,50				1,80				2,0				2,50			
338/204				405/244				450/272				563/340			
L m	H m	L m	H m	L m	H m	L m	H m	L m	H m	L m	H m	L m	H m	L m	H m
20	0,86	32	0,10												
20	1,53	40	0,28	20	0,31										
20	2,53	63	0,13	20	1,15	32	0,38								
20	4,87	100	0,77	20	3,10	63	0,69	20	2,20	50	0,43				
100	0,96														
20	5,87	100	1,77	20	3,93	80	0,70								
100	1,96	125	0,84	100	0,02										
20	6,70	100	2,60	20	4,62	100	0,52								
100	2,79	160	0,15	100	0,71										
20	8,00	100	6,77	20	8,00	100	4,00	20	6,71	100	2,61	20	4,20	100	0,11
100	6,96	250	1,13	100	4,19	200	0,05	100	2,79	160	0,16	100	0,30		
20	8,00	100	8,44	20	8,00	100	5,39	20	7,96	100	3,86	20	5,20	100	1,10
100	8,63	320	0,59	100	5,58	200	1,44	100	4,04	160	1,41	100	1,29	125	0,18

2,50				3,0				3,50				4,0			
563/340				675/408				788/476				900/544			
L m	H m	L m	H m	L m	H m	L m	H m	L m	H m	L m	H m	L m	H m	L m	H m
20	3,20	63	0,80	20	1,70	40	0,46	20	0,63	25	0,29				
20	4,20	100	0,11	20	2,54	63	0,14	20	1,34	40	0,09	20	0,44	25	0,10
100	0,30														
20	8,00	100	8,11	20	8,00	100	5,11	20	7,06	100	2,97	20	5,45	100	1,36
100	8,30	320	—	100	5,20	200	1,16	100	3,16	160	0,52	100	1,55	125	0,43
20	8,00	100	10,11	20	8,00	100	6,78	20	8,00	100	4,40	20	6,70	100	2,61
100	10,30	400	0,19	100	6,97	250	1,16	100	4,59	200	0,46	100	2,80	160	0,17

Tabelle 70. *Leistungen*

| Bandgeschwindigkeit m/s | | | | 1,0 | | | | 1,25 | | | |
| Leistungen Q_{max}/Q cbm/h | | | | 354/216 | | | | 443/270 | | | |
Tab.	Antriebe	PS		L m	H m	L m	H m	L m	H m	L m	H m
58	IV M	20	V	20	1,30	40	0,09	20	0,02		
42 a	B I	22	V	20	1,94	50	0,21	20	0,53	25	0,20
42 b	B I	25	V	20	2,89	63	0,56	20	1,29	40	0,08
60	V M	32	V	20	5,12	100	1,15	20	3,07	63	0,75
			N	100	1,31	125	0,21				
43 a	B II	35	V	20	6,07	100	2,10	20	3,83	80	0,71
			N	100	2,26	125	1,17	100	0,03		
43 b	B II	37,5	V	20	6,87	100	2,89	20	4,47	100	0,50
			N	100	3,05	160	0,49	100	0,66		
62 45	VI M, B III	50	V	20	8,00	100	6,87	20	7,65	100	3,67
			N	100	7,03	250	1,38	100	3,83	160	1,28
44	B III	55	V	20	8,00	100	8,00	20	8,00	100	4,94
			N	100	8,62	320	0,31	100	5,10	200	1,10

| Bandgeschwindigkeit m/s | | | | 1,50 | | | | 1,90 | | | |
| Leistungen Q_{max}/Q cbm/h | | | | 531/324 | | | | 672/410 | | | |
Tab.	Antriebe	PS		L m	H m	L m	H m	L m	H m	L m	H m
65	BT IV	45	V	20	4,48	100	0,50	20	2,47	63	0,16
			N	100	0,66						
66	BT IV	50	V	20	5,54	100	1,56	20	3,30	80	0,18
			N	100	1,72	125	0,64				
46	BE IV	2×45	V	20	8,00	100	10,04	20	8,00	100	6,03
			N	100	10,20	400	0,38	100	6,19	250	0,54
47	BE IV	2×50	V	20	8,00	100	12,17	20	8,00	100	7,71
			N	100	12,33	400	2,50	100	7,87	320	0,06

Leistungssteigerung durch Kopf- und Schlußantrieb. Ein wunder
Punkt bei allen Förderbandanlagen sind selbst bei sorgfältigster Durchbildung
immer noch die Übergabestellen und es ist deshalb dringend zu empfehlen, deren
Zahl so weit als nur möglich einzuschränken, d. h. die Trasse für die Bandanlage
so zu wählen oder auch vorzubereiten, daß mit *möglichst langen Einzelbändern*
gearbeitet werden kann.

Dies hätte dann allerdings zur Folge, daß dadurch schwerere Antriebe in
Betracht gezogen werden müßten, während es an sich *für den Baubetrieb günstiger*
und deshalb wünschenswert ist, gerade im Hinblick auf die große Verschieden-
artigkeit der Einsätze *als Anlagegeräte lieber keine allzu schweren Antriebe* zu
wählen.

Um diese Gegensätze wirtschaftlich erträglicher zu machen, besteht die Möglichkeit zwar wohl in der Hauptsache nur kleinere Antriebe zu beschaffen, dafür
aber die normal dazu passenden Förderbänder zusammenzuhängen, um größere

von 800 mm/l-Förderbändern

1,50				1,80				2,0				2,50			
531/324				637/388				708/432				885/540			
L m	*H* m	*L* m	*H* m	*L* m	*H* m	*L* m	*H* m	*L* m	*H* m	*L* m	*H* m	*L* m	*H* m	*L* m	*H* m
20	0,23														
20	1,71	40	0,50	20	0,59	25	0,25	20	0,03						
20	2,35	63	0,03	20	1,12	32	0,38								
20	2,88	63	0,56	20	1,56	40	0,35								
20	5,54	100	1,56	20	3,76	80	0,63	20	2,90	63	0,57				
100	1,72	125	0,64												
20	6,60	100	2,62	20	4,65	100	0,68	20	3,69	80	0,55	20	1,93	50	0,21
100	2,78	160	0,22	100	0,83										

2,50				3,0				3,50				4,0			
885/540				1062/648				1239/756				1416/864			
L m	*H* m	*L* m	*H* m	*L* m	*H* m	*L* m	*H* m	*L* m	*H* m	*L* m	*H* m	*L* m	*H* m	*L* m	*H* m
20	0,66	25	0,33												
20	1,30	40	0,09	20	0,23										
20	6,38	100	2,41	20	4,48	100	0,50	20	3,11	63	0,80	20	2,09	50	0,37
100	2,57	160	0,01	100	0,67										
20	7,66	100	3,67	20	5,54	100	1,56	20	4,02	100	0,05	20	2,89	63	0,57
100	3,84	160	1,29	100	1,73	125	0,63	100	0,21						

Förderlängen zu erhalten und dann entweder an Stelle der oder vor den sonst üblichen Umkehrstationen einen zweiten Antrieb einzusetzen.

Eine solche Anlage wird höhere Anschaffungskosten erfordern, hat dafür aber auch wirtschaftlich nicht unerhebliche Vorteile, wie den Wegfall von Übergabestellen und damit die Verminderung der Anzahl dieser besonders anfälligen Störungsquellen und eine Senkung der Betriebskosten bei gleicher Leistung.

Der Kraftbedarf an der Triebwelle des Antriebs ergibt sich für Leerlauf und horizontale Förderung aus der Formel

$$N_a = C\,(N_1 + N_2).$$

Dieser Beiwert C ist aber bekanntlich abhängig von der Förderlänge (s. S. 100), verringert sich von 1,7 für $L = 100$ m auf 1,05 für $L = 500$ m und kann erst von da ab als gleichbleibend angenommen werden.

Die Auswirkung eines solchen Zusammenschlusses von Förderbändern ist aus der nachstehenden Gegenüberstellung klar und deutlich zu erkennen.

Tabelle 71. *Leistungen von*

Bandgeschwindigkeit m/s			1,50				1,70				1,90			
Leistungen Q_{max}/Q cbm/h			531/324				602/367				672/410			
Tab.	Antriebe	PS		L m	H m	L m	H m	L m	H m	L m	H m	L m	H m	L m	H m
67	BT V	60	V	20	6,79	100	2,64	20	5,30	100	1,15	20	4,12	80	0,86
			N	100	2,79	160	0,09	100	1,30	125	0,12	100	0,12		
68	BT V	75	V	20	8,00	100	5,82	20	8,00	100	3,92	20	6,62	100	2,47
			N	100	5,97	250	0,06	100	4,07	160	1,40	100	2,62	125	1,49
48	BE IV	2×45	V	20	8,00	100	9,00					20	8,00	100	4,99
			N	100	9,15	320	0,97					100	5,14	200	0,94
49	BE IV	2×50	V	20	8,00	100	11,12					20	8,00	100	6,67
		•	N	100	11,27	400	0,99					100	6,82	250	0,90
50	BE V	2×60	V	20	8,00	100	15,36	20	8,00	100	12,37	20	8,00	100	10,02
			N	100	15,51	500	1,80	100	12,52	400	2,24	100	10,17	320	2,00
51	BE V	2×75	V	20	8,00	100	21,72	20	8,00	100	17,99	20	8,00	100	15,05
			N	100	21,87	500	8,33	100	18,14	500	4,60	100	15,20	500	1,65

800 mm s-Band

Leistungen Q_{max}/Q cbm/h				858/540				973/612				1087/684			
52	BE IV	2×45	V	20	6,85	100	2,96					20	4,35	100	0,47
			N	100	3,08	160	0,55					100	0,59		
53	BE IV	2×50	V	20	8,00	100	4,27					20	5,39	100	1,51
			N	100	4,39	200	0,45					100	1,63	125	0,56
54	BE V	2×60	V	20	8,00	100	6,89	20	8,00	100	5,04	20	7,46	100	3,58
			N	100	7,01	250	1,45	100	5,16	200	1,21	100	3,70	160	1,17
55	BE V	2×75	V	20	8,00	100	10,82	20	8,00	100	8,51	20	8,00	100	6,69
			N	100	10,94	400	1,17	100	8,63	320	0,93	100	6,81	250	1,24

1000 mm-Band

Gesamt-förderlänge m	bei Verwendung von 2 Bändern				bei Verwendung von 1 Band			Einsparung	
	L	C	CL	$2CL$	L	C	CL		%
200	100	1,7	170	340	200	1,4	280	60	17,6
250	125	1,6	200	400	250	1,3	325	75	18,75
320	160	1,5	240	480	320	1,2	384	96	20,0
400	200	1,4	280	560	400	1,1	440	120	21,4
500	250	1,3	325	650	500	1,05	525	125	19,2
640	320	1,2	384	768	640	1,05	672	96	12,5

Die Einsparung an Kraftbedarf bei Leerlauf + horizontaler Förderung erreicht demnach einen Höchstwert bei einem Zusammenschluß von 2 Förderbändern von je 200 m Länge zu einem einzigen von 400 m Länge und sinkt ab einer Förderlänge von 500 m so rasch ab, daß man den Zusammenschluß von 2 × 250 m zu 500 m praktisch als die Grenze betrachten kann, deren Überschreitung sich nicht mehr verlohnen würde. Die sich gerade nach dieser Richtung ergebenden Möglichkeiten sind aus den nun folgenden Tab. 72 bis 79 zu ersehen, wobei mit Antrieb durch Dieselmotoren gerechnet wurde, nachdem diesen bei den besonderen Verhältnissen im Baubetrieb zweifellos der Vorzug gebühren würde und anzunehmen ist, daß dieses Problem mit der zunehmenden

800 mm/s- und 1000 mm-Förderbändern

2,50				3,0				3,50				4,0			
885/540				1062/648				1239/756				1416/864			
L m	H m	L m	H m	L m	H m	L m	H m	L m	H m	L m	H m	L m	H m	L m	H m
20	1,70	40	0,45	20	0,42	25	0,07								
20	3,59	80	0,34	20	2,02	50	0,25	20	0,88	32	0,12	20	0,03		
20	5,52	100	1,38	20	3,61	80	0,36	20	2,24	50	0,45	20	1,22	32	0,45
100	1,53	125	0,38												
20	6,79	100	2,65	20	4,67	100	0,53	20	3,15	63	0,73	20	2,02	50	0,23
100	2,80	160	0,10	100	0,68										
20	8,00	100	5,19	20	6,79	100	2,65	20	4,97	100	0,83	20	3,61	80	0,36
100	5,34	200	1,17	100	2,80	160	0,12	100	0,98						
20	8,00	100	9,00	20	8,00	100	5,83	20	7,70	100	3,56	20	6,00	100	1,86
100	9,15	320	0,98	100	5,98	250	0,07	100	3,71	160	1,02	100	2,01	125	0,87
1430/900				1716/1080				2002/1260				2288/1440			
20	2,12	50	0,44	20	0,94	32	0,22	20	0,09						
20	2,91	63	0,64	20	1,60	40	0,42	20	0,66	25	0,34				
20	4,48	100	0,60	20	2,91	63	0,63	20	1,78	50	0,10	20	0,94	32	0,22
100	0,71														
20	6,84	100	2,96	20	4,88	100	0,99	20	3,47	80	0,39	20	2,41	63	0,12
100	3,07	160	0,55	100	1,11	125	0,04								

Verwendung von Bandstraßen auch im Baubetrieb sicher eine nach jeder Richtung befriedigende Lösung finden wird.

In diesen Tabellen bedeuten:

L die Gesamtförderlänge des Bandes und deren Zusammensetzung, ob aus einem oder aus zwei Bändern.

A Art und Zahl der Antriebe an der Abwurfstation.

PS Stärke dieser Antriebe in PS.

U Umkehrstation (evtl. Art des Antriebs vor derselben).

PS Falls vor der Umkehrstation noch einmal ein Antrieb vorgesehen ist, Stärke dieses Antriebs in PS.

Q Durchschnittsleistung in cbm/h.

H Hubhöhe in m (Mindestleistung).

D Differenz gegenüber der Hubhöhe bei Verwendung von 2 getrennten Förderbändern, wobei als Mindestverlust an Hubhöhe infolge der notwendigen Übergabe bei der Verwendung von 2 getrennten Bändern angenommen wurde

bei 650 mm Bandbreite . . . . 0,80 m
bei 800 mm Bandbreite und leichtem Traggerüst . . . . 1,00 m
bei 800 mm Bandbreite und schwerem Traggerüst . . . . 1,20 m
bei 1000 mm Bandbreite und schwerem Traggerüst . . . . 1,20 m

Materialannahme wie bei allen Leistungstabellen: geringes Fließverhalten und Schüttgewicht von 1,8 t/cbm.

Tabelle 72.

Bandgeschwindigkeit m/s					1,0		
L	A	PS	U	PS	Q	H	D
2×100	2 B I	2×25	2	—	136	2× 2,79	
200	B I	25	B I	25	136	11,18	+6,40
2×125	2 B I	2×25	2	—	136	2× 1,68	
250	B I	25	B I	25	136	9,49	+6,93
2×160	2 B I	2×25	2	—	136	2× 0,16	
320	B I	25	B I	25	136	7,27	+7,75
2×100	2 B II	2×37,5	2	—	136	2× 9,05	
200	B II	37,5	B II	37,5	136	23,70	+6,40
200	B II	37,5	B I	25	136	17,45	+0,15
2×125	2 B II	2×37,5	2	—	136	2× 7,94	
250	B II	37,5	B II	37,5	136	22,00	+6,92
250	B II	37,5	B I	25	136	15,75	+0,67
2×160	2 B II	2×37,5	2	—	136	2× 6,41	
320	B II	37,5	B II	37,5	136	19,78	+7,76
320	B II	37,5	B I	25	136	13,53	+1,51
2×200	2 B II	2×37,5	2	—	136	2× 4,92	
400	B II	37,5	B II	37,5	136	17,72	+8,68
400	B II	37,5	B I	25	136	11,47	+2,43
2×250	2 B II	2×37,5	2	—	136	2× 3,24	
500	B II	37,5	B II	37,5	136	14,51	+8,83
500	B II	37,5	B I	25	136	8,26	+2,58
2×100	2 B III	2×50	2	—	136	2×15,31	
200	B III	50	B III	50	136	36,20	+6,38
200	B III	50	B II	37,5	136	29,95	+0,13
2×125	2 B III	2×50	2	—	136	2×14,20	
250	B III	50	B III	50	136	34,52	+6,92
250	B III	50	B II	37,5	136	28,27	+0,67
2×160	2 B III	2×50	2	—	136	2×12,67	
320	B III	50	B III	50	136	32,30	+7,76
320	B III	50	B II	37,5	136	26,85	+1,51
2×200	2 B III	2×50	2	—	136	2×11,18	
400	B III	50	B III	50	136	30,22	+8,66
400	B III	50	B II	37,5	136	23,97	+2,41
2×250	2 B III	2×50	2	—	136	2× 9,50	
500	B III	50	B III	50	136	27,02	+8,82
500	B III	50	B II	37,5	136	20,77	+2,57

650 mm Bandbreite

1,25			1,50			1,80			2,0		
Q	H	D	Q	H	D	Q	H	D	Q	H	D
175	2× 0,28		149	—							
175	6,15	+6,39	204	2,83	+2,83						
150	—		119	—							
175	4,47	+4,47	204	1,15	+1,15						
115	—										
175	2,26	+2,26									
175	2× 5,28		204	2× 2,79		244	2× 0,71				
175	16,15	+6,39	204	11,17	+6,39	244	7,01	+6,39			
175	11,96	+1,40	204	7,01	+2,23	244	3,54	+2,92			
175	2× 4,16		204	2 × 1,67		228	—				
175	14,48	+6,96	204	9,48	+6,94	244	5,33	+5,33			
175	9,49	+1,97	204	5,32	+2,78	244	1,86	+1,86			
175	2× 2,65		204	2× 0,15		179	—				
175	12,24	+7,74	204	7,26	+7,76	244	3,11	+3,11			
175	7,25	+2,75	204	3,10	+3,60	237	—				
175	2× 1,16		171	—							
175	10,17	+8,65	204	5,19	+5,19						
175	5,18	+3,66	204	1,03	+1,03						
161	—		141	—							
175	6,98	+6,98	204	1,99	+1,99						
175	1,99	+1,99	176	—							
175	2×10,28		204	2× 6,96		244	2× 4,19		272	2× 2,79	
175	26,15	+6,39	204	19,50	+6,38	244	13,95	+6,37	272	11,18	+6,40
175	21,16	+1,40	204	15,34	+2,22	244	10,78	+3,20			
175	2× 9,16		204	2× 5,84		244	2× 3,07		272	2× 1,68	
175	24,46	+6,94	204	17,82	+6,94	244	12,27	+6,93	272	9,50	+6,94
175	19,47	+1,95	204	13,66	+2,78	244	8,80	+3,46			
175	2× 7,65		204	2× 4,32		244	2× 1,55		272	2× 0,16	
175	22,24	+7,74	204	15,59	+7,75	244	10,06	+7,76	272	7,27	+7,75
175	17,25	+2,75	204	11,43	+3,59	244	6,59	+4,29			
175	2× 6,15		204	2× 2,83		244	2× 0,05		229	—	
175	20,17	+8,67	204	13,52	+8,66	244	7,99	+8,69	272	5,17	+5,17
175	15,18	+3,68	204	9,36	+4,50	244	4,52	+5,22			
175	2× 4,47		204	2× 1,15		204	—		188	—	
175	16,97	+8,83	204	10,32	+8,82	244	4,78	+4,78	272	2,00	+2,00
175	11,98	+3,84	204	6,16	+4,66	244	1,31	+1,31			

Tabelle 73.

Bandgeschwindigkeit m/s					1,5			1,9		
L	A	PS	U	PS	Q	H	D	Q	H	D
2×100	2 BE IV	$2\times2\times50$	2	—	204	$2\times23,63$		258	$2\times16,61$	
200	BE IV	2×50	BE IV	2×50	204	52,84	$+6,38$	258	38,81	$+6,39$
2×125	2 BE IV	$2\times2\times50$	2	—	204	$2\times22,51$		258	$2\times15,49$	
250	BE IV	2×50	BE IV	2×50	204	51,16	$+6,94$	258	37,12	$+6,94$
2×160	2 BE IV	$2\times2\times50$	2	—	204	$2\times21,00$		258	$2\times13,98$	
320	BE IV	2×50	BE IV	2×50	204	48,93	$+7,73$	258	34,89	$+7,73$
2×200	2 BE IV	$2\times2\times50$	2	—	204	$2\times19,50$		258	$2\times12,48$	
400	BE IV	2×50	BE IV	2×50	204	46,86	$+8,66$	258	32,82	$+8,66$
2×250	2 BE IV	$2\times2\times50$	2	—	204	$2\times17,82$		258	$2\times10,80$	
500	BE IV	2×50	BE IV	2×50	204	43,66	$+8,82$	258	29,62	$+8,82$
2×100	2 BT IV	2×50	2	—	204	$2\times\ 6,96$		258	$2\times\ 3,44$	
200	BT IV	50	BT IV	50	204	19,50	$+6,38$	258	12,49	$+6,41$
2×125	2 BT IV	2×50	2	—	204	$2\times\ 5,84$		258	$2\times\ 2,33$	
250	BT IV	50	BT IV	50	204	17,82	$+6,94$	258	10,80	$+6,94$
2×160	2 BT IV	2×50	2	—	204	$2\times\ 4,32$		258	$2\times\ 0,82$	
320	BT IV	50	BT IV	50	204	15,60	$+7,76$	258	8,58	$+7,74$
2×200	2 BT IV	2×50	2	—	204	$2\times\ 2,83$		238	—	
400	BT IV	50	BT IV	50	204	13,52	$+8,66$	258	6,51	$+6,51$
2×250	2 BT IV	2×50	2	—	204	$2\times\ 1,15$		196	—	
500	BT IV	50	BT IV	50	204	10,32	$+8,82$	258	3,30	$+3,30$

650 mm Bandbreite

	2,5			3,0			3,5			4,0	
Q	H	D	Q	H	D	Q	H	D	Q	H	D
340	2×10,30		408	2× 6,97		476	2× 4,59		544	2× 2,80	
340	26,18	+6,38	408	19,52	+6,38	476	14,75	+6,37	544	11,18	+6,38
340	2× 9,18		408	2× 5,85		476	2× 3,46		544	2× 1,68	
340	24,50	+6,94	408	17,84	+6,94	476	13,07	+6,95	544	9,50	+6,94
340	2× 7,67		408	2× 4,34		476	2× 1,95		544	2× 0,17	
340	22,27	+7,73	408	15,61	+7,73	476	10,84	+7,74	544	7,27	+7,73
340	2× 6,17		408	2× 2,84		476	2× 0,46		458	—	
340	20,20	+8,66	408	13,54	+8,66	476	8,77	+8,65	544	5,20	+5,20
340	2× 4,49		408	2× 1,16		416	—		376	—	
340	17,00	+8,82	408	10,34	+8,82	476	5,57	+5,57	544	2,00	+2,00
340	2× 0,30		298	—		237	—				
340	6,17	+6,37	408	2,84	+2,84	476	0,40	+0,40			
294	—		238	—							
340	4,49	+4,49	408	1,16	+1,16						
230	—										
340	2,26	+2,26									
185	—										
340	0,19	+0,19									

Tabelle 74. *800 mm Bandbreite und*

Bandgeschwindigkeit m/s					1,0		
L	A	PS	U	PS	Q	H	n
2×100	2 B II	2×37,5	2	—	216	2× 3,05	
200	B II	37,5	B II	37,5	216	10,97	+5,87
200	B II	37,5	B I	25	216	7,00	+1,90
2×125	2 B II	2×37,5	2	—	216	2× 1,97	
250	B II	37,5	B II	37,5	216	9,34	+6,40
250	B II	37,5	B I	25	216	5,37	+2,43
2×160	2 B II	2×37,5	2	—	216	2× 0,49	
320	B II	37,5	B II	37,5	216	7,17	+7,19
320	B II	37,5	B I	25	216	3,20	+3,22
2×200	2 B II	2×37,5	2	—	191	—	
400	B II	37,5	B II	37,5	216	5,16	+5,16
400	B II	37,5	B I	25	216	1,19	+1,19
500	B II	37,5	B II	37,5	216	2,05	+2,05
2×100	2 B III	2×50	2	—	216	2× 7,03	
200	B III	50	B III	50	216	18,93	+5,87
200	B III	50	B II	37,5	216	14,96	+1,90
2×125	2 B III	2×50	2	—	216	2× 5,94	
250	B III	50	B III	50	216	17,29	+6,41
250	B III	50	B II	37,5	216	13,32	+2,44
2×160	2 B III	2×50	2	—	216	2× 4,47	
320	B III	50	B III	50	216	15,13	+7,19
320	B III	50	B II	37,5	216	11,16	+3,22
2×200	2 B III	2×50	2	—	216	2× 3,02	
400	B III	50	B III	50	216	13,11	+8,07
400	B III	50	B II	37,5	216	9,14	+4,10
2×250	2 B III	2×50	2	—	216	2× 1,38	
500	B III	50	B III	50	216	10,00	+8,24
500	B III	50	B II	37,5	216	6,03	+4,27

leichtes Traggerüst (800 mm/l)

1,25			1,50			1,80			2,0		
Q	H	D	Q	H	D	Q	H	D	Q	H	D
270	2× 0,66		265	—		218	—				
270	6,19	+5,87	324	3,01	+3,01	388	0,37	+0,37			
270	3,01	+2,69	324	0,36	+0,36	304	—				
251	—		215	—							
270	4,55	+4,55	324	1,37	+1,37						
270	1,37	+1,37	282	—							
230	—										
270	2,38	+2,38									
251	—										
163	—										
270	0,37	+0,37									
212	—										
270	2× 3,83		324	2×1,72		386	—		354	—	
270	12,55	+5,89	324	8,31	+5,87	388	4,78	+4,78	432	3,02	+3,02
270	9,37	+2,71	324	5,66	+3,22	388	2,57	+2,57	432	1,03	+1,03
270	2× 2,75		324	2×0,64		316	—		287	—	
270	10,90	+6,40	324	6,67	+6,39	388	3,14	+3,14	432	1,38	+1,38
270	7,72	+3,22	324	4,02	+3,74	388	0,93	+0,93	405	—	
270	2× 1,28		286	—		248	—				
270	8,74	+7,18	324	4,51	+4,51	388	0,98	+0,98			
270	5,56	+4,00	324	1,86	+1,86	302	—				
265	—		236	—							
270	6,73	+6,73	324	2,50	+2,50						
270	3,55	+3,55	320	—							
220	—										
270	3,62	+3,62									
270	0,44	+0,44									

Tabelle 75. *800 mm Bandbreite*

Bandgeschwindigkeit m/s					1,5			1,9		
L	A	PS	U	PS	Q	H	D	Q	H	D
2×100	2 BE IV	2×2×50	2	—	324	2×12,33		410	2× 7,87	
200	BE IV	2×50	BE IV	2×50	324	29,52	+5,86	410	20,61	+5,87
200	BE IV	2×50	BT V	75	324	24,22	+0,56	410	16,42	+1,68
2×125	2 BE IV	2×2×50	2	—	324	2×11,24		410	2× 6,78	
250	BE IV	2×50	BE IV	2×50	324	27,88	+6,40	410	18,97	+6,41
250	BE IV	2×50	BT V	75	324	22,58	+1,10	410	14,78	+2,22
2×160	2. BE IV	2×2×50	2	—	324	2× 9,76		410	2× 5,31	
320	BE IV	2×50	BE IV	2×50	324	25,71	+7,19	410	16,81	+7,19
320	BE IV	2×50	BT V	75	324	20,41	+1,89	410	12,62	+3,00
2×200	2 BE IV	2×2×50	2	—	324	2× 8,31		410	2× 3,86	
400	BE IV	2×50	BE IV	2×50	324	23,70	+8,08	410	14,80	+8,08
400	BE IV	2×50	BT V	75	324	18,40	+2,78	410	10,61	+3,89
2×250	2 BE IV	2×2×50	2	—	324	2× 6,67		410	2× 2,22	
500	BE IV	2×50	BE IV	2×50	324	20,59	+8,25	410	11,68	+8,24
500	BE IV	2×50	BT V	75	324	15,29	+2,95	410	7,49	+4,05

Tabelle 76. *800 mm Bandbreite*

Bandgeschwindigkeit m/s					1,5			1,9		
L	A	PS	U	PS	Q	H	D	Q	H	D
2×100	2 BT V	2×75	2	—	324	2× 7,03		410	2× 3,68	
200	BT V	75	BT V	75	324	18,92	+5,86	410	12,23	+5,87
200	BT V	75	BT IV	50	324	13,62	+0,56	410	8,04	+1,68
200	BT IV	50	BT IV	50	324	8,32	−4,74	410	3,85	−2,51
2×125	2 BT V	2×75	2	—	324	2× 5,94		410	2× 2,60	
250	BT V	75	BT V	75	324	17,28	+6,40	410	10,59	+6,39
250	BT V	75	BT IV	50	324	11,98	+1,10	410	6,40	+2,20
250	BT IV	50	BT IV	50	324	6,68	−4,20	410	2,21	−1,99
2×160	2 BT V	2×75	2	—	324	2× 4,46		410	2× 1,12	
320	BT V	75	BT V	75	324	15,11	+7,19	410	8,43	+7,19
320	BT V	75	BT IV	50	324	9,81	+1,89	410	4,24	+3,00
320	BT IV	50	BT IV	50	324	4,51	−3,41	410	0,05	−1,19
2×200	2 BT V	2×75	2	—	324	2× 3,01		394	—	
400	BT V	75	BT V	75	324	13,10	+8,08	410	6,42	+6,42
400	BT V	75	BT IV	50	324	7,80	+2,78	410	2,23	+2,23
400	BT IV	50	BT IV	50	324	2,50	−2,52	349	—	
2×250	2 BT V	2×75	2	—	324	2× 1,37		328	—	
500	BT V	75	BT V	75	324	9,99	+8,25	410	3,30	+3,30
500	BT V	75	BT IV	50	324	4,69	+2,95	387	—	
500	BT IV	50	BT IV	50	311	—				

und leichtes Traggerüst (800 mm/l)

2,5			3,0			3,5			4,0		
Q	H	D	Q	H	D	Q	H	D	Q	H	D
540	2× 3,84		648	2×1,73		756	2×0,21		708	—	
540	12,56	+5,88	648	8,32	+5,86	756	5,29	+5,87	864	3,02	+3,02
540	9,38	+2,70	648	5,67	+3,21	756	3,02	+3,60	864	1,03	+1,03
540	2× 2,76		648	2×0,63		646	—		575	—	
540	10,92	+6,40	648	6,69	+6,43	756	3,65	+3,65	864	1,38	+1,38
540	7,74	+3,22	648	4,04	+3,78	756	1,38	+1,38	810	—	
540	2× 1,29		573	—		510	—				
540	8,75	+7,17	648	4,52	+4,52	756	1,49	+1,49			
540	5,57	+3,99	648	1,87	+1,87	704	—				
530	—		472	—							
540	6,75	+6,75	648	2,51	+2,51						
540	3,57	+3,57	641	—							
440	—										
540	3,63	+3,63									
540	0,45	+0,45									

und leichtes Traggerüst (800 mm/l)

2,5			3,0			3,5			4,0		
Q	H	D	Q	H	D	Q	H	D	Q	H	D
540	2×0,67		531	—		451	—				
540	6,20	+5,86	648	3,02	+3,02	756	0,75	+0,75			
540	3,02	+2,68	648	0,37	+0,37	619	—				
530	—		472	—							
502	—		431	—							
540	4,56	+4,56	648	1,39	+1,39						
540	1,38	+1,38	564	—							
440	—										
398	—										
540	2,39	+2,39									
503	—										
325	—										
540	0,39	+0,39									
426	—										

Tabelle 77. *800 mm Bandbreite*

Bandgeschwindigkeit m/s					1,5			1,9		
L	*A*	PS	*U*	PS	*Q*	*H*	*D*	*Q*	*H*	*D*
2×100	2 BE V	2×2×75	2	—	324	2×21,87		410	2×15,20	
200	BE V	2×75	BE V	2×75	324	49,48	+ 6,94	410	36,12	+ 6,92
200	BE V	2×75	BE IV	2×50	324	38,88	− 3,66	410	27,74	− 1,46
200	BE IV	2×50	BE IV	2×50	324	28,28	−14,26	410	19,36	− 9,84
200	BE IV	2×50	BT V	75	324	22,98	−19,56	410	15,17	−14,03
2×125	2 BE V	2×2×75	2	—	324	2×20,74		410	2×14,05	
250	BE V	2×75	BE V	2×75	324	47,76	+ 7,48	410	34,40	+ 7,50
250	BE V	2×75	BE IV	2×50	324	37,16	− 3,12	410	26,02	− 0,86
250	BE IV	2×50	BE IV	2×50	324	26,56	−13,72	410	17,66	− 9,24
250	BE IV	2×50	BT V	75	324	21,26	−19,02	410	13,47	−13,43
2×160	2 BE V	2×2×75	2	—	324	2×19,20		410	2×12,51	
320	BE V	2×75	BE V	2×75	324	45,50	+ 8,30	410	32,14	+ 8,32
320	BE V	2×75	BE IV	2×50	324	34,90	− 2,30	410	23,76	− 0,06
320	BE IV	2×50	BE IV	2×50	324	24,30	−12,90	410	15,38	− 8,44
320	BE IV	2×50	BT V	75	324	19,00	−18,20	410	11,19	−12,63
2×200	2 BE V	2×2×75	2	—	324	2×17,68		410	2×11,00	
400	BE V	2×75	BE V	2×75	324	43,40	+ 9,24	410	30,04	+ 9,24
400	BE V	2×75	BE IV	2×50	324	32,80	− 1,36	410	21,66	+ 0,86
400	BE IV	2×50	BE IV	2×50	324	22,20	−11,96	410	13,28	− 7,52
400	BE IV	2×50	BT V	75	324	16,90	−17,26	410	9,09	−11,71
2×250	2 BE V	2×2×75	2	—	324	2×15,96		410	2× 9,28	
500	BE V	2×75	BE V	2×75	324	40,14	+ 9,42	410	26,78	+ 9,42
500	BE V	2×75	BE IV	2×50	324	29,54	− 1,18	410	18,40	+ 1,04
500	BE IV	2×50	BE IV	2×50	324	18,94	−11,78	410	10,02	− 7,34
500	BE IV	2×50	BT V	75	324	13,64	−17,08	410	5,83	−11,53

und schweres Traggerüst (800 mm/s)

2,5			3,0			3,5			4,0		
Q	H	D	Q	H	D	Q	H	D	Q	H	D
540	2× 9,15		648	2× 5,98		756	2× 3,76		864	2×2,01	
540	24,05	+6,95	648	17,69	+6,93	756	13,14	+6,92	864	9,74	+6,92
540	17,69	+0,59	648	12,39	+1,63	756	8,60	+2,38	864	5,76	+2,94
540	11,33	−5,77	648	7,09	−3,07	756	4,06	−2,16	864	1,78	−1,04
540	8,15	−8,95	648	4,44	−6,32	756	1,79	−4,43	843	—	
540	2× 8,02		648	2× 4,84		756	2× 2,56		864	2×0,87	
540	22,33	+7,51	648	15,97	+7,49	756	11,42	+7,50	864	8,02	+7,48
540	15,97	+1,15	648	10,67	+2,19	756	6,88	+2,96	864	4,04	+3,50
540	9,61	−5,25	648	5,37	−3,11	756	2,34	−1,58	864	0,06	−0,48
540	6,43	−8,43	648	2,72	−5,76	756	0,07	−3,85	694	—	
540	2× 6,47		648	2× 3,30		756	2× 1,02		783	—	
540	20,07	+8,33	648	13,71	+8,31	756	9,16	+8,32	864	5,76	+5,76
540	13,71	+1,97	648	8,41	+3,01	756	4,62	+3,78	864	1,78	+1,78
540	7,35	−4,39	648	3,11	−2,29	756	0,08	−0,76	699	—	
540	4,17	−7,57	648	0,46	−4,94	612	—				
540	2× 4,95		648	2× 1,79		712	—		638	—	
540	17,97	+9,27	648	11,61	+9,23	756	7,06	+7,06	864	3,66	+3,66
540	11,61	+2,91	648	6,31	+3,93	756	2,52	+2,52	843	—	
540	5,25	−3,45	648	1,01	−1,37	640	—				
540	2,07	−6,63	567	—							
540	2× 3,23		648	2× 0,07		585	—		518	—	
540	14,71	+9,45	648	8,35	+9,41	756	3,80	+3,80	864	0,40	+0,40
540	8,35	+3,09	648	3,05	+4,11	720	—		667	—	
540	1,99	−3,27	555	—							
499	—										

Tabelle 78. *800 mm Bandbreite*

Bandgeschwindigkeit m/s					1,5			1,9		
L	A	PS	U	PS	Q	H	D	Q	H	D
2×100	2 BT V	2×75	2	—	324	$2\times5{,}97$		410	$2\times2{,}62$	
200	BT V	75	BT V	75	324	17,68	$+6{,}94$	410	11,00	$+6{,}96$
200	BT V	75	BT IV	50	324	12,38	$+1{,}64$	410	6,81	$+2{,}77$
2×125	2 BT V	2×75	2	—	324	$2\times4{,}84$		410	$2\times1{,}49$	
250	BT V	75	BT V	75	324	15,96	$+7{,}48$	410	9,28	$+7{,}50$
250	BT V	75	BT IV	50	324	10,66	$+2{,}18$	410	5,09	$+3{,}31$
2×160	2 BT V	2×75	2	—	324	$2\times3{,}30$		407	—	
320	BT V	75	BT V	75	324	13,70	$+8{,}30$	410	7,02	$+7{,}02$
320	BT V	75	BT IV	50	324	8,40	$+3{,}00$	410	2,83	$+2{,}83$
2×200	2 BT V	2×75	2	—	324	$2\times1{,}78$		334	—	
400	BT V	75	BT V	75	324	11,60	$+9{,}24$	410	4,91	$+4{,}91$
400	BT V	75	BT IV	50	324	6,30	$+3{,}94$	410	0,72	$+0{,}72$
2×250	2 BT V	2×75	2	—	324	$2\times0{,}06$		272	—	
500	BT V	75	BT V	75	324	8,34	$+9{,}44$	410	1,65	$+1{,}65$
500	BT V	75	BT IV	50	324	3,04	$+3{,}04$	344	—	

Tabelle 79.

Bandgeschwindigkeit m/s					1,5			1,9		
L	A	PS	U	PS	Q	H	D	Q	H	D
2×100	2 BE V	$2\times2\times75$	2	—	540	$2\times10{,}94$		684	$2\times6{,}81$	
200	BE V	2×75	BE V	2×75	540	26,68	$+6{,}00$	684	18,40	$+5{,}98$
200	BE V	2×75	BE IV	2×50	540	20,12	$-0{,}58$	684	13,22	$+0{,}80$
2×125	2 BE V	$2\times2\times75$	2	—	540	$2\times9{,}87$		684	$2\times5{,}73$	
250	BE V	2×75	BE V	2×75	540	25,06	$+6{,}52$	684	16,78	$+6{,}52$
250	BE V	2×75	BE IV	2×50	540	18,50	$-0{,}04$	684	11,60	$+1{,}34$
2×160	2 BE V	$2\times2\times75$	2	—	540	$2\times8{,}42$		684	$2\times4{,}28$	
320	BE V	2×75	BE V	2×75	540	22,93	$+7{,}29$	684	14,65	$+7{,}29$
320	BE V	2×75	BE IV	2×50	540	16,37	$+0{,}73$	684	9,47	$+2{,}11$
2×200	2 BE V	$2\times2\times75$	2	—	540	$2\times7{,}00$		684	$2\times2{,}86$	
400	BE V	2×75	BE V	2×75	540	20,95	$+8{,}15$	684	12,67	$+8{,}15$
400	BE V	2×75	BE IV	2×50	540	14,39	$+1{,}59$	684	7,49	$+2{,}97$
2×250	2 BE V	$2\times2\times75$	2	—	540	$2\times5{,}38$		684	$2\times1{,}24$	
500	BE V	2×75	BE V	2×75	540	17,88	$+8{,}32$	684	9,60	$+8{,}32$
500	BE V	2×75	BE IV	2×50	540	11,32	$+1{,}76$	684	4,42	$+3{,}14$

mit schwerem Traggerüst (800 mm/s)

2,5			3,0			3,5			4,0		
Q	H	D	Q	H	D	Q	H	D	Q	H	D
499	—		397	—							
540	4,96	+4,96	648	1,78	+1,78						
540	1,78	+1,78	581	—							
403	—		312	—							
540	3,24	+3,24	648	0,07	+0,07						
540	0,06	+0,06	476	—							
311	—										
540	0,98	+0,98									
437	—										

1000 mm Bandbreite

2,5			3,0			3,5			4,0		
Q	H	D	Q	H	D	Q	H	D	Q	H	D
900	2×3,07		1080	2×1,11		1186	—		1059	—	
900	10,94	+6,00	1080	7,00	+5,98	1260	4,19	+4,19	1440	3,02	+3,02
900	7,01	+2,07	1080	3,72	+2,70	1260	1,28	+1,28	1440	0,56	+0,56
900	2×2,00		1080	2×0,04		973	—		859	—	
900	9,32	+6,52	1080	5,38	+6,50	1260	2,57	+2,57	1440	0,47	+0,47
900	5,39	+2,59	1080	2,10	+3,22	1229	—		1146	—	
900	2×0,55		868	—		768	—				
900	7,19	+7,29	1080	3,25	+3,25	1260	0,44	+0,44			
900	3,26	+3,36	1078	—		1047	—				
807	—		715	—							
900	5,21	+5,21	1080	1,27	+1,27						
900	1,28	+1,28	916	—							
671	—										
900	2,14	+2,14									
798	—										

b) Förderbänder. Zur Ermittlung der Bandkonfektion, d. h. der Zahl und Art der Einlagen im Förderband, ist, wie schon auf S. 106 erwähnt, auszugehen von dem Gurtzug in kg, der sich ergibt aus der Formel

$$T_1 = \frac{75 \cdot N_a}{v} \cdot \left(1 + \frac{1}{e^{\mu \alpha} - 1}\right).$$

Für den Antrieb durch Dieselmotoren von 25 bis 150 PS Gesamtleistung sind die bei Annahme voller Auslastung und Ansatz der Nennleistung sich errechnenden Gurtzüge in Tab. 80 zusammengestellt, wobei bedeuten:

N_a die an der Triebwelle zur Verfügung stehende Kraft in voller Höhe der Nennleistung in PS,

μ = 0,25 die Reibungszahl zwischen Gurt und Antriebstrommel, welche den im Baubetrieb zu erwartenden Verhältnissen am nächsten kommen dürfte und

α den umspannten Bogen an der Antriebstrommel.

Der Wert $\dfrac{1}{e^{\mu \alpha} - 1}$ ist aus den einschlägigen Spalten der Tab. 35 auf S. 106/107 zu entnehmen.

Die Einlagenzahl des Gurtes ergibt sich dann aus der Formel

$$z = \frac{0,01 \cdot T_1 \cdot S}{B \cdot K_z},$$

oder zwecks Abstimmung auf die Tab. 80

$$T_1 = z \cdot B \cdot K_z : 0,01 \cdot S,$$

worin bedeuten

z die Zahl der Einlagen,
B die Gurtbreite in m,
K_z die Zerreißfestigkeit des Gurtes je Einlage in kg/cm Gurtbreite,
S einen Sicherheitsfaktor, für welchen bei 3 bis 5 Einlagen die Zahl 11 und für 6 bis 9 Einlagen die Zahl 12 einzusetzen ist.

Für die im Baubetrieb in Betracht kommenden Förderbänder ergeben sich die in Tab. 81 zusammengefaßten Werte, und an Hand der beiden Tab. 80 und 81 ist es ohne weiteres möglich, die jeweils nötige Bandkonfektion einer Anlage eindeutig zu bestimmen.

Für die in den Tab. 72 bis 79 behandelten Fälle der Verwendung von je 1 Antrieb an beiden Enden der Bandanlage ist zu beachten, daß für die Ermittlung der Bandkonfektion die Summe der Leistungen beider Antriebe vermindert um den Kraftbedarf für das leerlaufende Untertrum des Bandes anzusetzen wäre. Der Kraftbedarf für das leerlaufende Untertrum ist aber im allgemeinen so geringfügig im Vergleich zum Gesamtkraftbedarf, daß er unberücksichtigt bleiben kann und damit eine weitere Reserve für die erhöhte Anfahrbeanspruchung des Bandes bildet. Dies trifft aber selbstverständlich nur zu für horizontale oder steigende Förderung, für fallende Förderung wäre der Kraftbedarf für das leerlaufende Untertrum abzuziehen.

Tabelle 80. *Gurtzüge in kg nach der Formel* $T_1 = \dfrac{75 \cdot N_a}{v} \cdot \left(1 + \dfrac{1}{e^{\mu\alpha} - 1}\right)$

N_a PS	25	37,5	50	100	150	25	37,5	50	50	75
Art der Antriebe	Zweitrommelantriebe $\alpha = 450°$					Eintrommelantriebe				
						$\alpha = 260°$			$\alpha = 250°$	
Bandgeschwindigkeit v in m/s										
1,0	2194	3291	4388	8775	13163	2775	4163	5550	5663	8494
1,25	1755	2633	3510			2220	3330	4440		
1,50	1463	2194	2925			1850	2775	3700		
1,80	1219	1828	2438			1542	2313	3084		
2,0			2194			1388	2082	2775		
1,50				5850	8775				3775	5663
1,70					7743					4996
1,90				4619	6928				2980	4470
2,50				3510	5265				2265	3398
3,0				2925	4388				1888	2831
3,50				2507	3761				1618	2427
4,0				2194	3291				1416	2124

Tabelle 81. *Bandkonfektionen und zulässige Maximalgurtzüge in kg*

Bandbreite in mm								
650			800			1000		
Zahl und Art der Einlagen	Zerreiß-festigkeit kg	Zulässiger max. Gurtzug kg	Zahl und Art der Einlagen	Zerreiß-festigkeit kg	Zulässiger max. Gurtzug kg	Zahl und Art der Einlagen	Zerreiß-festigkeit kg	Zulässiger max. Gurtzug kg
4 B 60	15600	1418	4 B 60	19200	1745			
5 B 60	19500	1772	5 B 60	24000	2181	5 B 60	30000	2727
4 B 80	20800	1890	4 B 80	25600	2327			
5 B 80	26000	2363	5 B 80	32000	2909	5 B 80	40000	3636
						4 B 110	44000	4000
						5 B 110	55000	5000
4 KP 140	36400	3310	4 KP 140	44800	4072	4 KP 140	56000	5091
5 KP 140	45500	4136	5 KP 140	56000	5091	5 KP 140	70000	6363
3 KP 225	43875	3988	3 KP 225	54000	4909	3 KP 225	67500	6138
			4 KP 225	72000	6545	4 KP 225	90000	8181
						5 KP 225	112500	10227

Im Interesse einer unbedingt wünschenswerten absoluten Handlungsfreiheit nach dieser Richtung, wird noch einmal dringend empfohlen, möglichst Bänder mit Kunstseideeinlage zu verwenden, weil dieselben die bei einer solchen Arbeitsweise auftretenden höheren Bandzüge ohne weiteres aufzunehmen vermögen. Hinsichtlich der Beschaffungskosten wird auf die Ausführungen auf S. 7 verwiesen.

F. Vorschläge

Um das Ergebnis dieser Untersuchungen recht deutlich zu machen, sollen noch einige Möglichkeiten aufgezeigt werden, die sich für den Baubetrieb daraus ergeben.

Als Motorleistungen wurden dabei einheitlich zugrunde gelegt:

für B I	25 PS,
für B II	37,5 PS,
für B III	50 PS,
für BE IV	2 × 50 PS,
für BE V	2 × 75 PS,
für BT IV	50 PS,
für BT V	75 PS.

Ferner bedeuten auch hier wiederum

v die Bandgeschwindigkeit in m/s,

Q die Durchschnittsleistung in cbm/h bei geringem Fließverhalten und einem Gewicht des Fördergutes von 1,8 t/cbm,

L die Förderlänge in m und

H die Förderhöhe in m.

1. Annahme

Band: 650 mm breit auf Traggerüst BMO 650 × 1,5/3,0/3,0 × 90/65 ⌀

Vorhandene Antriebe: 2 BI, 2 BII, 1 BIII

Tabelle 82. *Verwendungsmöglichkeiten und Leistungen*

		v in m/s	1,0		1,25		1,50		1,80		2,0	
		Q in cbm/h	136		175		204		244		272	
		L bzw. H in m	L m	H m	L m	H m	L m	H m	L m	H m	L m	H m
Verwendungsart der Antriebe		1 B I	125	1,68								
		1 B I	125	1,68								
		1 B II	320	1,01	200	1,16	125	1,67				
		1 B II	320	1,01	200	1,16	125	1,67				
		1 B III	500	2,00	320	2,25	250	1,15	160	1,55	125	1,68
		Gesamtleistung	1390	7,38—3,20*	720	4,57—1,60	500	4,49—1,60	160	1,55	125	1,68
		1 B I + 1 B I	500	2,00	320	2,26	250	1,15				
		1 B II + 1 B II	500	14,51	500	6,98	500	1,99	320	3,11		
		1 B III	500	2,00	320	2,25	250	1,15	160	1,55	125	1,68
		Gesamtleistung	1500	18,51—1,60*	1140	11,49—1,60	1000	4,29—1,60	480	4,66—0,80	125	1,68
		1 B II + 1 B I	500	8,26	500	1,99	400	1,03	250	1,86		
		1 B II + 1 B I	500	8,26	500	1,99	400	1,03	250	1,86		
		1 B III	500	2,00	500	2,00	250	1,15	160	1,55	125	1,68
		Gesamtleistung	1500	18,52—1,60*	1500	5,98—1,60	1050	3,21—1,60	660	5,27—1,60	125	1,68
		1 B I	125	1,68								
		1 B II + 1 B I	500	8,26	500	1,99	400	1,03	250	1,86		
		1 B III + 1 B II	500	20,77	500	11,98	500	6,16	500	1,31		
		Gesamtleistung	1125	30,71—1,60*	1000	13,97—0,80	900	7,19—0,80	750	3,17—0,80		

* Die Abzüge stellen den Gesamthöhenverlust an den Übergabestellen dar, welcher für Bandstraßen mit Förderbändern von 650 mm Breite mit 0,80 m je Übergabestelle angesetzt werden muß.

2. *Annahme*

Band: 650 mm breit auf Traggerüst

Vorhandene Antriebe:

Tabelle 83. *Verwendungs-*

v in m/s		1,0		1,25	
Q in cbm/h		136		175	
L bzw. H in m		L m	H m	L m	H m
Verwendungsart der Antriebe	1 B I	125	1,68		
	1 B I	125	1,68		
	1 B II	320	1,01	200	1,16
	1 B II	320	1,01	200	1,16
	1 B III	500	2,00	320	2,25
	1 B III	500	2,00	320	2,25
	Gesamtleistung	1890	9,38—4,0*	1040	6,82—2,40
	1 B I + 1 B I	500	2,00	320	2,26
	1 B II + 1 B II	500	14,51	500	6,98
	1 B III + 1 B III	500	27,02	500	16,97
	Gesamtleistung	1500	43,53—1,60*	1320	26,21—1,60
	1 B I	125	1,68		
	1 B II + 1 B I	500	8,26	500	1,99
	1 B III + 1 B II	500	20,77	500	11,98
	1 B III	500	2,00	320	2,25
	Gesamtleistung	1625	32,71—2,40*	1320	16,22—1,60
	1 B II	320	1,01	200	1,16
	1 B I + 1 B I	500	2,00	320	2,26
	1 B III + 1 B II	500	20,77	500	11,98
	1 B III	500	2,00	320	2,25
	Gesamtleistung	1820	25,78—2,40*	1340	17,65—2,40
	1 B I + 1 B I	500	2,00	320	2,26
	1 B III + 1 B II	500	20,77	500	11,98
	1 B III + 1 B II	500	20,77	500	11,98
	Gesamtleistung	1500	43,54—1,60*	1320	26,20—1,60

* Die Abzüge stellen den Gesamthöhenverlust an den Übergabestellen dar, welcher für werden muß.

BMO 650 × 1,5/3,0 × 90/65 ⌀

2 BI, 2 BII, 2 BIII

möglichkeiten und Leistungen

1,50		1,80		2,0		Bemerkung
204		244		272		
L m	*H* m	*L* m	*H* m	*L* m	*H* m	
125	1,67					
125	1,67					
250	1,15	160	1,55	125	1,68	
250	1,15	160	1,55	125	1,68	
750	5,64—2,40	320	3,10—0,80	250	3,36—0,80	
250	1,15					
500	1,99	320	3,11			
500	10,32	500	4,78	500	2,00	
1250	13,46—1,60	820	7,89—0,80	500	2,00	
400	1,03	250	1,86			
500	6,16	500	1,31			
250	1,15	160	1,55	125	1,68	
1150	8,34—1,60	910	4,72—1,60	125	1,68	
125	1,67					
250	1,15					
500	6,16	500	1,31	(400	2,05)[1]	
250	1,15	160	1,55	125	1,68	
1125	10,13—2,40	660	2,86—0,80	125	1,68	
				(525	3,73—0,80)	
250	1,15					
500	6,16	500	1,31	(400	2,05)[1]	
500	6,16	500	1,31	(400	2,05)[1]	
1250	13,47—1,60	1000	2,62—0,80	(800	4,10—0,80)[1]	

[1] Diese Kombination ist nur möglich, wenn der Antrieb B II ein zusätzliches Räderpaar erhält, das für $v = 2{,}0$ m/s besonders hergestellt wird.

Bandstraßen mit Förderbändern von 650 mm Breite mit 0,80 m je Übergabestelle angesetzt

3. Annahme

Band: 800 mm breit auf Traggerüst

Vorhandene Antriebe:

Tabelle 84. *Verwendungs-*

v in m/s		1,0		1,25	
Q in cbm/h		216		270	
L bzw. H in m		L m	H m	L m	H m
	1 B I				
	1 B II	125	1,97		
	1 B II	125	1,97		
	1 B II	125	1,97		
	1 B III	250	1,38	160	1,28
	1 B III	250	1,38	160	1,28
	Gesamtleistung	875	8,67—4,0*	320	2,56—1,0
	1 B II + 1 B I	400	1,19	250	1,37
	1 B II + 1 B II	500	2,05	320	2,38
Verwendungsart der Antriebe	1 B III + 1 B III	500	10,00	500	3,62
	Gesamtleistung	1400	13,24—2,0*	1070	7,37—2,0
	1 B II + 1 B I	400	1,19	250	1,37
	1 B III + 1 B II	500	6,03	400	3,55
	1 B III + 1 B II	500	6,03	500	0,44
	Gesamtleistung	1400	13,25—2,0*	1150	5,36—2,0
	1 B II	125	1,97	—	—
	1 B II + 1 B I	400	1,19	250	1,37
	1 B III + 1 B II	500	6,03	400	3,55
	1 B III	250	1,38	160	1,28
	Gesamtleistung	1275	10,57—3,0*	810	6,20—2,0
	1 B I				
	1 B II + 1 B II	500	2,05	320	2,38
	1 B III + 1 B II	500	6,03	400	3,55
	1 B III	250	1,38	160	1,28
	Gesamtleistung	1250	9,46—2,0*	880	7,21—2,0

* Die Abzüge stellen den Gesamthöhenverlust an den Übergabestellen dar, welcher für gesetzt werden muß.

BMO 800 × 1,2/1,8/3,6 × 90/65 ⌀ (800 mm l)

1 BI, 3 BII, 2 BIII

möglichkeiten und Leistungen

1,50		1,80		2,0	
324		388		432	
L m	*H* m	*L* m	*H* m	*L* m	*H* m
100	1,72				
100	1,72				
200	3,44—1,0				
250	1,37				
400	2,50	320	0,98	250	1,38
650	3,87—1,0	320	0,98	250	1,38
320	1,86	200	2,57		
320	1,86	250	0,93		
640	3,72—1,0	450	3,50—1,0		
320	1,86	200	2,57		
100	1,72	—	—		
420	3,58—1,0	200	2,57		
250	1,37				
320	1,86	200	2,57		
100	1,72	—	—		
670	4,95—2,0	200	2,57		

Förderbänder von 800 mm Breite bei leichtem Traggerüst mit 1,0 m je Übergabestelle an-

4. Annahme

Band: 800 mm breit auf Traggerüst

Vorhandene Antriebe:

Tabelle 85. *Verwendungs-*

L bzw. H in m	v in m/s = 1,5 Q in cbm/h = 324 — L m	H m	v in m/s = 1,9 Q in cbm/h = 410 — L m	H m
1 BT IV	100	1,73		
1 BT IV	100	1,73		
1 BT V	200	1,78	125	1,49
1 BT V	200	1,78	125	1,49
1 BE IV	400	2,50	250	2,22
1 BE IV	400	2,50	250	2,22
Gesamtleistung	1400	12,02—5,0*	750	7,42—3,0
1 BT IV + 1 BT IV	400	2,50	250	2,21
1 BT V + 1 BT V	500	9,99	500	3,30
1 BE IV + 1 BE IV	500	20,59	500	11,68
Gesamtleistung	1400	33,08—2,0*	1250	17,19—2,0
1 BT IV	100	1,73		
1 BT V + 1 BT IV	500	4,69	400	2,23
1 BE IV + 1 BT V	500	15,29	500	7,49
1 BE IV	400	2,50	250	2,22
Gesamtleistung	1500	24,21—3,0*	1150	11,94—2,0
1 BT V + 1 BT IV	500	4,69	400	2,23
1 BT V + 1 BT IV	500	4,69	400	2,23
1 BE IV	400	2,50	250	2,22
1 BE IV	400	2,50	250	2,22
Gesamtleistung	1800	14,38—3,0*	1300	8,90—3,0
1 BT IV + 1 BT IV	400	2,50	250	2,21
1 BE IV + 1 BT V	500	15,29	500	7,49
1 BE IV + 1 BT V	500	15,29	500	7,49
Gesamtleistung	1400	33,08—2,0*	1250	17,19—2,0

The row label column is headed *Verwendungsart der Antriebe* (printed vertically at the left).

* Die Abzüge stellen den Gesamthöhenverlust an den Übergabestellen dar, welcher für gesetzt werden muß.

BMO 800 × 1,2/1,8/3,6 × 90/65 ⌀ (800 mm l)

2 BT IV, 2 BT V, 2 BE IV

möglichkeiten und Leistungen

| 2,5 | | 3,0 | | 3,5 | | 4,0 | |
| 540 | | 648 | | 756 | | 864 | |
L m	H m	L m	H m	L m	H m	L m	H m
160	1,29	125	0,63				
160	1,29	125	0,63	100	0,21		
320	2,58—1,0	250	1,26—1,0	100	0,21		
320	2,39	250	1,39	200	0,75		
500	3,63	400	2,51	320	1,49	250	1,38
820	6,02—1,0	650	3,90—1,0	520	2,24—1,0	250	1,38
250	1,38						
400	3,57	320	1,87	250	1,38	200	1,03
160	1,29	125	0,63	100	0,21	—	—
810	6,24—2,0	445	2,50—1,0	350	1,59—1,0	200	1,03
250	1,38						
250	1,38						
160	1,29	125	0,63				
160	1,29	125	0,63	100	0,21		
820	5,34—3,0	250	1,26—1,0	100	0,21		
400	3,57	320	1,87	250	1,38	200	1,03
400	3,57	320	1,87	250	1,38	200	1,03
800	7,14—1,0	640	3,74—1,0	500	2,76—1,0	400	2,06—1,0

Förderbänder von 800 mm Breite bei leichtem Traggerüst mit 1,0 m je Übergabestelle an-

5. Annahme

Band: 800 mm breit auf Traggerüst

Vorhandene Antriebe:

Tabelle 86. *Verwendungs*

	v in m/s	1,5		1,9	
	Q in cbm/h	324		410	
	L bzw. *H* in m	*L* m	*H* m	*L* m	*H* m
Verwendungsart der Antriebe	1 BT V	200	1,78	125	1,49
	1 BT V	200	1,78	125	1,49
	1 BE IV	320	3,09	200	2,62
	1 BE IV	320	3,09	200	2,62
	1 BE V	500	8,33	500	1,65
	1 BE V	500	8,33	500	1,65
	Gesamtleistung	2040	26,40—6,0*	1650	11,52—6,0
	1 BT V	200	1,78	125	1,49
	1 BE IV + 1 BT V	500	13,64	500	5,83
	1 BE V + 1 BE IV	500	29,54	500	18,40
	1 BE V	500	8,33	500	1,65
	Gesamtleistung	1700	53,29—3,60	1625	27,37—3,60
	1 BE IV + 1 BT V	500	13,64	500	5,83
	1 BE IV + 1 BT V	500	13,64	500	5,83
	1 BE V	500	8,33	500	1,65
	1 BE V	500	8,33	500	1,65
	Gesamtleistung	2000	43,94—3,60*	2000	14,96—3,60
	1 BT V + 1 BT V	500	8,34	500	1,65
	1 BE V + 1 BE IV	500	29,54	500	18,40
	1 BE V + 1 BE IV	500	29,54	500	18,40
	Gesamtleistung	1500	67,42—2,40*	1500	38,45—2,40

* Die Abzüge stellen den Gesamthöhenverlust an den Übergabestellen dar, welcher für mit 1,20 m je Übergabestelle angesetzt werden muß.

BMO 800 × 1,2/1,8/3,6 × 133/90 ⌀ (800 mm s)

2 BT V, 2 BE IV, 2 BE V

möglichkeiten und Leistungen

| 2,5 | | 3,0 | | 3,5 | | 4,0 | |
| 540 | | 648 | | 756 | | 864 | |
L m	*H* m	*L* m	*H* m	*L* m	*H* m	*L* m	*H* m
125	1,65						
125	1,65						
250	3,23	200	1,79	125	2,56	100	2,01
250	3,23	200	1,79	125	2,56	100	2,01
750	976—3,60	400	3,58—1,20	250	5,12—1,20	200	4,02—1,20
400	2,07	250	2,72	200	1,79		
500	8,35	500	3,05	400	2,52	320	1,78
250	3,23	200	1,79	125	2,56	100	2,01
1150	13,65—2,40	950	7,56—2,40	725	6,87—2,40	420	3,79—1,20
400	2,07	250	2,72	200	1,79		
400	2,07	250	2,72	200	1,79		
250	3,23	200	1,79	125	2,56	100	2,01
250	3,23	200	1,79	125	2,56	100	2,01
1300	10,60—3,60	900	9,02—3,60	650	8,70—3,60	200	4,02—1,20
250	3,24	200	1,78	125	2,56	100	2,01
500	8,35	500	3,05	400	2,52	320	1,78
500	8,35	500	3,05	400	2,52	320	1,78
1250	19,94—2,40	1200	7,88—2,40	925	7,60—2,40	740	5,57—2,40

Förderbänder von 800 mm auf schwerem Traggerüst infolge Verwendung von BEV-Antrieben

6. Annahme

Band: 1000 mm breit auf Traggerüst

Vorhandene Antriebe:

Tabelle 87. *Verwendungs-*

v in m/s	1,5		1,9	
Q in cbm/h	540		684	
L bzw. H in m	L m	H m	L m	H m
1 BE IV	160	1,86		
1 BE IV	160	1,86		
1 BE V	400	1,27	250	1,24
1 BE V	400	1,27	250	1,24
1 BE V	400	1,27	250	1,24
1 BE V	400	1,27	250	1,24
Gesamtleistung	1920	8,80—6,0*	1000	4,96—3,60
1 BE IV + 1 BE IV	500	4,77	400	2,31
1 BE V + 1 BE V	500	17,88	500	9,60
1 BE V + 1 BE V	500	17,88	500	9,60
Gesamtleistung	1500	40,53—2,40*	1400	21,51—2,40
1 BE V + 1 BE IV	500	11,32	500	4,42
1 BE V + 1 BE IV	500	11,32	500	4,42
1 BE V + 1 BE V	500	17,88	500	9,60
Gesamtleistung	1500	40,52—2,40*	1500	18,44—2,40
1 BE V + 1 BE IV	500	11,32	500	4,42
1 BE V + 1 BE IV	500	11,32	500	4,42
1 BE V	400	1,27	250	1,24
1 BE V	400	1,27	250	1,24
Gesamtleistung	1800	25,18—3,60*	1500	11,32—3,60
1 BE IV + 1 BE IV	500	4,77	400	2,31
1 BE V + 1 BE V	500	17,88	500	9,60
1 BE V	400	1,27	250	1,24
1 BE V	400	1,27	250	1,24
Gesamtleistung	1800	25,19—3,60*	1400	14,39—3,60

(Spaltenbeschriftung links: *Verwendungsart der Antriebe*)

* Die Abzüge stellen den Gesamthöhenverlust an den Übergabestellen dar, welcher für werden muß.

BMO 1000 × 1,2/1,8/3,6 × 133/90 ⌀

2 BE IV, 4 BE V

möglichkeiten und Leistungen

| 2,5 | | 3,0 | | 3,5 | | 4,0 | |
| 900 | | 1080 | | 1260 | | 1440 | |
L m	H m	L m	H m	L m	H m	L m	H m
125	2,00	100	1,11				
125	2,00	100	1,11				
125	2,00	100	1,11				
125	2,00	100	1,11				
500	8,00—3,60	400	4,44—3,60				
250	1,45	160	1,87	125	1,44	100	1,10
500	2,14	400	1,27	250	2,57	200	3,02
500	2,14	400	1,27	250	2,57	200	3,02
1250	5,73—2,40	960	4,41—2,40	625	6,58—2,40	500	7,14—2,40
400	1,28	250	2,10	200	1,28	160	1,05
400	1,28	250	2,10	200	1,28	160	1,05
500	2,14	400	1,27	250	2,57	200	3,02
1300	4,70—2,40	900	5,47—2,40	650	5,13—2,40	520	5,12—2,40
400	1,28	250	2,10	200	1,28	160	1,05
400	1,28	250	2,10	200	1,28	160	1,05
125	2,00	100	1,11	—	—	—	—
125	2,00	100	1,11	—	—	—	—
1050	6,56—3,60	700	6,42—3,60	400	2,56—1,20	320	2,10—1,20
250	1,45	160	1,87	125	1,44	100	1,10
500	2,14	400	1,27	250	2,57	200	3,02
125	2,00	100	1,11	—	—	—	—
125	2,00	100	1,11	—	—	—	—
1000	7,59—3,60	760	5,36—3,60	375	4,01—1,20	300	4,12—1,20

Bandstraßen mit Förderbändern von 1000 mm Breite mit 1,20 m je Übergabestelle angesetzt

G. Ergebnis der Untersuchungen

Aus diesen ganzen Untersuchungen ergibt sich, daß

1. *als Anlagegerät für die Verwendung im Baubetrieb in erster Linie Bandstraßen mit tiefgemuldeten Förderbändern von 800 mm Bandbreite auf Traggerüsten mit gleich langen Muldentragrollen und einem Neigungswinkel der äußeren Rollen von 30° zu empfehlen sind.*

Sie sind selbst bei Verwendung nur der leichteren Antriebe in der Größenordnung der Typen B I bis B III noch ausreichend für Durchschnittsleistungen von 216 cbm/h bei Förderlängen bis zu 500 m und Förderhöhen von 10 m oder von 432 cbm/h bei Förderlängen von 250 m und Förderhöhen bis zu 1,38 m.

Wählt man aber an deren Stelle die etwas schwereren Antriebe in der Größenordnung der Typen BT IV, BT V und BE IV, so sind damit bei Durchschnittsleistungen von 540 cbm/h Förderlängen bis zu 500 m und Förderhöhen bis 3,63 m zu erzielen.

Die Tagesleistungen bewegen sich damit bei 8 stündiger Arbeitszeit zwischen 1700 und 4300 cbm, was für den Baubetrieb in den allermeisten Fällen vollkommen ausreichen wird.

Ist dies aber einmal ausnahmsweise bei einem geeigneten größeren Objekt nicht der Fall, so ist damit immerhin schon eine Grundlage geschaffen zu einem verhältnismäßig einfachen Übergang auf das 800 mm-Band auf schwerem Traggerüst und die dazu gehörigen schweren Antriebe in der Größenordnung der Typen BE IV und BE V unter Verwendung der schon vorhandenen Teile für die kürzeren Teil- oder Zubringerstrecken.

Als weitere, nicht minder wichtige Erkenntnis ist festzustellen, daß

2. *als Anlagegerät für die Verwendung im Baubetrieb mit Aussicht auf eine einigermaßen befriedigende Beschäftigungsmöglichkeit nur die Antriebe mit Motorleistungen bis zu 75 PS und 1 Motor in Frage kommen.*

Aus diesem Grunde wurden nicht nur die Tabellen mit hereingenommen, in welchen die Untersuchungsergebnisse bereits zusammengefaßt sind, sondern alle errechneten Tabellen, welche für die Gewinnung eines richtigen Urteils über die bei den einzelnen Antrieben gegebenen Verwendungsmöglichkeiten notwendig sind.

An Hand dieser Leistungstabellen Nr. 36 bis 68 für jeden einzelnen untersuchten Antrieb ist es im Bedarfsfalle möglich ohne weiteres zu prüfen, ob etwa bereits vorhandene Antriebe für die verlangten Leistungen in Frage kommen oder nicht.

Die erhebliche Erweiterung dieses Verwendungsbereichs in allen Fällen, die sich für die Anwendung von Bandstraßen eignen, welche einen zweiten Antrieb haben, bedarf wegen der verschiedenen damit zu erzielenden Vorteile stets einer ernsthaften Untersuchung.

Die Leistungstabellen Nr. 36—68 für die einzelnen Antriebe bei voller Auslastung sind aber auch deshalb von Wichtigkeit, weil sie zugleich Auskunft geben über die Leistung der sog. *Verschleißbänder* bis zu 100 m Förderlänge.

Zu den Verschleißbändern gehören außer den Gerätebändern

a) die Bänder, welche der Verbindung vom Bagger zum Haupttransportband dienen und als solche nachweislich einem größeren Verschleiß unterworfen sind, als die normalen Transportbänder und

b) die Bänder, mit welchen kürzere, aber verhältnismäßig steile Strecken (z. B. an Böschungen) überwunden werden müssen und für welche das gleiche zutrifft.

Sie unterscheiden sich von den Normalbändern lediglich durch eine wesentlich stärkere Decklage, welche einerseits diesem Verschleiß Rechnung trägt, anderseits aber dadurch ein größeres Gewicht hat, welches die Leistung des Bandes bei gleicher Motorstärke im Vergleich zum Normalband entsprechend verringert.

3. Sehr beachtenswert sind endlich noch die Ergebnisse der Untersuchungen hinsichtlich der *Auswirkung der Bandgeschwindigkeit* auf die Bänder.

Wie aus der Tab. 80 zu ersehen ist, sind die Gurtzüge um so größer, je kleiner die Bandgeschwindigkeit ist. Es ist deshalb zunächst auf jeden Fall zu prüfen, ob es nicht möglich ist, das Band statt mit einer an und für sich für die verlangte Leistung ausreichenden kleineren Bandgeschwindigkeit auch bei dem gleichen Antrieb mit einer höheren Bandgeschwindigkeit laufen zu lassen. Die Folge wäre ja ein höherer Kraftbedarf für den Leerlauf und damit eine geringere Leistung, so daß festgestellt werden muß, ob die verlangte Förderleistung auch dann noch erreicht wird. *Ist dies der Fall*, so daß nach dieser Richtung keine Bedenken bestehen, *so haben die praktischen Erfahrungen ergeben, daß es sich unbedingt empfiehlt, das Band mit der größeren Geschwindigkeit laufen zu lassen, weil diese einen gleichmäßigeren Lauf des Bandes bewirkt und zugleich infolge der dadurch erzielten geringeren Gurtzüge des Förderband mehr schont.*

Von Sonderfällen mit hohen Leistungen abgesehen, empfiehlt es sich im Baubetrieb mit Bandgeschwindigkeiten von 1,80 bis 2,50 m/s zu arbeiten; bei Verwendung der schweren Antriebe BE IV und BE V, bzw. BT IV und BT V mit 3,0 bis 4,0 m/s.

Beispiel: Ein Förderband 800 m 1 für 250 m Förderlänge mit je 1 Antrieb B III von 50 PS Leistung an beiden Enden soll 216 cbm/h 12 m hoch heben.

Tab. 74 zeigt, daß diese Leistung erfüllt werden kann bei einer Bandgeschwindigkeit von 1,0 m/s, wobei die Hubhöhe 17,29 m beträgt. Läßt man das Band mit 2,0 m/s laufen, so erhöht sich der Leerlaufkraftbedarf bei 250 m Förderlänge nach Tab. 30 um 11,24 PS, wodurch die Hubleistung sinkt um 11,24 : 2,36 = 4,77 m auf 12,52 m. Sie reicht damit immer noch aus, so daß im Interesse der Bandschonung in diesem Fall die wünschenswerte höhere Bandgeschwindigkeit von 2,0 m/s, unbedenklich genommen werden kann.

II. Auslagen für die Beschaffung der Geräte

Zu den Auslagen für die Beschaffung der Geräte gehören neben dem Preis auch die Frachtkosten für deren Antransport. Zur Erzielung eines besseren Überblicks sind die Gewichte und Preise für die Hauptbestandteile der Bandanlagen in den Tab. 88 bis 91 zusammengefaßt. Die Kosten für die im I. Teil unter II, D auf

S. 58 ff. aufgeführten „Sonstigen Betriebseinrichtungen" werden mit Ausnahme der Bagger, Absetzer und sonstigen Großgeräte, die ja eine Sache für sich sind, am besten durch einen entsprechenden prozentualen Zuschlag erfaßt.

A. Beschaffungskosten

1. Förderbänder. Für einen Abstand von 100 m zwischen Antrieb und Umkehrstation werden an Bandlänge benötigt

bei 650 mm Bandbreite rd. 215 m und
bei 800 und 1000 m Bandbreite rd. 225 m;
für jeden m mehr Abstand kommen dazu 2,10 m.

Auf dieser Grundlage ergeben sich dann die in Tab. 88 eingesetzten Werte für die hauptsächlich in Betracht kommenden Deckplattenstärken 6/2 und 4/1,5.

Andere Deckplattenstärken erfordern eine Berichtigung unter Benützung der in der vorletzten Reihe der Tab. 88 gemachten Angaben für je 1 mm Deckplatte.

Zu diesen Gewichten und Richtpreisen kommen dann noch hinzu die in der untersten Reihe der Tab. 88 angegebenen Werte für die dazu passenden Bandtrommeln.

2. Bandtragekonstruktion. *a) Antriebe und Umkehrstationen.* Für die Antriebe sind in der Tab. 88 bei den Eickhoff-Antrieben die Gesamtwerte für den Antrieb *ohne* Antriebsmotor, aber einschließlich Voith-Sinclair-Kupplung mit Periflexanschluß, Schwenkarm bzw. Ausleger, Abwurfkopf und Anschluß an das Traggerüst zusammengefaßt und für die Umkehrstation der Spannkopf samt anschließendem Längenausgleich und 2 Zugapparaten.

b) Antriebsmotoren. Für den Antrieb durch Elektromotoren können alle notwendigen Unterlagen aus Tab. 11, S. 51, entnommen werden. Die zusätzlichen Aufwendungen für Strombeschaffung (Hochspannungsfreileitung, Transformatoren usw.) sind aber so wechselnd und unübersichtlich, daß es im Interesse der Gewinnung eines einigermaßen zuverlässigen Überblicks über die zu investierenden Beträge als zweckmäßig erscheint, besser mit den Kosten für Dieselantrieb zu rechnen. Dieselben sind aus Tab. 90 zu entnehmen.

Die Arbeit mit Deutz-Diesel-Drehstrom-Zentralen stellt mit Rücksicht auf die damit verbundenen höheren Kosten nur eine Notlösung dar.

c) Traggerüste. Als Traggerüste kommen in erster Linie die offenen Muldenbandtraggerüste Typ BMO von Gebr. Eickhoff in Frage. Lediglich bei ganz schwerem Betrieb und der Arbeit mit Gleisrückmaschinen werden zweckmäßig an Stelle dieser starren Konstruktionen besser Rahmenkonstruktionen verwendet, welche ohne feste Verbindung aneinandergereiht werden. Die Angaben für die Muldenbandtraggerüste sind aus Tab. 91 zu entnehmen.

d) Sonstige Betriebseinrichtungen. Dieselben richten sich jeweils nach der Art des Förderguts und den sonstigen Betriebsverhältnissen (Steigungen, Gefälle, Untergrund, Kreuzung von Verkehrswegen u. dgl.) und werden am besten von Fall zu Fall mit einem entsprechenden Zuschlag von etwa 10 bis 12 % angesetzt.

An Hand dieser Unterlagen ergeben sich dann für die in den Tab. 82 bis 87 gemachten Vorschläge überschlägig folgende Gewichte und Investierungsbeträge (Tab. 92 bis 97).

Tabelle 88. *Förderbänder*

Bandbreite	650 mm				800 mm					1000 mm				
Deckplatte mm	Einlagen	1 m		100 m		Einlagen	1 m		100 m		Einlagen	1 m		100 m	
		kg	DM	kg	DM		kg	DM	kg	DM		kg	DM	kg	DM
6/2	4 B 60	21,02	137,34	2153	14061	4 B 60	25,87	168,84	2772	18090	5 B 60	35,81	243,39	3837	26078
6/2	5 B 60	23,27	158,45	2383	16222	5 B 60	28,67	194,88	3072	20880					
6/2											5 B 80	38,64	285,39	4140	30578
6/2	4 B 80	22,49	159,60	2305	16340	4 B 80	27,72	195,72	2970	20970					
6/2	5 B 80	25,12	186,27	2572	19071	5 B 80	30,95	228,48	3317	24480	4 B 110	36,63	300,72	3924	32220
6/2											5 B 110	41,16	355,74	4410	38115
6/2	4 KP 140	23,86	205,80	2443	21070	4 KP 140	29,40	252,84	3150	27090	4 KP 140	36,71	315,84	3933	33840
6/2	5 KP 140	26,82	244,02	2746	24983	5 KP 140	33,05	299,88	3542	32130	5 KP 140	41,27	374,64	4422	40140
6/2	3 KP 225	21,02	192,15	2153	19673	3 KP 225	25,87	235,20	2772	25290	3 KP 225	32,34	294,84	3465	31590
6/2						4 KP 225	29,57	293,16	3168	31410	4 KP 225	36,96	366,24	3960	39240
6/2											5 KP 225	41,58	437,64	4455	46890
4/1,5	4 B 60	17,26	120,86	1768	12374	4 B 60	21,25	148,68	2277	15930	5 B 60	30,03	218,19	3218	23378
4/1,5	5 B 60	19,51	141,96	1998	14534	5 B 60	24,05	174,72	2577	18720					
4/1,5											5 B 80	32,87	260,19	3522	27878
4/1,5	4 B 80	18,73	143,12	1918	14653	4 B 80	23,10	175,56	2475	18810					
4/1,5	5 B 80	21,38	169,79	2189	17383	5 B 80	26,34	208,32	2822	22320	4 B 110	30,85	275,52	3306	29520
4/1,5											5 B 110	35,39	330,54	3792	35415
4/1,5	4 KP 140	20,10	189,32	2058	19383	4 KP 140	24,78	232,68	2655	24930	4 KP 140	30,94	290,64	3315	31140
4/1,5	5 KP 140	23,06	227,54	2361	23296	5 KP 140	28,44	279,72	3047	29970	5 KP 140	35,49	349,44	3803	37440
4/1,5	3 KP 225	17,26	175,67	1768	17985	3 KP 225	21,25	215,88	2277	23130	3 KP 225	26,57	269,64	2847	28890
4/1,5						4 KP 225	24,95	273,00	2673	29250	4 KP 225	31,19	341,04	3342	36540
4/1,5											5 KP 225	35,81	412,44	3837	44190
1,0		1,50	6,60	153,72	675,10		1,85	8,09	198,00	866,25		2,31	10,08	247,50	1080,—
Bandtrommel				516	320,—				770	450,—				1000	550,—

Tabelle 89. *Antriebe*

Bandbreite		650 mm			
	Bezeichnung des Antriebs	B I	B II	B III*	BE IV*
Zwei-trommel-antriebe	Motorenstärke . . . . PS	22/25	35/37,5	55/50	$\frac{2\times45}{2\times50}$
	Gewicht. . . . . . . kg	1250	1820	2850	7040
	Richtpreis . . . . . .DM	7500	10300	14250	30900
Umkehr-station	Gewicht . . . . kg	541	541	541	1708
	Richtpreis . . . . . .DM	1550	1550	1550	4200
Antrieb + Umkehrstation	Gewicht . . . kg	1791	2361	3391	8748
	Richtpreis . . DM	9050	11850	15800	35100
	Bezeichnung des Antriebs	IV M 800*	V M 800*	VI M 800*	BT IV
Ein-trommel-antrieb	Motorenstärke . . . . PS	20/25	32/37,5	50/50	45/50
	Gewicht. . . . . . . kg	3200	4100	4800	3670
	Richtpreis . . . . . .DM	11500	14750	17750	18900
Umkehr-station	Gewicht . . . . kg	350	400	400	1708
	Richtpreis . . . . . .DM	950	1100	1100	4200
Antrieb + Umkehrstation	Gewicht . . . kg	3550	4500	5200	5378
	Richtpreis . . DM	12450	15850	18850	23100

* In diesen Fällen werden die gleichen Antriebe wie für 800 mm Bandbreite verwendet.

und Umkehrstationen

800 mm					1000 mm	
B I	B II	B III	BE IV	BE V	BE IV	BE V
22/25	35/37,5	55/50	$\frac{2\times45}{2\times50}$	$\frac{2\times60}{2\times75}$	$\frac{2\times45}{2\times50}$	$\frac{2\times60}{2\times75}$
1375	1985	2850	7040	8545	8850	9740
7750	10600	14250	30900	44450	37700	48700
661	661	661	1708	1708	1802	1802
1810	1810	1810	4200	4200	4700	4700
2036	2646	3511	8748	10253	10652	11542
9560	12410	16060	35100	48650	42400	53400
IV M 800	V M 800	VI M 800	BT IV	BT V		
20/25	32/37,5	50/50	45/50	60/75		
3200	4100	4800	4025	5935		
11500	14750	17750	19700	30950		
350	400	400	1708	1708		
950	1100	1100	4200	4200		
3550	4500	5200	5733	7643		
12450	15850	18850	23900	35150		

NB. Die sämtlichen Werte für die Frölich & Klüpfel-Antriebe IV M 800, V M 800 und
VI M 800 umfassen lediglich den Antrieb mit Kupplung und Abwurfkopf bzw. die Umkehrstation allein.

Tabelle 90. *Dieselmotoren einschl. Zubehör*

Fabrikat	Bauart	Leistung PS	Umdrehungszahi Min.	Gewicht* kg	Richtpreis* DM
Klöckner-Humboldt-Deutz A. G. Köln-Deutz	A 2 L 514	25	1500	700	6000
	A 3 L 514	37,5	1500	800	7200
	A 4 L 514	50	1500	950	10000
	A 6 L 514	75	1500	1200	12750

* Die gegenüber den Angaben in Tabelle 12 erhöhten Werte beruhen auf der schätzungsweisen Erfassung der auf S. 39 erwähnten Sondereinrichtungen, soweit dieselben nicht schon bei den Werten für die Antriebe mit erfaßt sind.

Tabelle 91. *Offene Muldenbandtraggerüste Typ BMO*

Ausführungsart		leicht		schwer	
Bezeichnung		BMO 650×1,5/3,0/3,0×90/65 mit Fußstützen und Bodenstützen	BMO 800×1,2/1,8/3,6×90/65 mit Fußstützen und Bodenstützen	BMO 800×1,2/1,8/3,6×133/90 mit Fußstützen	BMO 1000×1,2/1,8/3,6×133/90 mit Fußstützen
Bandbreite	mm	650	800	800	1000
Rahmenlänge	m	3,0	3,6	3,6	3,6
Konstruktionsgewicht . .	kg/m	31,3	34,3	53,5	54,0
Rollengewicht	kg/m	11,9	18,4	30,2	34,9
Gesamtgewicht	kg/m	43,2	52,7	83,7	88,9
Richtpreis.	DM/m	80,90	101,20	153,—	157,50
Muldentragrollen . .	kg/Stck.	4,8	5,5	9,6	10,7
Richtpreis.	DM/Stck.	14,35	15,25	27,85	28,65
Muldentragrollen mit Gummibelag . . .	kg/Stck.	4,2	4,9	9,2	10,0
Richtpreis.	DM/Stck.	43,55	49,15	69,80	74,50
Muldentragrollen mit Wico-Speichen-Ringen .	kg/Stck.	7,1	8,5	15,0	17,0
Richtpreis.	DM/Stck.	39,—	58,40	77,—	77,40
Flachrollen	kg/Stck.	6,8	8,4	11,2	14,7
Richtpreis.	DM/Stck.	16,40	18,25	22,50	26,45
Flachrollen mit Flacheisenspiralen	kg/Stck.	15,9	17,5	17,5	19,1
Richtpreis.	DM/Stck.	210,—	245,—	245,—	245,—

1. *Annahme:* Band 650 mm; Antriebe 2 B I, 2 B II, 1 B III

Tabelle 92

fabrikneu ab Werk nach Tarif		gebraucht nach Tarif	Gegenstand	Gruppe				Gesamt-betrag
				A	B	C	D	
				Richtpreis				
B	C	F						
kg	kg	kg		DM	DM	DM	DM	DM
3582	—	3582	2 Antriebe B I mit Umkehrstation	18100	—	—	—	18100
1400	—	1400	2 Motoren dazu von 25 PS	—	12000	—	—	12000
4722	—	4722	2 Antriebe B II mit Umkehrstation	23700	—	—	—	23700
1600	—	1600	2 Motoren dazu von 37,5 PS	—	14400	—	—	14400
3391	—	3391	1 Antrieb B III mit Umkehrstation	15800	—	—	—	15800
950	—	950	1 Motor dazu von 50 PS	—	10000	—	—	10000
17850	46950	64800	1500 m Traggerüst 650×1,5/3,0/3,0×90/65	—	—	121350	—	121350
—	—	9990	5×100 m Bandstraße 4/1,5 B 60/5	—	—	—	72670	72670
—	—	19510	1000 m Bandstraße 4/1,5 B 60/5	—	—	—	141960	141960
33495	46950	109945		57600	36400	121350	214630	429980
3350	4695	10995	Zuschlag für sonstige Betriebseinrichtungen . . 10%	5760	3640	12135	21463	42998
36845	51645	120940	Sa.:	63360	40040	133485	236093	472978

472978 : 1500 = *315,32 DM pro lfdm Bandstraße.*
Bei Verwendung von Förderbändern 4/1,5 KP 140/4 erhöht sich dieser Preis um 52,50 DM/lfdm auf *367,82 DM/lfdm.*

2. *Annahme:* Band 650 mm; Antriebe 2 B I, 2 B II, 2 B III

Tabelle 93

fabrikneu ab Werk nach Tarif		gebraucht nach Tarif	Gegenstand	Gruppe				Gesamt-betrag
				A	B	C	D	
						Richtpreis		
B	C	F						
kg	kg	kg		DM	DM	DM	DM	DM
3582	—	3582	2 Antriebe B I mit Umkehrstation	18100	—	—	—	18100
1400	—	1400	2 Motoren dazu von 25 PS	—	12000	—	—	12000
4722	—	4722	2 Antriebe B II mit Umkehrstation	23700	—	—	—	23700
1600	—	1600	2 Motoren dazu von 37,5 PS	—	14400	—	—	14400
6782	—	6782	2 Antriebe B III mit Umkehrstation	31600	—	—	—	31600
1900	—	1900	2 Motoren dazu mit 50 PS	—	20000	—.	—	20000
22610	59470	82080	1900 m Traggerüst 650 × 1,5/3,0/3,0 × 90/65	—	—	153710	—	153710
—	—	11988	6 × 100 m Bandstraße 4/1,5 B 60/5	—	—	—	87204	87204
—	—	25363	1300 m Bandstraße 4/1,5 B 60/5	—	—	—	184548	184548
42596	59470	139417		73400	46400	153710	271752	545262
4260	5947	13942	Zuschlag für sonstige Betriebseinrichtungen . . 10%	7340	4640	15371	27176	54527
46856	65417	153359	Sa.:	80740	51040	169081	298928	599789

599789 : 1900 = *315,68 DM pro lfdm Bandstraße*
Bei Verwendung von Förderbändern 4/1,5 KP 140/4 erhöht sich dieser Preis um 52,50 DM/lfdm auf *362,18 DM/lfdm.*

3. *Annahme:* Band 800 mm1; Antriebe 1 B I, 3 B II, 2 B III

Tabelle 94

fabrikneu ab Werk nach Tarif		gebraucht nach Tarif	Gegenstand	Gruppe				Gesamt-betrag
				A	B	C	D	
				Richtpreis				
B kg	C kg	F kg		DM	DM	DM	DM	DM
2036	—	2036	1 Antrieb B I mit Umkehrstation	9560				9560
700	—	700	1 Motor dazu von 25 PS		6000			6000
7938	—	7938	3 Antriebe B II mit Umkehrstation	37230				37230
2400	—	2400	3 Motoren dazu von 37,5 PS		21600			21600
7022	—	7022	2 Antriebe B III mit Umkehrstation	32120				32120
1900	—	1900	2 Motoren dazu von 50 PS		20000			20000
25760	48020	73780	1400 m Traggerüst 800 × 1,2/1,8/3,6 × 90/65			141680		141680
—	—	15462	6 × 100 m Bandstraße 4/1,5 B 60/5				112320	112320
—	—	19240	800 m Bandstraße 4/1,5 B 60/5				139776	139776
47756	48020	130478		78910	47600	141680	252096	520286
4776	4802	13048	Zuschlag für sonstige Betriebseinrichtungen . . 10%	7891	4760	14168	25210	52029
52522	52822	143526	Sa.:	86801	52360	155848	277306	572315

572315 : 1400 = *408,80 DM pro lfdm Bandstraße*
Bei Verwendung von Förderbändern 4/1,5 KP 140/4 erhöht sich dieser Preis um 65,70 DM/lfdm auf *474,50 DM/lfdm.*

4. Annahme: Band 800 mml; Antriebe 2 BT IV, 2 BT V, 2 BE IV

Tabelle 95

fabrikneu ab Werk nach Tarif		gebraucht nach Tarif	Gegenstand	Gruppe				Gesamtbetrag
				A	B	C	D	
						Richtpreis		
B kg	C kg	F kg		DM	DM	DM	DM	DM
11466		11466	2 Antriebe BT IV mit Umkehrstation	47800				47800
1900		1900	2 Motoren dazu von 50 PS		20000			20000
15286		15286	2 Antriebe BT V mit Umkehrstation	70300				70300
2400		2400	2 Motoren dazu von 75 PS		25500			25500
17496		17496	2 Antriebe BE IV mit Umkehrstation	70200				70200
3800		3800	4 Motoren dazu von 50 PS		40000			40000
33120	61740	94860	1800 m Traggerüst $800 \times 1{,}2/1{,}8/3{,}6 \times 90/65$			182160		182160
—	—	15462	6×100 m Bandstraße 4/1,5 B 60/5				112320	112320
—	—	28860	1200 m Bandstraße 4/1,5 B 60/5				209664	209664
85468	61740	191530		188300	85500	182160	321984	777944
8547	6174	19153	Zuschlag für sonstige Betriebseinrichtungen . . 10%	18830	8550	18216	32199	77795
94015	67914	210683	Sa.:	207130	94050	200376	354183	855739

855739 : 1800 $= 475{,}41\ DM$ *pro lfdm Bandstraße*

Bei Verwendung von Förderbändern 4/1,5 KP 140/4 erhöht sich dieser Preis um 65,28 DM/lfdm auf 540,69 DM/lfdm.

5. Annahme: Band 800 mms; Antriebe 2 BT V, 2 BE IV, 2 BE V

Tabelle 96

fabrikneu ab Werk nach Tarif		gebraucht nach Tarif	Gegenstand	Gruppe				Gesamt-betrag
				A	B	C	D	
				Richtpreis				
B	C	F						
kg	kg	kg		DM	DM	DM	DM	DM
15286		15286	2 Antriebe BT V mit Umkehrstation	70300				70300
2400		2400	2 Motoren dazu von 75 PS		25500			25500
17496		17496	2 Antriebe BE IV mit Umkehrstation	70200				70200
3800		3800	4 Motoren dazu von 50 PS		40000			40000
20506		20506	2 Antriebe BE V mit Umkehrstation	97300				97300
4800		4800	4 Motoren dazu mit 75 PS		51000			51000
61608	109140	170748	2040 m Traggerüst 1,2/1,8/3,6 × 133/90			312120		312120
—	—	15462	6 × 100 m Bandstraßen 4/1,5 B 60/5				112320	112320
—	—	34632	1440 m Bandstraßen 4/1,5 B 60/5				251597	251597
125896	109140	285130		237800	116500	312120	363917	1030337
13849	12005	31365	Zuschlag für sonstige Betriebseinrichtungen . . 11%	26158	12815	34334	40031	113338
139745	121145	316495	Sa.:	263958	129315	346454	403948	1143675

1143675 : 2040 = *560,62 DM pro lfdm Bandstraße*
Bei Verwendung von Förderbändern 4/1,5 KP 225/4 erhöht sich der Preis um 111,38 DM/lfdm auf 672 DM/lfdm.

6. Annahme: Band 1000 mm; Antriebe 2 BE IV, 4 BE V

Tabelle 97

fabrikneu ab Werk nach Tarif		gebraucht nach Tarif	Gegenstand	Gruppe				Gesamt-betrag
				A	B	C	D	
				Richtpreis				
B kg	C kg	F kg		DM	DM	DM	DM	DM
21304		21304	2 Antriebe BE IV mit Umkehrstation	84800				84800
3800		3800	4 Motoren dazu von 50 PS.		40000			40000
46168		46168	4 Antriebe BE V mit Umkehrstation	213600				213600
9600		9600	8 Motoren dazu von 75 PS		102000			102000
67008	103680	170688	1920 m Traggerüst 1000 × 1,2/1,8/3,6 × 133/90 . . .			302400		302400
—	—	19326	6 × 100 m Bandstraße 4/1,5 B 60/5				140268	140268
—	—	39640	1320 m Bandstraße 4/1,5 B 60/5				288011	288011
147880	103680	310526		298400	142000	302400	428279	1171079
17746	12442	37264	Zuschlag für sonstige Betriebseinrichtungen . . 12%	35808	17040	36288	51394	140530
165626	116122	347790	Sa.:	334208	159040	338688	479673	1311609

1311609 : 1920 = *683,13 DM pro lfdm Bandstraße*
Dieser Preis erhöht sich bei Verwendung von *Förderbändern*

$$\begin{array}{lll} \textit{4/1,5 B 80/5} & \text{um } 48{,}09 \text{ DM/lfdm } \textit{auf 731,22 DM/lfdm} \\ \textit{4/1,5 B 110/5} & \text{um } 128{,}66 \text{ DM/lfdm } \textit{auf 811,79 DM/lfdm} \\ \textit{4/1,5 KP 225/4} & \text{um } 140{,}65 \text{ DM/lfdm } \textit{auf 823,78 DM/lfdm} \end{array}$$

Tabelle 98. *Entfernungsanzeiger in Bahnkilometern*

	Aachen	Augsburg	Berlin	Bochum	Bonn	Braunschweig	Bremen	Breslau	Dortmund	Dresden	Düsseldorf	Essen	Frankfurt/M	Freiburg/Br	Hamburg	Hannover	Karlsruhe	Kassel	Kiel	Köln	Leipzig	Lübeck	Magdeburg	Mainz	Mannheim	München	Münster	Nürnberg	Regensburg	Saarbrücken	Stuttgart	Trier	Würzburg	Wuppertal
Aachen		647	624	138	100	430	397	950	161	757	92	127	294	529	525	376	395	356	633	71	637	585	517	254	331	704	225	531	632	292	467	201	429	111
Augsburg	647		613	583	540	594	700	802	638	580	614	653	362	326	759	577	272	447	867	574	460	819	538	389	309	62	736	138	141	438	178	591	220	613
Berlin	624	613		483	610	211	339	336	485	193	543	498	539	819	283	256	685	366	344	577	165	263	142	577	613	653	439	476	515	747	652	781	472	506
Bochum	138	583	483		112	278	248	808	21	555	51	16	262	509	346	222	377	219	457	90	440	412	361	258	318	644	85	475	578	360	449	272	374	37
Bonn	100	540	610	112		394	371	913	151	720	74	116	189	425	496	342	291	313	605	34	600	556	480	152	223	600	196	427	627	262	363	173	325	80
Braunschweig	430	594	211	278	394		183	520	269	327	338	303	381	657	189	61	523	192	298	361	207	249	87	419	467	655	243	480	581	586	570	552	378	317
Bremen	397	700	339	248	371	183		703	234	510	300	259	478	753	119	123	620	290	227	337	390	179	270	514	564	761	173	586	687	617	669	527	484	291
Breslau	950	802	336	808	913	520	703		789	271	858	823	741	1019	749	581	885	640	858	881	362	748	426	779	827	863	763	665	762	947	869	1072	703	837
Dortmund	161	638	485	21	151	269	234	789		596	78	35	340	581	359	208	447	209	467	97	476	418	356	302	379	750	59	578	678	387	514	298	475	50
Dresden	757	580	193	555	720	327	510	271	596		665	630	501	779	516	388	645	400	624	688	120	576	239	539	587	671	570	443	548	709	693	740	510	644
Düsseldorf	92	614	543	51	74	338	300	858	78	665		40	264	498	423	285	365	267	531	41	545	483	425	225	301	674	127	500	601	319	437	229	398	28
Essen	127	653	498	16	116	303	259	823	35	630	40		300	551	387	243	417	244	491	83	510	442	390	269	345	715	87	540	641	363	482	273	438	45
Frankfurt/M	294	362	539	262	189	381	478	741	340	501	264	300		278	539	357	144	200	647	222	381	599	461	38	86	423	385	238	339	208	207	241	136	262
Freiburg/Br	529	326	819	509	425	657	753	1019	581	779	498	551	278		814	632	134	481	922	458	659	873	737	273	195	388	626	427	442	283	226	477	347	498
Hamburg	525	759	283	346	496	189	119	749	359	516	423	387	539	814		180	680	353	109	463	396	66	276	576	625	820	291	646	746	743	727	·656	543	415
Hannover	376	577	256	222	342	61	123	581	208	388	285	243	357	632	180		498	172	288	309	268	240	148	394	443	639	184	464	565	561	545	500	362	260
Karlsruhe	395	272	685	377	291	523	620	885	447	645	365	417	144	134	680	498		347	788	325	525	739	603	139	61	330	493	252	392	149	92	344	213	364
Kassel	356	447	366	219	313	192	290	640	209	400	267	244	200	481	353	172	347		462	284	280	413	279	241	289	508	220	329	430	408	406	362	227	243
Kiel	633	867	344	457	605	298	227	858	467	624	531	491	647	922	109	288	788	462		571	504	81	384	684	733	929	400	754	854	851	835	764	652	523
Köln	71	574	577	90	34	361	337	881	97	688	41	83	222	458	463	309	325	284	571		568	523	448	185	260	634	163	462	563	280	397	205	360	47
Leipzig	637	460	165	440	600	207	390	362	476	120	545	510	381	659	396	268	525	280	504	568		456	120	419	467	521	450	323	428	589	573	620	390	524
Lübeck	585	819	263	412	556	249	179	748	418	576	483	442	599	873	66	240	739	413	81	523	456		336	635	684	880	351	705	806	803	786	716	603	474
Magdeburg	517	538	142	361	480	87	270	426	356	239	425	390	461	737	276	148	603	279	384	448	120	336		499	547	599	330	401	506	669	650	639	460	404
Mainz	254	389	577	258	152	419	514	779	302	539	225	269	38	273	576	394	139	241	684	185	419	635	499		72	453	347	276	376	168	212	204	174	224
Mannheim	331	309	613	318	223	467	564	827	379	587	301	345	86	195	625	443	61	289	733	260	467	684	547	72		371	423	279	381	135	131	276	178	300
München	704	62	653	644	600	655	761	863	750	641	674	715	423	388	820	639	330	508	929	634	521	880	599	453	371		796	199	139	479	240	656	281	673
Münster	225	736	439	85	196	243	173	763	59	570	127	87	385	626	291	184	493	220	400	163	450	351	330	347	423	796		623	723	443	560	353	520	117
Nürnberg	531	138	476	475	427	480	586	665	578	443	500	540	238	427	646	464	252	329	754	462	323	705	401	276	279	199	623		101	413	200	479	103	500
Regensburg	632	141	515	578	627	581	687	762	678	548	601	641	339	442	746	565	392	430	854	563	428	806	506	376	381	139	723	101		514	299	580	203	600
Saarbrücken	292	438	747	360	262	586	617	947	387	709	319	363	208	283	743	561	149	408	851	280	589	803	669	168	135	479	443	413	514		239	90	308	320
Stuttgart	467	178	652	449	363	570	669	869	514	693	437	482	207	226	727	545	92	406	835	397	573	786	650	212	131	240	560	200	299	239		416	180	436
Trier	201	591	781	272	173	552	527	1072	298	740	229	273	241	477	656	500	344	362	764	205	620	716	639	204	276	656	353	479	580	90	416		377	230
Würzburg	429	220	472	374	325	378	484	703	475	510	398	438	136	347	543	362	213	227	652	360	390	603	460	174	178	281	520	103	203	308	180	377		397
Wuppertal	111	613	506	37	80	317	291	837	50	644	28	45	262	498	415	260	364	243	523	47	524	474	404	224	300	673	117	500	600	320	436	230	397	

Tabelle 99. *Frachtsätze für Güter der Wagenladungs-*

Entfernungen km	B_{15}	C_{15}	F_{15}	Entfernungen km	B_{15}	C_{15}	F_{15}	Entfernungen km	B_{15}	C_{15}	F_{15}
1—3*	28	28	28	130—134	195	187	144	325—329	388	370	273
4—6*	29	29	29	135—139	200	194	148	330—334	393	374	276
7—9	34	34	32	140—144	205	199	152	335—339	397	378	279
10—12	35	35	34	145—149	212	205	155	340—344	399	381	281
13—15	40	40	36	150—154	219	210	161	345—349	404	386	282
16—18	43	43	41	155—159	222	215	164	350—354	408	389	287
19—21	46	46	44	160—164	230	221	168	355—359	412	393	289
22—24	49	49	45	165—169	236	227	171	360—364	414	397	290
25—27	53	53	48	170—174	241	233	177	365—369	420	401	295
28—30	55	55	51	175—179	246	239	178	370—374	424	406	296
31—33	60	60	52	180—184	253	242	183	375—379	427	408	300
34—36	62	62	57	185—189	259	250	187	380—384	432	412	303
37—39	67	66	60	190—194	265	255	192	385—389	435	414	304
40—42	70	70	61	195—199	272	261	194	390—394	440	420	307
43—45	75	74	63	200—204	277	266	199	395—399	443	422	310
46—48	77	77	67	205—209	282	271	203	400—404	447	427	312
49—51	82	81	68	210—214	287	277	204	405—409	451	429	314
52—54	88	84	73	215—219	294	281	209	410—414	454	433	317
55—57	91	87	76	220—224	297	284	211	415—419	457	435	320
58—60	95	91	77	225—229	303	288	215	420—424	461	439	323
61—63	100	98	79	230—234	306	293	217	425—429	464	443	324
64—66	105	101	83	235—239	311	296	220	430—434	469	446	326
67—69	108	106	85	240—244	316	301	225	435—439	471	449	327
70—72	115	110	87	245—249	319	306	227	440—444	475	451	331
73—75	119	113	92	250—254	325	310	231	445—449	477	455	334
76—78	120	117	93	255—259	328	313	232	450—454	480	457	335
79—81	126	122	95	260—264	333	317	235	455—459	485	462	338
82—84	130	127	100	265—269	337	321	239	460—464	487	465	340
85—87	136	132	101	270—274	342	327	242	465—469	491	468	341
88—90	141	133	103	275—279	346	331	245	470—474	494	471	341
91—93	144	140	109	280—284	351	335	248	475—479	498	474	341
94—96	150	144	111	285—289	356	340	249	480—484	501	477	341
97—99	152	148	114	290—294	360	343	255	485—489	504	479	341
100—104	159	154	119	295—299	364	347	258	490—494	509	483	341
105—109	164	160	123	300—304	369	351	259	495—499	511	488	341
110—114	169	165	127	305—309	373	355	262	500—504	514	491	341
115—119	177	171	132	310—314	376	359	265	505—509	518	493	342
120—124	183	176	135	315—319	381	363	269	510—514	520	494	345
125—129	189	183	139	320—324	384	367	270	515—519	523	497	347

* Die Fracht wird für eine Mindestentfernung von 5 km erhoben.

klassen B, C und F in Pfennig für 100 kg

Entfernungen km	B_{15}	C_{15}	F_{15}	Entfernungen km	B_{15}	C_{15}	F_{15}
520—524	525	501	349	830—839	656	622	428
525—529	529	503	350	840—849	658	626	429
530—534	533	507	352	850—859	659	627	431
535—539	535	508	354	860—869	663	630	432
540—544	537	510	355	870—879	665	632	433
545—549	540	515	357	880—889	666	635	434
550—554	542	516	358	890—899	668	636	435
555—559	546	520	362	900—909	672	639	437
560—564	549	521	363	910—919	674	640	438
565—569	551	524	365	920—929	676	643	441
570—574	554	527	366	930—939	678	645	442
575—579	556	530	367	940—949	681	649	443
580—584	559	534	370	950—959	682	649	444
585—589	562	535	371	960—969	685	653	445
590—594	566	536	373	970—979	687	654	447
595—599	568	541	375	980—989	688	657	448
600—609	572	543	378	990—999	691	659	449
610—619	577	548	380	1000—1019	695	663	452
620—629	581	553	383	1020—1039	700	668	455
630—639	586	557	386	1040—1059	704	672	457
640—649	589	561	388	1060—1079	708	676	459
650—659	594	564	391	1080—1099	711	681	463
660—669	599	569	394	1100—1119	717	685	465
670—679	603	574	396	1120—1139	721	689	468
680—689	608	579	398	1140—1159	726	693	471
690—699	611	583	402	1160—1179	730	698	473
700—709	615	586	404	1180—1199	734	702	475
710—719	619	588	406	1200—1219	740	707	479
720—729	624	592	409	1220—1239	744	712	482
730—739	625	595	410	1240—1259	748	716	484
740—749	630	598	412	1260—1279	753	720	487
750—759	632	602	414	1280—1299	756	725	489
760—769	636	606	416	1300—1319	761	729	491
770—779	640	608	418	1320—1339	766	734	495
780—789	643	611	419	1340—1359	770	739	498
790—799	646	615	422	1360—1379	774	743	500
800—809	650	616	424	1380—1399	779	746	503
810—819	652	620	426	1400—1449	787	755	507
820—829	653	622	427	1450—1500	798	765	514

B. Frachtkosten

Zu diesen reinen Beschaffungskosten kommen die Frachten ab Lieferwerk. Bei den Förderbändern verstehen sich die Preise frachtfrei jeder deutschen Bahnstation.

Bei den maschinellen Teilen gelten für Antriebe, Umkehrstationen und Rollen die Bahntarifklasse B, für die übrigen Traggerüstteile Bahntarifklasse C.

Für gebrauchte Anlagen kommt wie für alle gebrauchten Baugeräte Bahntarifklasse F in Ansatz.

Für eine überschlägige Berechnung können die Tab. 98 und 99 als Unterlagen dienen.

C. Abschreibung und Verzinsung

Abschreibung sowohl als auch Verzinsung sind keine Festbeträge, sondern ihrerseits abhängig von dem Zeitpunkt der Beschaffung des Gerätes und dem Tempo der Entwicklung, welchem dasselbe unterworfen ist, sowie dem jeweiligen Buchwert des Gerätes.

Als *Lebensdauer* können nach den bisherigen Erfahrungen angenommen werden

für *Förderbänder 5 Jahre* und für *alle übrigen Konstruktionsteile 10 Jahre.*

Die *Abschreibung* kann demgemäß erfolgen *in linearer Weise* mit gleichmäßiger Verteilung der Lebensdauer,

bei Förderbändern mit 20% pro Jahr und

bei den übrigen Konstruktionen mit 10% pro Jahr.

Nachdem es sich aber hier ganz zweifellos um Anlagen handelt, welche technisch großen Veränderungen unterliegen und schnell veralten, ist es richtiger, in diesem Falle von der *Möglichkeit der degressiven Abschreibung* Gebrauch zu machen und es würden sich dann folgende Sätze für die Abschreibung ergeben.

Förderbänder mit einer Lebensdauer von 5 Jahren

im 1. Jahr	50 %	50 %
im 2. Jahr	50 % aus 50 %	25 %
im 3. Jahr	50 % aus 25 %	12,5 %
im 4. Jahr	50 % aus 12,5 %	6,25 %
im 5. Jahr		6,25 %
		100,00 %

Für alle übrigen Konstruktionsteile mit einer Lebensdauer von 10 Jahren

im 1. Jahr	30 %	30 %
im 2. Jahr	30 % aus 70 %	21 %
im 3. Jahr	30 % aus 49 % = 14,7 %	15 %
im 4. Jahr	30 % aus 34,3 % = 10,3 %	10 %
im 5. Jahr	30 % aus 24 % = 7,2 %	7 %
im 6. Jahr	30 % aus 16,8 % = 5,04 %	5 %
im 7.—10. Jahr	4 × 3 %	12 %
		100 %

Diese Art der Abschreibung ist ohne weiteres möglich, nachdem bei den Abschreibungen ausdrücklich jedes Wirtschaftsgut für sich zu bemessen ist.

Aus Vereinfachungsgründen ist es außerdem zugelassen worden, daß alle in der 1. Hälfte eines Kalender- oder Geschäftsjahres angeschafften Wirtschaftsgüter des Anlagevermögens als am 1. Januar bzw. zu Beginn des Geschäftsjahres,

alle in der 2. Hälfte des Kalender- bzw. Geschäftsjahres angeschafften Wirtschaftsgüter der bezeichneten Art als am 1. Juli bzw. zu Beginn der 2. Hälfte des Geschäftsjahres als angeschafft behandelt werden.

Für die Verzinsung wird man zweckmäßig die jeweiligen Zinssätze nehmen, welche dem geltenden Bundesbankdiskontsatz entsprechen.

In Tab. 100 sind die Sätze einander gegenübergestellt, welche sich bei linearer bzw. degressiver Abschreibung von Bandanlagen ergeben, die in der 1. Hälfte eines Kalender- bzw. Geschäftsjahres beschafft wurden, in Tab. 101 diejenigen, welche sich ergeben für Bandanlagen, welche in der 2. Hälfte eines Kalender- bzw. eines Geschäftsjahres beschafft wurden.

Ob für den ersten Einsatz der Bandanlagen die sich aus diesen Tabellen ergebenden Werte oder die entsprechenden Mittelwerte genommen werden sollen, kann nur von Fall zu Fall entschieden werden. *Wo aber nicht ganz zwingende Gründe für ein Abweichen von dem Vorschlag der Anwendung der degressiven Abschreibung vorliegen, kann diese nicht dringend genug empfohlen werden.*

III. Instandhaltungskosten

Bei den Auslagen zur Instandhaltung der Geräte ist zu unterscheiden zwischen der laufenden Instandhaltung und einer von Zeit zu Zeit notwendig werdenden Generalüberholung.

Bei den Bandanlagen spielt die laufende Überwachung im Hinblick auf einen ungestörten Förderbetrieb zweifellos die Hauptrolle und es soll deshalb diese in erster Linie behandelt werden.

Die Kosten setzen sich zusammen aus Lohnaufwand und Materialaufwand. Nachdem aber für die richtige Erledigung dieser Arbeiten ohnehin nur eingearbeitetes Personal in Frage kommt spielt der Ort, an dem die Arbeiten auszuführen sind, tariflich kaum eine Rolle.

1. Förderbänder. Arbeiten, welche bei den Förderbändern laufend anfallen, sind:

a) Reparaturen,
b) Herstellung von Hakenverbindungen und
c) Herstellung von Endlosverbindungen.

Zu a) Die Reparaturen sind im allgemeinen geringfügig und machen einen verhältnismäßig kleinen Bruchteil von den Instandhaltungskosten für das Förderband aus.

Zu b) Die Hakenverbindungen müssen laufend kontrolliert werden und je nach den Betriebsverhältnissen, der Art des Fördergutes und der Beanspruchung des Bandes müssen sie mindestens alle 2 bis 3 Monate erneuert werden.

Bei einer Bandstraße der BBI in Wackersdorf mit Antrieb BE IV und 620 m Achsabstand, auf welcher in dreischichtigem Betrieb durchschnittlich 200 cbm/h mit einer Bandgeschwindigkeit von 4 m/s gefördert werden, hat es sich als notwendig erwiesen, daß die Hakenverbindungen schon *allwöchentlich* erneuert werden mußten, wenn man Störungen während des Betriebs aus diesem Grunde

Tabelle 100. *Abschreibung*

(für Bandanlagen, welche in der 1. Hälfte

| Gerätegruppe | Bei linearer Abschreibung | | | | | | | | | | | Be-triebs-jahr |
| | Verzinsung bei einem Bundesbankdiskontsatz von | | | | | Ab-schrei-bung | Abschreibung + Verzinsung bei einem Bundesbankdiskontsatz von | | | | | |
	4%	5%	6%	7%	8%	%	4%	5%	6%	7%	8%	
Förderbänder	4,00	5,00	6,00	7,00	8,00	20	24,00	25,00	26,00	27,00	28,00	1
	3,20	4,00	4,80	5,60	6,40	20	23,20	24,00	24,80	25,60	26,40	2.
	2,40	3,00	3,60	4,20	4,80	20	22,40	23,00	23,60	24,20	24,80	3.
	1,60	2,00	2,40	2,80	3,20	20	21,60	22,00	22,40	22,80	23,20	4.
	0,80	1,00	1,20	1,40	1,60	20	20,80	21,00	21,20	21,40	21,60	5.
	12,00	15,00	18,00	21,00	24,00	100	112,00	115,00	118,00	121,00	124,00	Sa.
	2,40	3,00	3,60	4,20	4,80	20	22,40	23,00	23,60	24,20	24,80	Mittel
Bandtragkonstruktionsteile	4,00	5,00	6,00	7,00	8,00	10	14,00	15,00	16,00	17,00	18,00	1.
	3,60	4,50	5,40	6,30	7,20	10	13,60	14,50	15,40	16,30	17,20	2.
	3,20	4,00	4,80	5,60	6,40	10	13,20	14,00	14,80	15,60	16,40	3.
	2,80	3,50	4,20	4,90	5,60	10	12,80	13,50	14,20	14,90	15,60	4.
	2,40	3,00	3,60	4,20	4,80	10	12,40	13,00	13,60	14,20	14,80	5.
	2,00	2,50	3,00	3,50	4,00	10	12,00	12,50	13,00	13,50	14,00	6.
	1,60	2,00	2,40	2,80	3,20	10	11,60	12,00	12,40	12,80	13,20	7.
	1,20	1,50	1,80	2,10	2,40	10	11,20	11,50	11,80	12,10	12,40	8.
	0,80	1,00	1,20	1,40	1,60	10	10,80	11,00	11,20	11,40	11,60	9.
	0,40	0,50	0,60	0,70	0,80	10	10,40	10,50	10,60	10,70	10,80	10.
	22,00	27,50	33,00	38,50	44,00	100	122,00	127,50	133,00	138,50	144,00	Sa.
	2,20	2,75	3,30	3,85	4,40	10	12,20	12,75	13,30	13,85	14,40	Mittel

und Verzinsung

eines Geschäftsjahres beschafft wurden)

Verzinsung bei einem Bundesbankdiskontsatz von					Ab-schrei-bung	Abschreibung + Verzinsung bei einem Bundesbankdiskontsatz von				
					Bei degressiver Abschreibung					
4%	5%	6%	7%	8%	%	4%	5%	6%	7%	8%
4,00	5,00	6,00	7,00	8,00	50,00	54,00	55,00	56,00	57,00	58,00
2,00	2,50	3,00	3,50	4,00	25,00	27,00	27,50	28,00	28,50	29,00
1,00	1,25	1,50	1,75	2,00	12,50	13,50	13,75	14,00	14,25	14,50
0,50	0,63	0,75	0,88	1,00	6,25	6,75	6,88	7,00	7,13	7,25
0,25	0,31	0,38	0,44	0,50	6,25	6,50	6,56	6,63	6,69	6,75
7,75	9,69	11,63	13,57	15,50	100	107,75	109,69	111,63	113,57	115,50
1,55	1,94	2,33	2,71	3,10	20	21,55	21,94	22,33	22,71	23,10
4,00	5,00	6,00	7,00	8,00	30	34,00	35,00	36,00	37,00	38,00
2,80	3,50	4,20	4,90	5,60	21	23,80	24,50	25,20	25,90	26,60
1,96	2,45	2,94	3,43	3,92	15	16,96	17,45	17,94	18,43	18,92
1,36	1,70	2,04	2,38	2,72	10	11,36	11,70	12,04	12,38	12,72
0,96	1,20	1,44	1,68	1,92	7	7,96	8,20	8,44	8,68	8,92
0,68	0,85	1,02	1,19	1,36	5	5,68	5,85	6,02	6,19	6,36
0,48	0,60	0,72	0,84	0,96	3	3,48	3,60	3,72	3,84	3,96
0,36	0,45	0,54	0,63	0,72	3	3,36	3,45	3,54	3,63	3,72
0,24	0,30	0,36	0,42	0,48	3	3,24	3,30	3,36	3,42	3,48
0,12	0,15	0,18	0,21	0,24	3	3,12	3,15	3,18	3,21	3,24
12,96	16,20	19,44	22,68	25,92	100	112,96	116,20	119,44	122,68	125,92
1,30	1,62	1,94	2,27	2,59	10	11,30	11,62	11,94	12,27	12,59

Tabelle 101. *Abschreibung*

(für Bandanlagen, welche in der 2. Hälfte

Gerätegruppe	Bei linearer Abschreibung											
	Verzinsung bei einem Bundesbankdiskontsatz von					Ab-schrei-bung	Abschreibung + Verzinsung bei einem Bundesbankdiskontsatz von					Be-triebs-jahr
	4%	5%	6%	7%	8%	%	4%	5%	6%	7%	8%	
Förderbänder	4,00	5,00	6,00	7,00	8,00	10	14,00	15,00	16,00	17,00	18,00	1.
	3,60	4,50	5,40	6,30	7,20	20	23,60	24,50	25,40	26,30	27,20	2.
	2,80	3,50	4,20	4,90	5,60	20	22,80	23,50	24,20	24,90	25,60	3.
	2,00	2,50	3,00	3,50	4,00	20	22,00	22,50	23,00	23,50	24,00	4.
	1,20	1,50	1,80	2,10	2,40	20	21,20	21,50	21,80	22,10	22,40	5.
	0,40	0,50	0,60	0,70	0,80	10	10,40	10,50	10,60	10,70	10,80	6.
	14,00	17,50	21,00	24,50	28,00	100	114,—	117,50	121,00	124,50	128,00	Sa.
	2,80	3,50	4,20	4,90	5,60	20	22,80	23,50	24,20	24,90	25,60	Mittel
Bandtragkonstruktionsteile	4,00	5,00	6,00	7,00	8,00	5	9,00	10,00	11,00	12,00	13,00	1.
	3,80	4,75	5,70	6,65	7,60	10	13,80	14,75	15,70	16,65	17,60	2.
	3,40	4,25	5,10	5,95	6,80	10	13,40	14,25	15,10	15,95	16,80	3.
	3,00	3,75	4,50	5,25	6,00	10	13,00	13,75	14,50	15,25	16,00	4.
	2,60	3,25	3,90	4,55	5,20	10	12,60	13,25	13,90	14,55	15,20	5.
	2,20	2,75	3,30	3,85	4,40	10	12,20	12,75	13,30	13,85	14,40	6.
	1,80	2,25	2,70	3,15	3,60	10	11,80	12,25	12,70	13,15	13,60	7.
	1,40	1,75	2,10	2,45	2,80	10	11,40	11,75	12,10	12,45	12,80	8.
	1,00	1,25	1,50	1,75	2,00	10	11,00	11,25	11,50	11,75	12,00	9.
	0,60	0,75	0,90	1,05	1,20	10	10,60	10,75	10,90	11,05	11,20	10.
	0,20	0,25	0,30	0,35	0,40	5	5,20	5,25	5,30	5,35	5,40	11.
	24,00	30,00	36,00	42,00	48,00	100	124,00	130,00	136,00	142,00	148,00	Sa.
	2,40	3,00	3,60	4,20	4,80	10	12,40	13,00	13,60	14,20	14,80	Mittel

und Verzinsung

eines Geschäftsjahres beschafft wurden)

Bei degressiver Abschreibung										
Verzinsung bei einem Bundesbankdiskontsatz von					Ab-schrei-bung	Abschreibung + Verzinsung bei einem Bundesbankdiskontsatz von				
4%	5%	6%	7%	8%	%	4%	5%	6%	7%	8%
4,00	5,00	6,00	7,00	8,00	25,00	29,00	30,00	31,00	32,00	33,00
3,00	3,75	4,50	5,25	6,00	37,50	40,50	41,25	42,00	42,75	43,50
1,50	1,88	2,25	2,63	3,00	18,75	20,25	20,63	21,00	21,38	21,75
0,75	0,94	1,13	1,31	1,50	9,38	10,13	10,32	10,50	10,69	10,88
0,38	0,47	0,56	0,66	0,75	6,25	6,63	6,72	6,82	6,91	7,00
0,12	0,16	0,19	0,22	0,25	3,12	3,24	3,28	3,31	3,34	3,37
9,75	12,20	14,63	17,07	19,50	100	109,75	112,20	114,63	117,07	119,50
1,95	2,44	2,93	3,41	3,90	20	21,95	22,44	22,93	23,41	23,90
4,00	5,00	6,00	7,00	8,00	15,00	19,00	20,00	21,00	22,00	23,00
3,40	4,25	5,10	5,95	6,80	25,50	28,90	29,75	30,60	31,45	32,30
2,38	2,98	3,57	4,17	4,76	18,00	20,38	20,98	21,57	22,17	22,76
1,66	2,07	2,49	2,90	3,32	12,50	14,16	14,57	14,99	15,40	15,82
1,16	1,45	1,74	2,03	2,32	8,50	9,66	9,95	10,24	10,53	10,82
0,82	1,03	1,23	1,44	1,64	6,00	6,82	7,03	7,23	7,44	7,64
0,58	0,72	0,87	1,01	1,16	4,00	4,58	4,72	4,87	5,01	5,16
0,42	0,53	0,63	0,74	0,84	3,00	3,42	3,53	3,63	3,74	3,84
0,30	0,37	0,45	0,52	0,60	3,00	3,30	3,37	3,45	3,52	3,60
0,18	0,23	0,27	0,32	0,36	3,00	3,18	3,23	3,27	3,32	3,36
0,06	0,07	0,09	0,10	0,12	1,50	1,56	1,57	1,59	1,60	1,62
14,96	18,70	22,44	26,18	29,92	100	114,96	118,70	122,44	126,18	129,92
2,99	3,74	4,49	5,24	5,98	20	22,99	23,74	24,49	25,24	25,98

vermeiden wollte. BE IV ist ein Zweitrommelantrieb mit Abwurftrommel am Ausleger, so daß die Hakenverbindungen bei diesem Band drei Trommeln am Antrieb und 1 Trommel an der Umkehrstation, insgesamt also bei jedem vollen Bandumlauf 4 Trommeln passieren mußten. In diesem Falle wurde also jeweils nach durchschnittlich 2800 Trommelpassagen eine Erneuerung der Hakenverbindungen nötig. Unter Zugrundelegung dieser Zahl ergäbe sich rein rechnerisch beim gleichen Band in einschichtigem Betrieb und einer Bandgeschwindigkeit von 2 m/s die Notwendigkeit der Hakenverbindungserneuerung nach je 6 Wochen. Nun hängt aber die Lebensdauer einer Hakenverbindung nicht nur von der Biegungsbeanspruchung an den Trommeln ab, sondern auch von der Möglichkeit des Eintritts von Feuchtigkeit in das Gewebe an den Hakeneinpreßstellen und diese Komponente ist unabhängig von der Anzahl der Schichten und der Bandgeschwindigkeit, so daß der errechnete Wert in Gegenden mit vielen Niederschlägen eher zu hoch als zu niedrig ist. Jede Erneuerung der Hakenverbindung bedeutet aber gleichzeitig den Verlust von rund 10 cm Bandlänge. Das entspricht allein schon einem recht beträchtlichen Verlust, der es wünschenswert erscheinen läßt, die Arbeit mit Hakenverbindungen auf das unbedingt notwendige Maß zu beschränken.

An Versuchen, diesen Nachteil der Hakenverbindungen zu verringern, hat es nicht gefehlt und als Beispiele dafür seien nur die einvulkanisierten Continental-Hakenverbinder oder auch das von der Hamborner Bergbau Aktiengesellschaft angewandte Verfahren erwähnt, welches dazu geführt haben soll, daß derartige Hakenverbindungen 2 bis 3mal solange halten wie eine gewöhnliche Hakenverbindung.

Ob sich diese Verfahren auch für die ganz anders liegenden Verhältnisse im Baubetrieb nutzbringend verwerten lassen, kann heute noch nicht beurteilt werden.

Zu c) Endlosverbindungen. Diese stellen an sich zweifellos die beste Art der Verbindung dar; sie sind aber auch die kostspieligste und belaufen sich bei den Bandbreiten von 650 bis 1000 mm auf etwa 80 bis 100 DM für jede Verbindung, ohne Berücksichtigung des bisher damit verbundenen erheblichen Bandverlustes von je einer Bandbreite für jede Verbindung.

Durch das Tip Top-Schnell-Warm-Vulkanisierverfahren wurden diese Kosten schon erheblich herabgemindert, so daß sich dasselbe bei einer Bewährung auf die Dauer zweifellos durchsetzen wird.

Notwendig für die Aufrechterhaltung eines ungestörten Betriebes ist als Minimum eine Vulkanisierpartie von 2 Vulkaniseuren und 2 Helfern anzusehen, welche normalerweise auch die Förderbandkontrolle mitübernehmen können.

Eine Übersicht über die für die verschiedenen Arten von Bandverbindungen maßgebenden Kostenelemente enthält Tab. 102.

2. Bandtragekonstruktion. Die Instandsetzungskosten für Antriebs- und Umkehrstationen sind verhältnismäßig geringfügig.

Anders liegen die Dinge bei den Rollen, und zwar vor allem bei den Flachrollen, bei denen der Mantel einem so starken Verschleiß unterworfen ist, daß er bei Bandgeschwindigkeiten von $2^1/_2$ bis 4 m/s längstens nach 4000 Betriebsstunden ausgewechselt werden muß.

Tabelle 102. *Kostenelemente für Bandverbindungen*

Bandbreite		650 mm	800 mm	1000 mm
Haken-verbinder	Lohnaufwand . . . . . . Std.	1,0	1,0	1,0
	Haken (die Größe richtet sich nach Banddicke (s. S. 17) Schachteln	2	3	4
	Bandnadeln . . . . . DM/Stck.	—,60	—,65	—,80
	Bandverlust . . . . m	0,10	0,10	0,10
Kaltvulkani-sation	Lohnaufwand . . . . . . Std.	4×3,5	4×4	4×4,5
	Materialaufwand . . . . . DM	20,—	25,—	30,—
	Bandverlust . . . . . etwa m	0,65—1,00	0,80—1,15	1,00—1,35
Tip Top-Warm-vulkanisation	Lohnaufwand . . . . . . Std.	4×2	4×2,5	4×3
	Materialaufwand . . . . . DM	20,—	25,—	30,—
	Bandverlust . . . . . etwa m	0,22—0,57	0,27—0,62	0,34—0,69
Heiß-vulkanisation	Lohnaufwand . . . . . . Std.	4×4,5	4×5	4×6
	Materialaufwand . . . . . DM	2,50	3,00	3,50
	Bandverlust . . . . . etwa m	0,65—1,00	0,80—1,15	1,00—1,35

Die Muldentragrollen halten den Beanspruchungen länger stand und bei ihnen ist das Hauptaugenmerk darauf zu richten, daß sie rechtzeitig gereinigt und neu geschmiert werden.

Ein verhältnismäßig hoher Verschleiß tritt vor allem bei den Flachrollenhalterungen auf, welche bis zu zweimal im Jahr erneuert werden müssen. Sonstige Einzelangaben können schwer gemacht werden und es empfiehlt sich deshalb, die dafür vorgesehenen jährlichen Aufwendungen durch prozentuale Beträge aus den Anschaffungskosten zu erfassen.

Für die *Höhe dieses Prozentsatzes* werden auf Grund einwandfreier Unterlagen, welche bei einem dreischichtigen Betrieb und 1000 mm Bandbreite gewonnen wurden, vorgeschlagen für

dreischichtigen Betrieb 7%,
zweischichtigen Betrieb 5% und
einschichtigen Betrieb 3,5% der Anschaffungskosten.

IV. Betriebsstoffkosten

Zu den Betriebsstoffen, welche für die Bandstraßen in Frage kommen, zählen
a) die Brennstoffe bzw. gegebenenfalls an deren Stelle
b) elektrischer Strom und
c) Schmier- und Putzmittel.

a) **Brennstoffe.** Brennstoffe kommen in Frage für Dieselmotoren oder Diesel-Drehstrom-Zentralen.

Ein Vorteil des Antriebs mit Dieselmotoren ist deren Eigenschaft, bei Belastungen unter Normal nicht wesentlich mehr Brennstoff zu verbrauchen als der abgegebenen Leistung entspricht.

Dies ist bei Dieselmotoren für Bandstraßenbetrieb sehr wesentlich, weil dieselben für Höchstleistungen dimensioniert werden müssen und infolgedessen im allgemeinen nur zu ungefähr 60 bis 70% wirklich ausgenützt werden.

13a

Tabelle 103. *Brennstoffverbrauch von Dieselmotoren*

Motortype	Brennstoffverbrauch in g/PS-h bei Belastung			Normal-leistung	Brennstoffverbrauch in kg/h bei Belastung		
	1/1	3/4	1/2	PS	1/1	3/4	1/2
A 1 L 514	190	195	220	12,5	2,375	1,828	1,375
A 2 L 514	190	195	215	25	4,750	3,656	2,688
A 3 L 514	190	195	215	37,5	7,125	5,484	4,032
A 4 L 514	185	190	220	50	9,250	7,125	5,500
A 6 L 514	185	190	220	75	13,875	10,688	8,250
A 8 L 614	185	190	220	100	18,500	14,250	11,000
A 12 L 614	180	185	215	150	27,000	20,813	16,125

Der annähernde Bedarf ist aus Tab. 103 zu ersehen.

b) Elektrischer Strom. Für Elektromotoren als Antriebsmaschinen erhält man den erforderlichen Strombedarf, indem man den tatsächlichen Kraftbedarf durch den Wirkungsgrad des Motors (i. M. 0,90) und bei Drehstrom außerdem durch den Leistungsfaktor $\cos\varphi = 0,9$ dividiert.

Der Eigenverbrauch der Kondensatoren ist sehr gering; er beträgt nur etwa 0,33% der Kondensatorleistung in kVA.

c) Schmier- und Putzmittel. Der Verbrauch an Schmier- und Putzmitteln hängt vor allem von dem Verständnis und der Sorgfalt ab, mit denen sie verwendet werden, und von der Kontrolle, welche in dieser Hinsicht ausgeübt wird.

Er wird meistens recht namhaft sein, wenn man das Personal einfach gewähren läßt und kann trotz besserer Versorgung der Maschinen wesentlich vermindert werden, wenn man die Ausgabe richtig organisiert und der Verwendung die nach ihrer Bedeutung zukommende Beachtung schenkt.

Unter der Voraussetzung, daß dies geschieht, kann man als durchschnittlichen Verbrauch bei Dieselmotoren die in Tab. 104 angegebenen Werte zugrundelegen, wobei als selbstverständlich vorausgesetzt ist, daß nur Schmiermittel von geeigneter Beschaffenheit verwendet werden.

Tabelle 104. *Schmierölverbrauch von Dieselmotoren*

Motortype	Normalleistung in PS	Schmieröl-verbrauch in kg/h
A 1 L 514	12,5	0,045
A 2 L 514	25	0,070
A 3 L 514	37,5	0,095
A 4 L 514	50	0,200
A 6 L 514	75	0,300
A 8 L 514	100	0,400

Der Bedarf an gutem, harzfreiem Getriebeöl für die Antriebe beträgt bei

Antrieb BI	Ölfüllung vor Inbetriebnahme	7 l; Ölwechsel halbjährlich
Antrieb BII	Ölfüllung vor Inbetriebnahme	9 l; Ölwechsel halbjährlich
Antrieb BIII	Ölfüllung vor Inbetriebnahme	17 l; Ölwechsel halbjährlich
Antrieb BEIV	Ölfüllung vor Inbetriebnahme	2 × 23 l; Ölwechsel halbjährlich
Antrieb BEV	Ölfüllung vor Inbetriebnahme	2 × 48 l; Ölwechsel halbjährlich
Antrieb BTIV	Ölfüllung vor Inbetriebnahme	23 l; Ölwechsel halbjährlich
Antrieb BTV	Ölfüllung vor Inbetriebnahme	48 l; Ölwechsel halbjährlich

Für das Reinigen und Schmieren der Rollen kann man annehmen, daß alle 2 Jahre ein Betrag von 1,20 DM/Stück aufgewendet werden muß.

V. Lohnaufwendungen

Die Lohnaufwendungen für Verladearbeiten und Transport bewegen sich in dem üblichen Rahmen, so daß sie keiner besonderen Erläuterung bedürfen.

Als *Zeitaufwand für die Montage* der Bandanlagen kann man annehmen bei

Bandbreite		650 mm	800 mm	1000 mm
Antriebe B I und B II	Std.	3×1,5	3×2	—
Antriebe B III	Std.	3×2	3×2,5	3×3
BE IV	Std.	3×4	3×4	3×4
BE V	Std.	—	4×4	4×4
BT IV	Std.	3×3	3×3	—
BT V	Std.	—	4×4	—
Umkehrstationen B I bis B III	Std.	3×1	3×1	3×1
BE IV und BE V . .	Std.	3×2	3×2	3×2
BT IV und BT V . .	Std.	3×1,5	3×1,5	—
100 m leichtes Traggerüst	Std.	10×3	10×4	—
100 m schweres Traggerüst	Std.	—	10×6	10×7
Übergabestellen	Std.	3×2	3×3	3×3
Förderband je 100 m Bandlänge . . .	Std.	10×1,5	10×2	10×2,5
Bedienungspersonal im Betrieb				
Für jede Bandstraße bis 250 m Länge .	Mann	1	1	1
Für jede Bandstraße über 250 m Länge .	Mann	2	2	2
Für jeden Antrieb B I, B II, B III, BT IV, BT V	Mann	1	1	1
Für jeden Antrieb BE IV, BE V . . .	Mann	2	2	2

Diese Angaben umfassen nur den Aufwand für die Bandstraße selbst; Materialgewinnung und Einbau sind darin nicht erfaßt. Desgleichen auch keine Bedienungskosten für fahrbare Aufgabetrichter.

Die Entlohnung richtet sich nach dem für die betreffenden Leute jeweils geltenden Tarif und die Zuschläge für soziale Lasten bewegen sich ebenfalls in dem auch sonst im Baubetrieb üblichen Rahmen. Die Gefahrziffer der Tiefbauberufsgenossenschaft ist die gleiche wie für Erdarbeiten mit maschinellem Betrieb, nämlich 17.

VI. Aufbau der Kostenberechnung

Der Aufbau der Kostenberechnung kann in der allgemein üblichen Weise erfolgen mit dem einzigen Unterschied, daß die Beträge für Abschreibung und Verzinsung zu unterteilen sind in folgende Gruppen:

A Antriebe und Umkehrstationen, jedoch *ohne* Motoren,

B Antriebsmotoren,

C Traggerüste,

D Förderbänder.

Diese Aufteilung hat den Zweck, daß mit der Kalkulation sofort auf Grund der in den Tab. 88 bis 91 angegebenen Richtpreise begonnen werden kann. Gleichzeitig ist dann bei Neubeschaffungen von den für die Lieferung ins Auge gefaßten Firmen zu erfragen, welcher Korrektur diese Preise bedürfen, damit der ermittelte Kostenanteil noch entsprechend berichtigt werden kann.

Nur auf diese Weise ist es im Baubetrieb mit den üblichen kurzen Terminen für die Angebotsabgabe überhaupt möglich, die Verwendung von Bandstraßen ins Auge zu fassen und die dafür nötigen Aufwendungen vor Abgabe des Angebots zuverlässig zu ermitteln.

In den Tab. 92 bis 97 würde dieser Notwendigkeit von vornherein Rechnung getragen und die Kostenaufteilung gleich in die vier verschiedenen Gruppen vorgenommen. An Hand dieser Beispiele ist es denkbar einfach, auch für jede andere Kombination einen derartigen Aufbau als Grundlage zu ermitteln.

Berichtigung

S. 48, Z. 22 v. o.: statt S. 16 lies S. 46

S. 174, Abschn. A. 2, Z. 2: statt Tab. 88 lies Tab. 89